面向新工科普通高等教育系列教材

算法设计与应用

林 海 曹 越 陈治宏 编著

机械工业出版社

本书主要讨论和分析基础算法，包括排序、递归、分治、动态规划、贪心、图算法、回溯和分支限界，以及匹配与指派。为了让读者不仅掌握算法，也能够理解算法的设计思想，本书对算法的解读通常通过作者称为"思路"的方式展开，并通过设置问题和解答问题的方式，让读者不仅对算法知其然，也知其所以然。尽管这些算法是基础算法，但它们在实际中有着广泛的应用。本书的另一大特点是对算法应用的讨论，这些讨论一方面体现算法的应用价值，另一方面激发读者对算法进一步学习的兴趣。

本书可作为高等院校计算机类专业本科生的算法课程的教材，也可作为各行业从事算法设计和开发的人员的技术参考书。

本书配有授课电子课件，需要的教师可登录 www.cmpedu.com 免费注册，审核通过后下载，或联系编辑索取（微信：13146070618，电话：010-88379739）。

图书在版编目（CIP）数据

算法设计与应用 / 林海，曹越，陈治宏编著．
北京：机械工业出版社，2024.8．--（面向新工科普通高等教育系列教材）．-- ISBN 978-7-111-76146-4

Ⅰ．TP301.6

中国国家版本馆 CIP 数据核字第 2024QH7520 号

机械工业出版社（北京市百万庄大街 22 号　邮政编码 100037）
策划编辑：郝建伟　　　　责任编辑：郝建伟　解　芳
责任校对：张　征　梁　静　责任印制：任维东
天津嘉恒印务有限公司印刷
2024 年 9 月第 1 版第 1 次印刷
184mm×260mm・15.25 印张・386 千字
标准书号：ISBN 978-7-111-76146-4
定价：59.00 元

电话服务　　　　　　　　网络服务
客服电话：010-88361066　　机　工　官　网：www.cmpbook.com
　　　　　010-88379833　　机　工　官　博：weibo.com/cmp1952
　　　　　010-68326294　　金　书　网：www.golden-book.com
封底无防伪标均为盗版　　　机工教育服务网：www.cmpedu.com

前言

要不要写一本算法教材,这个问题从作者从事算法教学开始就形成困扰,一则毕竟珠玉在前,市面上已有一些非常优秀的算法教材,再写出一本有特色的教材并不是一件容易的事;二则担心一旦开始,能否顺利将之完成,因需查阅大量文献,教材的编写不是容易的事。后来,在教学的过程中,对算法有了更深的认识,也有了自己的一些思路和想法,特别是教学得到了学生的认可,终于下定决心开始编写本书和《高级算法》。历时三年多终于完成本书,希望此书不仅能对本科层次算法课程教学有帮助,也希望更多的读者能够通过自身的阅读、学习,对算法有更深入的认识。本书作为教材,但是不是应该完全按照教材的风格来写?大多数教材的撰写略显刻板,作者在教学的过程中也发现,对于一些知识点的学习,学生通常并不是通过教材,而是通过博客、知乎等网络渠道来学习,因为后者对读者更加友好,比如描述更亲切(或者说更口语化)、更详尽,逻辑上也是从有利于读者理解的角度出发,而不是像教材从知识点本身的构成进行描述。所以,本书在保持知识结构严谨的基础上,尽量采用对读者更加友好的方式进行描述,以期达到既可作为教材,也可作为自学书籍的目的。

本书主要是讨论和分析基础算法,包括排序、递归、分治、动态规划、贪心、图算法、回溯和分支限界,以及匹配与指派。学习算法不仅要掌握设计和应用,也要分析算法,所以本书在概念和基础章节着重讨论算法复杂度的分析;同时讨论两个重要的数据结构——堆和不相交集,这两个数据结构会在讲授的算法中广泛使用。同样,排序也是很多算法的基础,所以本书第2章对目前主流的排序算法进行讨论分析。接着,本书对递归进行了详尽的讲解,递归是分治、回溯等算法的具体实现方法;第3章也讨论了递归复杂度的计算。之后,本书讨论分治、动态规划和贪心算法,其中,动态规划可以解决很多经典算法问题,更是算法竞赛考查的重点;而贪心算法因其简单性,是人们在实际中比较喜欢采用的算法,但实际上,设计一个好的贪心算法并不容易,对贪心算法进行分析,也是一个难点。本书的第7章讨论图的基础算法,它是图高级算法的基础,作者对图问题特别关注,是因为图模型在新的社交模式下以及人工智能时代起着越来越重要的作用。之后,本书在第8章讨论了回溯和分支限界两种算法,特别是分支限界法,因其采用了类似神经网络对解搜索的思想,对一些复杂问题的求解有着很高的效率。最后,针对匹配算法在搜索、目标跟踪、推荐等领域的广泛使用,本书专门讨论了匈牙利算法,也就是匹配问题的求解方法。

本书讲解的算法在大多数的算法教材中都会涉及,但很多教材存在描述晦涩、缺乏系统性、缺乏算法思想讨论的问题,这使得算法的学习变得枯燥和困难,或者是即使学了算法,也难以理解其设计思想。所以写一本对读者友好,且读者能够理解算法设计思想的教材是作者的初衷,也是本书的一个特色。为此,本书对算法的解读在很多地方会通过作者称之为"思路"的方式展开,并通过设置问题和解答问题的方式,让读者不仅对算法知其然,也知其所以然。尽管本书讨论的是基础算法,但是这些算法在实际中也有着广泛的应用,所以作者在每章的最后一节都会讨论该算法的一个重要应用,一方面体现算法的应用价值,另一方面激发读者对算法进一步学习的兴趣,这是本书的另一特色。本书选取的应用尽量体现当前的一些重要技术，如在信号处理中的重要技术傅里叶变换，强化学习的基础方程贝尔曼方程，还有经济学中的稳定匹配，无人驾驶和虚拟现实中的多目标跟踪等。作者希望通过这些应用，让读者明白基础算法不仅仅用于考试和解题，在实际中也有着极重要的应用价值。

为了让读者能够更好地学习书中的知识，作者对课堂教学进行了实录，目前录课已经发布在 B 站，账号为 foretmer，有兴趣的读者可以结合视频来学习本书。同时，和本书相关的课件、课后习题也会在 B 站上发布。此外，作者也在知乎上开辟了一个专栏，讨论和本书相关的一些知识，读者也可以在专栏中和作者展开讨论与交流。

本书的编写得到了武汉大学本科生院和武汉大学网络安全学院的支持，在此一并谢过。同时还要特别感谢作者教过的历届学生，在日常教学中，他们提供了很多灵感并帮助作者修改了一些错误，如伪代码错误、公式错误等。另外，感谢编辑人员对全文进行了认真的校对。

尽管作者已经尽了最大的努力去避免错误，但由于时间和能力的原因，书中难免存在不妥之处，如读者发现错误，还请指出，不胜感激。作者联系邮箱：lin.hai@whu.edu.cn（2219266744@qq.com）。

林 海
2024 年 7 月

目录

前言
第1章 算法概念和基础 ... 1
1.1 基本概念 ... 1
1.1.1 搜索 ... 1
1.1.2 排序 ... 2
1.2 算法复杂度 ... 4
1.2.1 时间复杂度 ... 4
1.2.2 算法的时间复杂度 ... 9
1.2.3 空间复杂度 ... 10
1.3 数据结构 ... 11
1.3.1 堆 ... 11
1.3.2 不相交集 ... 18
1.4 本章小结 ... 22
1.5 习题 ... 22

第2章 排序 ... 25
2.1 比较排序 ... 25
2.1.1 冒泡排序 ... 25
2.1.2 堆排序 ... 27
2.1.3 插入排序 ... 28
2.1.4 归并排序 ... 32
2.2 线性排序 ... 39
2.2.1 桶排序 ... 39
2.2.2 计数排序 ... 41
2.2.3 基数排序 ... 43
2.3 本章小结 ... 46
2.4 习题 ... 46

第3章 递归 ... 49
3.1 基本概念 ... 49
3.2 递归例子 ... 53
3.2.1 生成排列 ... 53
3.2.2 整数划分 ... 54
3.3 复杂度的递归方法求解 ... 55
3.3.1 展开法 ... 56
3.3.2 代入法 ... 56
3.3.3 递归树方法 ... 58
3.3.4 主方法 ... 61
3.3.5 几种递归形式的复杂度分析 ... 62
3.4 本章小结 ... 66
3.5 习题 ... 66

第4章 分治 ... 68
4.1 基本概念 ... 68
4.2 快速排序 ... 69
4.3 最大子数组问题 ... 71
4.4 最近点对问题 ... 73
4.5 棋盘覆盖问题 ... 77
4.6 寻找第 k 小元素 ... 78
4.7 分治在傅里叶变换中的应用* ... 81
4.8 本章小结 ... 83
4.9 习题 ... 83

第5章 动态规划 ... 86
5.1 基本概念和步骤 ... 86
5.2 最大子数组问题 ... 90
5.3 0-1 背包问题 ... 93
5.4 旅行商问题 ... 97
5.5 最长公共子序列 ... 101
5.6 斯坦纳最小树* ... 105
5.7 状态压缩动态规划 ... 112
5.7.1 集合状态压缩 ... 113
5.7.2 空间状态压缩 ... 115
5.8 动态规划和贝尔曼方程* ... 117
5.9 本章小结 ... 119
5.10 习题 ... 120

第6章 贪心 ... 124
6.1 基本概念 ... 124
6.2 小数背包和 0-1 背包 ... 126
6.2.1 小数背包贪心算法的正确性证明 ... 128
6.2.2 0-1 背包贪心算法 ... 129
6.3 最小生成树 ... 129
6.3.1 Kruskal 算法 ... 129

- 6.3.2 Prim 算法 132
- 6.4 霍夫曼编码 134
- 6.5 贪心算法在稳定匹配中的应用* 138
- 6.6 本章小结 141
- 6.7 习题 142

第 7 章 图算法 145
- 7.1 深度优先搜索 145
  - 7.1.1 无向图的深度优先搜索 146
  - 7.1.2 有向图的深度优先搜索 148
  - 7.1.3 应用：寻找图的关节点 149
- 7.2 广度优先搜索 151
  - 7.2.1 无向图的广度优先搜索 153
  - 7.2.2 有向图的广度优先搜索 153
  - 7.2.3 应用：最短路径（跳数） 154
- 7.3 单源最短路径 155
  - 7.3.1 Dijkstra 算法 155
  - 7.3.2 Bellman-Ford 算法 158
  - 7.3.3 SPFA 算法 160
  - 7.3.4 差分约束系统 162
- 7.4 多源最短路径 165
  - 7.4.1 Floyd 算法（弗洛伊德算法）............ 165
  - 7.4.2 Johnson 算法 168
- 7.5 最短路径在网络路由中的应用* 170
- 7.6 本章小结 171
- 7.7 习题 172

第 8 章 回溯和分支限界 175
- 8.1 回溯的基本方法 175
  - 8.1.1 回溯法的基本步骤 178
  - 8.1.2 回溯法的通用框架 179
- 8.2 骑士巡游问题 180
- 8.3 0-1 背包问题 183
- 8.4 最大团问题 187
  - 8.4.1 最大团的回溯算法 188
  - 8.4.2 Bron-Kerbosch 算法 190
- 8.5 分支限界法 195
  - 8.5.1 基本方法 195
  - 8.5.2 旅行商问题 197
  - 8.5.3 任务指派问题 207
- 8.6 分支限界在流水线作业调度中的应用* 209
- 8.7 本章小结 212
- 8.8 习题 212

第 9 章 匹配与指派 215
- 9.1 基本概念 215
- 9.2 基于图的匈牙利算法 216
  - 9.2.1 匹配问题 217
  - 9.2.2 指派问题 219
- 9.3 基于矩阵的匈牙利算法 227
  - 9.3.1 算法流程 228
  - 9.3.2 最大化指派 231
- 9.4 匹配算法在多目标跟踪中的应用* 232
- 9.5 本章小结 234
- 9.6 习题 234

参考文献 237

第 1 章 算法概念和基础

欢迎踏入算法设计与分析的起点！在这个充满着数学、逻辑和创造力的世界中，算法是解决问题的精华所在。从最简单的搜索算法到复杂的匹配算法，本章将引领您深入探索算法的核心概念和基础知识。我们将通过两个简单问题"搜索"和"排序"来探讨到底什么是算法，也通过这两个问题来分析算法复杂度。算法复杂度分析在算法中扮演着非常重要的角色，因为当设计好一个算法后，除了要告诉别人设计的算法能得出正确的结果外，还需要指出设计的算法运行得也很快。否则如果一个算法需要运行几天甚至几个月才能得出结果，那么别人可能就不会感兴趣，即使算法得出的结果非常正确。此外，算法的基础是数据结构，本书默认读者已经熟悉一些基本的数据结构，如数组、队列、栈等。但本书的算法会常用另外两种数据结构——堆和不相交集。因为这两种数据结构并不常见，所以，本章也会讨论这两种数据结构。

1.1 基本概念

算法是什么？这是学习算法提出的第一个问题。首先给出百度百科的定义：**算法**（Algorithm）是指解题方案的准确而完整的描述，是一系列解决问题的清晰指令，算法代表用系统的方法描述解决问题的策略机制。尽管这种定义比较严谨，但对理解"什么是算法"一点都不友善，说简单点，**算法就是解决问题的方法、步骤**。而这里的算法（或通常意义上的算法）指的是用于计算机的算法，所以算法的定义是：**计算机解决问题的方法、步骤**。

搜索和排序是计算机需要解决的两个基本问题，在用计算机来解决一些更复杂的问题时，都会用到搜索和排序算法。下面通过讲解这两个基本但重要的算法来分析如何去解决搜索和排序问题（本书有专门的章节讨论排序问题），之后归纳出算法的特征。

1.1.1 搜索

给定一个数组，并给出一个数，要求在这个数组中寻找这个数，并返回相应的下标。对于无序的数组，没有什么好的办法，通常通过依次比较数组的所有元素来进行搜索；但如果数组是有序的（除非特别指出，本书默认为非降序排序），就无须比较所有的元素，可以设计一种更加有效的搜索方法：

- 将要搜索的数和数组的中间元素比较。
- 如果相等，则返回中间元素，算法结束；如果小于中间元素，则丢弃数组右边部分（因为右边的元素肯定大于要搜索的数），保留左边部分；如果大于中间元素，则丢弃数组左边部分（因为左边的元素肯定小于要搜索的数），保留右边部分。
- 如果还有剩余的元素，则在剩余的元素中重复以上步骤。

以上算法称为**二分搜索**，举例如下。

例1.1   在数组 $A[9] = \{1,3,7,10,12,19,22,25,30\}$ 中搜索数据7。

解：

第一步，得出中间元素 $A[\lfloor(1+9)/2\rfloor] = 12$，$7<12$，所以只保留 $\{1,3,7,10\}$。

第二步，得出中间元素 $A[\lfloor(1+4)/2\rfloor] = 3$，$7>3$，所以只保留 $\{7,10\}$。

第三步，得出中间元素 $A[\lfloor(3+4)/2\rfloor] = 7$，$7=7$，找到数据7，算法结束，返回下标3。

该算法的伪代码如算法1所示。算法的前面三部分通常由输入、输出和初始化组成，其中初始化主要对算法中用到的一些参数进行初始赋值。

算法1　二分搜索

1：**输入**：升序数组 A，要查找的数据 t；
2：**输出**：如果找到数据，输出相应的下标，否则输出 $Null$；
3：**初始化**：$n \leftarrow |A|$，$left \leftarrow 1$，$right \leftarrow n$，$index \leftarrow Null$
4：**while** $left \leqslant right$ **and** $index = Null$ **do**
5：　　$mid \leftarrow \lfloor(left + right)/2\rfloor$；
6：　　**if** $t = A[mid]$ **then**
7：　　　　$index \leftarrow mid$；
8：　　**else if** $t < A[mid]$ **then**
9：　　　　$right \leftarrow mid-1$；
10：　　**else**
11：　　　　$left \leftarrow mid+1$；
12：　　**end if**
13：**end while**
14：**return** $index$；

二分搜索之所以能够最大限度地提高效率，是因为它不需要比较数组的所有元素，也就是在二分搜索的每次迭代中，都会丢弃一半的数据，从而只需要在剩余的数据中搜索（这个方法很重要，在很多算法中会用到这个方法）。在最好的情况下（被找的数据正好是中间数据），二分搜索只要比较一次就可以找到相应的数据；在最差的情况下，二分搜索需要在剩余一个元素的时候才找到数据。计算一下，在这种情况下，需要比较多少次？

思路1.1   因为每次循环都丢弃一半的数据，所以第 i 次循环时（不是循环后）剩余的数据个数为 $\lfloor n/2^{i-1} \rfloor$，令：

$$\lfloor n/2^{i-1} \rfloor = 1 \Rightarrow 1 \leqslant n/2^{i-1} < 2$$
$$\Rightarrow 2^{i-1} \leqslant n < 2^i$$
$$\Rightarrow \log n < i \leqslant \log n + 1$$
$$\Rightarrow i = \lfloor \log n \rfloor + 1$$

因为每次循环比较一次，所以总共比较 $\lfloor \log n \rfloor + 1$ 次。

1.1.2　排序

假设要对 n 个元素进行排序，可以设计算法步骤如下：

- 找到 n 个元素中最小的一个元素,将其和第一个元素交换。
- 在剩余的元素中找到最小的一个元素,将其和剩余元素的第一个元素交换。
- 重复上面这个步骤,直到剩余元素为 1。

以上方法被称为选择排序算法,举例如下。

例 1.2 将序列 {5,2,4,6,1,3} 通过选择排序算法进行升序(非降序)排序。

解:

第一步,选择序列 {5,2,4,6,1,3} 中最小的元素 1,并和第一个元素交换,形成新的序列 {1,2,4,6,5,3}。

第二步,在剩余的元素序列 {2,4,6,5,3} 中选择最小的元素 2,并和剩余元素的第一个元素交换(因为 2 已经是第一个元素,不需要交换),和已经排序好的序列 {1} 形成新的序列 {1,2,4,6,5,3}。

第三步,在剩余的元素序列 {4,6,5,3} 中选择最小的元素 3,并和剩余元素的第一个元素交换,和已经排序好的序列 {1,2} 形成新的序列 {1,2,3,6,5,4}。

第四步,在剩余的元素序列 {6,5,4} 中选择最小的元素 4,并和剩余元素的第一个元素交换,和已经排序好的序列 {1,2,3} 形成新的序列 {1,2,3,4,5,6}。

第五步,在剩余的元素序列 {5,6} 中选择最小的元素 5,并和剩余元素的第一个元素交换(这里实际没有交换),和已经排序好的序列 {1,2,3,4} 形成最终排序好的序列 {1,2,3,4,5,6}。

选择排序算法的伪代码如算法 2 所示。

算法 2 选择排序

1: **输入**:无序数组 A;
2: **输出**:按非降序排序好的数组;
3: **初始化**:$n \leftarrow |A|$
4: **for** $i = 1$ to $n-1$ **do**
5:      $k \leftarrow i$;
6:      **for** $j = i+1$ to n **do**
7:          **if** $A[j] < A[k]$ **then**
8:              $k \leftarrow j$;
9:          **end if**
10:      **end for**
11:      $A[i] \leftrightarrow A[k]$;
12: **end for**

- 选择排序算法包含两个嵌套的 for 循环,外面 for 循环的作用是排序第 i 个元素,这里设置变量 k,用于在循环的过程中指向最小的元素,开始时,k 指向第 i 个元素(语句 5)。
- 里面 for 循环的作用是寻找第 i 小的元素(也就是在剩余的元素中寻找最小元素),语句 7~8 的作用是一旦发现某个元素小于 k 所指向的元素,那么这个元素就是到目前为止找到的第 i 小元素,让 k 指向这个新的元素。
- 找到第 i 小的元素后,语句 11 将这个元素和 $A[i]$ 进行交换,这样前面 i 个元素就排序完成。

现在通过选择排序算法看一下一般算法有哪些**特征**。

- 算法有输入和输出：例1.2的输入是一个无序的数组，输出是排序好的（非降序）数组。
- 算法的每一步是可行的：例1.2的每个步骤计算机都能很容易完成（可以在有限时间内完成），比如说第一步只要依次比较所有元素就可以找到最小元素。
- 除了可行，每一步还必须是确定的：上面定义的算法每一步都有明确的意义，不会出现二义性，但如果将第二步写成"在剩余的元素中找到最小的一个元素，将其和第一个元素交换"，这就会出现二义性，因为没有说清楚是和所有元素的第一个元素进行交换，还是和剩余元素的第一个元素进行交换，这样的步骤就不确定了。
- 算法必须在有限的时间（步骤）内完成：例子中的第三步~第五步是循环步骤，循环的次数是 $n-1$ 次，所以只要 n 是有限的，算法就可以在有限的时间内完成，这一点和程序是有区别的，编写一个程序是可以无限循环下去的。

1.2 算法复杂度

设计了一个算法之后，如何去衡量它的好坏？通常是通过算法的执行时间和占用空间来衡量的，执行时间和占用空间分别对应算法的时间复杂度和空间复杂度。

1.2.1 时间复杂度

以上面的选择排序算法为例，计算执行这个算法需要
的时间开销。首先，对这个算法的每一条语句，设置执行这条语句所需的时间开销以及次数，如下所示：

代码	开销	次数
for $i = 1$ to $n - 1$ do	c_1	n
$\quad k \leftarrow i;$	c_2	$n - 1$
$\quad$ for $j = i + 1$ to n do	c_3	$\sum_{i=1}^{n-1}(n-i+1)$
$\quad\quad$ if $A[j] < A[k]$ then	c_4	$\sum_{i=1}^{n-1}(n-i)$
$\quad\quad\quad k \leftarrow j;$	c_5	$\leq \sum_{i=1}^{n-1}(n-i)$
$\quad A[i] \leftrightarrow A[k];$	c_6	$n - 1$

所以，总的时间开销为

$$T(n) \leq c_1 n + c_2(n-1) + c_3 \sum_{i=1}^{n-1}(n-i+1) + c_4 \sum_{i=1}^{n-1}(n-i) + c_5 \sum_{i=1}^{n-1}(n-i) + c_6(n-1)$$

$$= c_1 n + c_2(n-1) + c_3 \frac{3n^2-n}{2} + c_4 \frac{3n^2-3n}{2} + c_5 \frac{3n^2-3n}{2} + c_6(n-1)$$

$$= \left(\frac{3c_3}{2} + \frac{3c_4}{2} + \frac{3c_5}{2}\right)n^2 + \left(c_1 + c_2 - \frac{c_3}{2} - \frac{3c_4}{2} - \frac{3c_5}{2} + c_6\right)n - (c_2 + c_6)$$

$$= an^2 + bn + d$$

接着，考查 $an^2 + bn + d$，可得出如下结论：

- 当 n 很大时，低阶项（$bn+d$）对整个复杂度的贡献相对于 n^2 而言，可以忽略不计。
- 当 n 很大时，高阶项 n^2 的系数可忽略。比如将 an^2 和 $a'n^3$（a' 为任一系数）比较，当 n 很大时，系数 a 和 a' 不起作用。

根据以上分析，算法的运行时间主要取决于最高阶的 n，如选择排序算法的执行时间取决于 n^2，称选择排序的运行时间（时间复杂度）为"n^2 阶"。

上面推导出的选择排序算法的执行时间 $T(n)$ 是**小于或等于** an^2+bn+d。同时，我们也会遇到计算出来的算法的执行时间是**大于或等于**某个表达式的情况，为此定义了复杂度的上界、下界、同阶等不同的情况。

1. O 复杂度

O 复杂度给出了算法执行时间的上界，选择排序算法的执行时间 $T(n) \leq an^2+bn+d$，所以可以用 $O(an^2+bn+d)$ 表示，同时根据前面的分析，在复杂度中，an^2+bn+d 可以用 n^2 来表示，所以也可以用 $O(n^2)$ 表示选择排序的复杂度，这个表述的意思是：当要排序的元素个数大于某个阈值 n_0 时，存在一个常数 c，算法运行时间至多为 cn^2。

当一个算法的执行时间 $T(n)=f(n)$，且 $g(n)$ 为其复杂度的上界，即 $f(n)=O(g(n))$ 时，这个表达式的严谨定义如下。

定义 1.1 令 $f(n)$ 和 $g(n)$ 是从自然数到非负实数的两个函数，如果存在一个自然数 n_0 和一个正的常数 c，使得对于所有的 $n \geq n_0$，有

$$f(n) \leq cg(n)$$

记为：$f(n)=O(g(n))$，称 $g(n)$ 是 $f(n)$ 的一个上界，或者 $f(n)$ 的阶不高于 $g(n)$ 的阶。如果 $f(n)$ 和 $g(n)$ 比值的极限存在，那么

$$\lim_{n \to \infty} \frac{f(n)}{g(n)} \leq \frac{1}{c} \Rightarrow \lim_{n \to \infty} \frac{f(n)}{g(n)} \neq \infty$$

通过以上定义，可知证明 $f(n)=O(g(n))$ 有两种方法：一种是通过定义证明，也就是找到一个自然数 n_0 和一个正的常数 c，使得对于所有的 $n \geq n_0$，$f(n) \leq cg(n)$ 成立；另一种是通过取极限证明，即如果 $\lim_{n \to \infty} \frac{f(n)}{g(n)} \neq \infty$，则 $f(n)=O(g(n))$。

例 1.3 证明对于以下函数 $f(n)$ 和 $g(n)$，$f(n)=O(g(n))$ 成立。

1) $f(n)=n^2$，$g(n)=n^3$。

取 $n_0=1$，$c=1$，当 $n \geq n_0$ 时，有 $n^2 \leq cn^3$，所以 $n^2=O(n^3)$。

2) $f(n)=n^2$，$g(n)=n^2$。

取 $n_0=1$，$c=1$，当 $n \geq n_0$ 时，有 $n^2 \leq cn^2$，所以 $n^2=O(n^2)$。

3) $f(n)=n^2+n \log n$，$g(n)=n^2$。

取 $n_0=1$，$c=2$，当 $n \geq n_0$ 时，有 $n^2+n \log n \leq cn^2$，所以 $n^2+n \log n=O(n^2)$。

4) $f(n)=an^2+n \log n$，$g(n)=n^2$。

取 $n_0=1$，$c=\max\{2a,2\}$（或者 $c=a+1$），当 $n \geq n_0$ 时，有 $an^2+n \log n \leq cn^2$，所以 $an^2+n \log n=O(n^2)$。

5) $f(n)=an^2+n \log n+b$，$g(n)=n^2$。

取 $n_0=\sqrt{\frac{b}{a}}$，$c=\max\{3a,3\}$（或者 $n_0=1$，$c=a+1+b$），$n \geq n_0$ 时，有 $an^2+n \log n+b \leq cn^2$，所以 $an^2+n \log n+b=O(n^2)$。

由以上运算，可以总结出，在进行 O 的运算时（包括后面介绍的 Ω、Θ 等阶运算），常系数、低的阶以及常数项可以忽略。由 O 的定义可知，其是问题规模充分大时算法复杂度的一个上界，上界的阶越低，则评估越有价值。O 运算具有如下一些运算规则：

- $O(f)+O(g)=O(\max\{f,g\})$。
- $O(f)\cdot O(g)=O(f\cdot g)$。
- $O(C\cdot f(n))=O(f(n))$。
- $f=O(f)$。

2. Ω 复杂度

再分析 1.2.1 节的选择排序算法的执行时间 $T(n)$，如果令语句 $k\leftarrow j$（算法 2 的语句 8）的执行次数为 0，可得：

$$T(n) \geqslant c_1 n + c_2(n-1) + c_3\sum_{i=1}^{n-1}(n-i+1) + c_4\sum_{i=1}^{n-1}(n-i) + c_6(n-1)$$

$$= c_1 n + c_2(n-1) + c_3\frac{3n^2-n}{2} + c_4\frac{3n^2-3n}{2} + c_6(n-1)$$

$$= \left(\frac{3c_3}{2}+\frac{3c_4}{2}\right)n^2 + \left(c_1+c_2-\frac{c_3}{2}-\frac{3c_4}{2}+c_6\right)n - (c_2+c_6)$$

$$= a'n^2 + b'n + d'$$

这样就得到了选择排序执行时间的一个下界，复杂度的下界用符号 Ω 表示，即 $T(n)=\Omega(a'n^2+b'n+d')$，按照阶的运算，可得 $T(n)=\Omega(n^2)$。这意味着当要排序的元素个数大于某个阈值 n_0 时，存在一个常数 c，算法运行时间至少为 cn^2。**Ω 复杂度**的定义如下。

定义 1.2 令 $f(n)$ 和 $g(n)$ 是从自然数到非负实数的两个函数，如果存在一个自然数 n_0 和一个正常数 c，使得对于所有的 $n\geqslant n_0$，有

$$f(n)\geqslant cg(n)$$

记为：$f(n)=\Omega(g(n))$，称 $g(n)$ 是 $f(n)$ 的一个下界，或者 $f(n)$ 的阶不低于 $g(n)$ 的阶。如果 $f(n)$ 和 $g(n)$ 比值的极限存在，那么

$$\lim_{n\to\infty}\frac{f(n)}{g(n)}\geqslant c \Rightarrow \lim_{n\to\infty}\frac{f(n)}{g(n)}\neq 0$$

3. Θ 复杂度

通过上面的讨论，得出选择排序算法的执行时间 $T(n)$ 的上界和下界都是 n^2，这时称 $T(n)$ 和 n^2 同阶，用 $T(n)=\Theta(n^2)$ 表示。其定义如下。

定义 1.3 令 $f(n)$ 和 $g(n)$ 是从自然数到非负实数的两个函数，如果存在一个自然数 n_0 和两个正常数 c_1、c_2，使得对于所有的 $n\geqslant n_0$，有

$$c_1 g(n)\leqslant f(n)\leqslant c_2 g(n)$$

记为：$f(n)=\Theta(g(n))$，称 $g(n)$ 和 $f(n)$ 同阶。

如果 $f(n)$ 和 $g(n)$ 比值的极限存在，那么

$$\lim_{n\to\infty}\frac{f(n)}{g(n)}=c,\quad c>0$$

显然，$f(n)=\Theta(g(n))$，当且仅当 $f(n)=\Omega(g(n))$ 且 $f(n)=O(g(n))$。所以 Θ 复杂度的证明除了通过定义和极限的方法外，还可以通过先证明 $f(n)=\Omega(g(n))$，再证明 $f(n)=O(g(n))$ 的方法。

4. o 复杂度

最后一个复杂度是 o 复杂度,其定义如下。

定义 1.4 令 $f(n)$ 和 $g(n)$ 是从自然数到非负实数的两个函数,如果存在一个自然数 n_0,对所有的正常数 $c>0$,当 $n \geq n_0$ 时,有

$$f(n) < cg(n)$$

记为:$f(n) = o(g(n))$,称 $f(n)$ 对 $g(n)$ 来说是微不足道的。

如果 $f(n)$ 和 $g(n)$ 比值的极限存在,那么

$$\lim_{n \to \infty} \frac{f(n)}{g(n)} = 0$$

o 复杂度的定义和 O 复杂度的定义很相似,其主要区别有两点。

- O 复杂度的定义中只要存在一个常数 c 即可,而 o 复杂度的定义中要求对所有正的常数 c 均成立。
- O 复杂度要求 $f(n) \leq cg(n)$,而 o 复杂度要求 $f(n) < cg(n)$。

所以,如果 $f(n) = o(g(n))$,必然有 $f(n) = O(g(n))$;反之则不成立,但如果加一个条件,即 $g(n) \neq O(f(n))$,反之也成立,所以:**$f(n) = o(g(n))$,当且仅当 $f(n) = O(g(n))$ 且 $g(n) \neq O(f(n))$**。

5. 时间复杂度示例

例 1.4 $f(n)$ 和 $g(n)$ 是从自然数到非负实数的两个函数,证明 $\max(f(n), g(n)) = \Theta(f(n) + g(n))$。

思路 1.2 按照前面所说,Θ 复杂度的证明有 3 种方法,极限方法和求上、下界的方法都有点麻烦,所以这里可直接用定义的方法。

证明:

按照定义,需要取 c_1、c_2、n_0,使得当 $n > n_0$ 时,

$$c_1(f(n) + g(n)) \leq \max\{f(n), g(n)\} \leq c_2(f(n) + g(n))$$

要使上式成立,只要令 $c_1 = 0.5$,$c_2 = 1$,$n_0 = 1$(n_0 可取任何值)即可,得证。

例 1.5 $f(n) = an^4 - bn^3 + cn^2 - dn + e$,$g(n) = kn^4$,其中 a、b、c、d、e、k 为正的常数,证明 $f(n) = \Theta(g(n))$。

思路 1.3 此题用定义证明可行,但对 c_1、c_2 和 n_0 的确定稍显复杂,最简单的方法就是用极限的方法。

证明:

$$\lim_{n \to \infty} \frac{f(n)}{g(n)} = \lim_{n \to \infty} \frac{an^4 - bn^3 + cn^2 - dn + e}{kn^4}$$

$$= \lim_{n \to \infty} \left(\frac{a}{k} - \frac{b}{kn} + \frac{c}{kn^2} - \frac{d}{kn^3} + \frac{e}{kn^4} \right)$$

$$= \frac{a}{k}$$

因为 $\frac{a}{k}$ 为正的常数,所以 $f(n) = \Theta(g(n))$。

例 1.6 证明 $\sum_{i=1}^{n} \log i = \Theta(n \log n)$。

思路 1.4 像这种较复杂的 Θ 复杂度证明,通常采用计算上、下界的方法,如果上、下

界是相同的，即得证。

证明：

先证明上界 O，上界的证明比较简单，只要将求和中的每一项 $\log i$ 替换成 $\log n$ 即可

$$\sum_{i=1}^{n} \log i \leq \sum_{i=1}^{n} \log n = n \log n$$

$\sum_{i=1}^{n} \log i = O(n \log n)$ 得证。

再证明下界 Ω，按照前面的思路，将求和里的每一项 $\log i$ 替换成最小的项 $\log 1$，显然是行不通的。退而求其次，将每一项都替换成中间项 $\log \frac{n}{2}$，并舍弃前面 $\left\lfloor \frac{n}{2} \right\rfloor$ 个项（这些项对应原来求和公式中的 $\log i \leq \log \frac{n}{2}$），这样只留下后面 $\left\lfloor \frac{n}{2} \right\rfloor$ 个项，对于这些留下的项，我们可以确保原求和公式中的对应项 $\log i \geq \log \frac{n}{2}$，所以：

$$\sum_{i=1}^{n} \log i > \sum_{i=\left\lfloor \frac{n}{2} \right\rfloor}^{n} \log \frac{n}{2} \geq \left\lfloor \frac{n}{2} \right\rfloor \log \frac{n}{2}$$

可得：

$$\sum_{i=1}^{n} \log i = \Omega\left(\left\lfloor \frac{n}{2} \right\rfloor \log \frac{n}{2}\right)$$
$$= \Omega\left(\left\lfloor \frac{n}{2} \right\rfloor \log n - \left\lfloor \frac{n}{2} \right\rfloor\right)$$
$$= \Omega(n \log n)$$

$\sum_{i=1}^{n} \log i = \Theta(n \log n)$ 得证。

例 1.7 证明调和级数 $H_n = \sum_{i=1}^{n} \frac{1}{i} = \Theta(\log n)$。

思路 1.5 同样的，本题需要采用计算上、下界的方法。此外，求和公式的复杂度计算的一个常用方法是通过积分来近似（例 1.6 也可以通过积分近似来证明）。

证明：

先证明上界 O，参考图 1.1a，从左到右长方形的高度分别为 $\frac{1}{2}, \frac{1}{3}, \cdots, \frac{1}{n}$，而宽度都为 1。从图中可以观察到，对所有长方形的面积求和小于对函数 $f(x) = \frac{1}{x}$ 从 1 到 n 求积分，即

$$\sum_{i=1}^{n} \frac{1}{i} = 1 + \sum_{i=2}^{n} \frac{1}{i} \leq 1 + \int_{1}^{n} \frac{1}{x} dx = 1 + \ln n$$

所以 $H_n = O(1 + \ln n) = O\left(1 + \frac{\log n}{\log e}\right) = O(\log n)$。

再证明下界 Ω，参考图 1.1b，从左到右长方形的高度分别为 $1, \frac{1}{2}, \cdots, \frac{1}{n}$，而宽度都为 1。从图中可以观察到，对所有长方形的面积求和大于对函数 $f(x) = \frac{1}{x}$ 从 1 到 $n+1$ 求积

分，即

$$\sum_{i=1}^{n} \frac{1}{i} \geqslant \int_{1}^{n+1} \frac{1}{x} \mathrm{d}x = \ln(n+1) \geqslant \ln(n)$$

所以 $H_n = \Omega(\ln n) = \Omega(\log n)$。

$H_n = \sum_{i=1}^{n} \frac{1}{i} = \Theta(\log n)$ 得证。

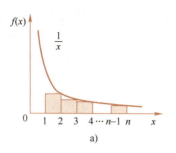 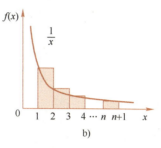

图 1.1　调和级数的积分近似

例 1.8　证明 $n^{\alpha} \log n^{\alpha} = O(n)$，其中 $0<\alpha<1$。

证明：用求极限的方法

$$\lim_{n \to \infty} \frac{n^{\alpha} \log n^{\alpha}}{n} = \lim_{n \to \infty} \frac{\alpha \log n}{n^{1-\alpha}}$$

$$= \lim_{m \to \infty} \frac{\alpha \log m}{(1-\alpha) m} \quad (\diamondsuit\ m = n^{1-\alpha})$$

$$= 0$$

所以 $n^{\alpha} \log n^{\alpha} = o(n) \Rightarrow n^{\alpha} \log n^{\alpha} = O(n)$。

1.2.2　算法的时间复杂度

算法时间复杂度的计算通常有两种方式，一种是非递归方式的计算，另一种是递归方式的计算，后者将在第 3 章中讨论。这里讨论非递归方式，通过上面对选择排序的时间复杂度的分析，我们已经了解了通过计算执行频率最高的语句来作为算法的复杂度。在迭代（循环）的场景下，复杂度就是计算迭代次数最高的语句。

如果在算法中存在多个循环，而这些循环是并列存在的，那么算法的复杂度是循环次数的相加。如下面的例子，共有 3 个 for 循环。第一个 for 循环执行 100 次，是一个常数频次；第二个 for 循环执行 n 次；第三个 for 循环执行 n^2 次（嵌套了一个 for 循环）。则 $T(n) = \Theta(100+n+n^2) = \Theta(n^2)$。显而易见，第三个 for 循环，也就是最高频次的循环，决定了算法的复杂度。

```
MyFun (int n) {
    int sum = 0;
    for (int i = 0; i < 100; i++)
        sum += i;
    for (int i = 0; i < n; i++)
        sum += i;    //执行 n 次
    for (int i = 0; i < n; i++)
        for (int j = 0; j < n; j++)
```

```
        sum+=i;
    return sum;
}
```

在循环存在嵌套的情况下,算法的复杂度是循环次数相乘的关系。如下面的例子,只要将外层 for 循环的次数和里层 for 循环的次数相乘就得到了算法的复杂度。但是此例子的里层 for 循环取决于外层 for 循环,所以需要一起计算,容易发现里面的 for 循环每次都执行 i 次,而 i 是从 1 一直增加到 n 的,所以总共执行了 $1+2+3+\cdots+n=\dfrac{n(n+1)}{2}$ 次,即算法的复杂度 $T(n)=\Theta\left(\dfrac{n(n+1)}{2}\right)=\Theta(n^2)$。在循环嵌套的情况下,最里层的嵌套的循环次数代表了算法的复杂度。

```
MyFun (int n){
    int sum = 0;
    for (int i = 1; i <= n; i++)
        for (int j = 1; j <= i; j++)
            sum += j;
    return sum;
}
```

再看下面的例子,此例子中,嵌套了 3 个 for 循环,观察发现第二个 for 循环是独立的,执行了 6 次。而第一个、第三个 for 循环是关联的,我们将这两个 for 循环一起计算,容易得出第三个 for 循环每次都执行 i^2 次,而 i 是从 1 一直增加到 $\log n$ 的,所以总共执行了 $1^2+2^2+3^2+\cdots+\log^2 n = \dfrac{1}{6}\log n(1+\log n)(2\log n+1)$ 次,所以算法的复杂度 $T(n) = \Theta\left(6 \times \dfrac{1}{6}\log n(1+\log n)(2\log n+1)\right) = \Theta(\log^3 n)$。

```
MyFun (int n){
    int sum = 0;
    for (int i = 1; i <= log n; i++)
        for (int j = i; j <= i+5; j++)
            for (int k = 1; j <= i * i; k++)
                sum += j;
    return sum;
}
```

总结一下,算法的复杂度取决于执行频次最高的那条语句,这一条实际上在递归算法和非递归算法中都适用,只是递归算法中执行次数的计算是通过递归的方法计算(见第 3 章),而在迭代算法中,主要通过计算最里层循环的执行次数。不过,在某些情况下,执行次数也并不是那么容易计算,此时可以统计算法中一些基础操作的频率,基础操作包括赋值操作、比较操作、存储操作等。所以,可以将复杂度的计算归纳为以下三种方法。
- 统计算法中频次最高的语句,也就是最里层嵌套循环的执行次数。
- 统计算法中基础操作最高的频次(见第 2 章)。
- 按照递归的方法来计算复杂度(见第 3 章)。

1.2.3 空间复杂度

除了时间复杂度,空间复杂度也被用来衡量算法的性能。空间复杂度衡量算法在执行过程中占用内存的大小。但注意，其并不是衡量程序的大小，也不是指要输入数据的大小，而是算法在执行过程中，额外开辟的存储空间。比如在选择排序算法中，尽管需要 n 个内存空间来存储数组 A，但那是输入的数据，算法真正需要额外开辟的内存是用于变量存储的，所以空间复杂度是 $O(1)$。在后面要学的归并排序算法中，对于 n 个要排序的元素，算法需要临时开辟 n 个存储空间，所以算法的空间复杂度为 $O(n)$。

时间复杂度和空间复杂度通常会起到相互折中的作用，也就是设计的算法的时间复杂度低，则通常以高空间复杂度为代价。

例 1.9 请对某歌曲库里 n 首歌曲的播放设计一个算法，算法要求能够实现每首歌曲的随机播放概率应该正比于它的评分（评分为 10 分制，精确到小数点后一位），如评分 9.1 的歌曲和评分 7.9 的歌曲，播放次数大概是 91:79。

解 1：

将所有的歌曲按顺序排列，并根据评分生成随机区间，之后选择总区间内的一个随机值，播放这个随机值所在区间对应的歌曲。如有 4 首歌其评分为 $\{1,1.5,2,2\}$，则生成区间 $(0,1],(1,2.5],(2.5,4.5],(4.5,6.5]$ 这 4 个区间，然后在总区间 $(0,6.5]$ 取一个随机数，设其为 3.1，因 3.1 位于第 3 个区间，则播放第 3 首歌曲。此算法的时间复杂度为确定随机数位于哪个区间，可用二分搜索实现，所以复杂度为 $O(\log n)$，空间复杂度为区间的存储，因为一个区间只需要一个值来存储，所以复杂度为 n。

解 2：

将所有的歌曲按照评分复制其编号，如歌曲 1 的评分为 5.5，就将 1 复制 55 份，歌曲 10 评分为 6.6，就将 10 复制 66 份。然后随机地从这些编号中选取一个编号，选到的编号即为播放曲目。此算法的时间复杂度为 $O(1)$，空间复杂度为 $n \times E$ [歌曲的评分]。

显然，解 2 是牺牲空间复杂度为代价，来换取时间复杂度的降低。

在上面的例子中，实际上是忽略了在内存中开辟存储单元这个操作的时间复杂度，如果将这个复杂度考虑进去，任意一个算法的时间复杂度都是空间复杂度的下限，也就是 $T($空间复杂度$) = O(T($时间复杂度$))$。目前个人计算机的内存空间都是足够大的，所以人们对算法的空间复杂度并不是很关注。本书后面也主要讨论算法的时间复杂度。

1.3 数据结构

1.3.1 堆

在算法设计中，经常会涉及对数据的查找和排序操作，而查找操作有一个非常重要的查找就是最大值或最小值的查找。如果被查找数据是动态的，即数据会动态地增加和减少，无论是无序还是有序的数组，动态最大值（最小值）查找的效率都很低。对于无序的数组，当动态地增加数据时，可以方便地直接将新的数据加入到数组的末尾，但因为数据是无序的，最大值（最小值）的查找就比较麻烦，每次查找需要比较所有的数据；而对于有序的数组，最大值（最小值）的查找很方便，数组的最后一个（或第一个）元素就是，但添加新数据的操作却很麻烦，因为每次把数据插入到合适的位置，会造成大量的比较和数据交换。为了解决上述问题，人们设计了堆这种数据结构，从而大大降低了动态查找最大值（最小值）的复杂度。

定义 1.5 堆（Heap）由一个完全二叉树的结构来描述数据的关系，在这个树中，如果父节点的键值大于或等于其任何一个子节点的键值，这样的二叉树称为最大堆；如果父节点的键值小于或等于其任何一个子节点的键值，这样的二叉树称为最小堆。

图 1.2 给出了最大堆的一个示例。

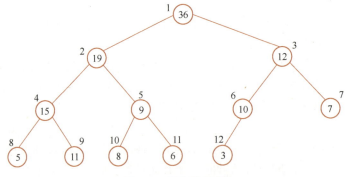

图 1.2 最大堆示例

在此示例中，可以得出堆的 4 个特征。

1) 堆是一棵完全二叉树，堆所对应树的节点的排列必须是从上到下、从左到右的依次排列，否则将不构成堆，如将示例中的 12 号节点（值为 3）移到 7 号节点（值为 7），作为 7 号节点的左子节点，不构成堆。

2) 在最大堆中，根节点值最大，叶子节点值较小，从根到叶子的一条路径上，节点值以非升序排列。

3) 任何一个父节点的值都大于或等于其子节点的值，但节点的左右子节点值并无顺序要求，且上层节点的值不一定大于下层节点的值，如 4 号节点（第二层）的值大于 3 号节点（第一层）的值。

4) 堆中每个节点的子树都是堆，如 2 号节点的左子树和右子树都是堆。

堆中各节点的数据是通过一个一维的数组进行存储的，存储非常简单，按照节点从上到下、从左到右的顺序依次存储即可。如图 1.2 所示，1 号节点（根节点）存储在数组的第 1 个元素，2 号节点存储在数组的第 2 个元素，以此类推。图 1.2 的堆存储在数组 a 中，则数组 a 为

$a[1]$	$a[2]$	$a[3]$	$a[4]$	$a[5]$	$a[6]$	$a[7]$	$a[8]$	$a[9]$	$a[10]$	$a[11]$	$a[12]$
36	19	12	15	9	10	7	5	11	8	6	3

显而易见，堆中节点 i，其值存储在数组元素 $a[i]$ 中，而其父节点（如果存在）为第 $\lfloor i/2 \rfloor$ 个节点，存储在数组元素 $a[\lfloor i/2 \rfloor]$ 中；其左右子节点（如果存在）分别为第 $2i$ 个节点和第 $2i+1$ 个节点，存储在数组元素 $a[2i]$ 和 $a[2i+1]$ 中。

对堆的操作主要有以下 5 个。

- 上移（sift-up）：即将堆中的元素向根节点的方向移动。
- 下移（sift-down）：即将堆中的元素向叶子节点的方向移动。
- 插入（insert）：即将一个新的元素插入到堆中。
- 删除（delete）：即删除堆中的某个元素。
- 构建（makeheap）：即将一组无序的数据构建成堆。

其中上移和下移是基本操作，后面三种操作都会用到上移和下移操作。

1. 上移（sift-up）操作

在最大堆中，若某个节点 i 的键值大于其父节点的键值，就违背了堆的特性，需要进行上移调整。调整的过程比较简单，只要将节点 i 沿着到根节点的路径移到合适的位置即可，如图 1.3a 所示，节点 12 的键值为 16，其值比其父节点（节点 6）大，则和父节点交换；交换后，其值依然比起新的父节点（节点 3）大，继续交换；此时，比父节点（节点 1）小，上移结束。堆的上移算法如算法 3 所示。树的高度为 $\lfloor \log n \rfloor$，所以复杂度为 $O(\log n)$。

算法 3 堆上移 sift-up

1: **输入**：输入数组 $a[1,\cdots,n]$，需要上移的元素下标 i；
2: **输出**：上移后的数组 $a[1,\cdots,n]$；
3: **if** $i = 1$ **then**
4:     return a；/* 根节点，无须上移 */
5: **end if**
6: **repeat**
7:     **if** $a[i] > a[\lfloor i/2 \rfloor]$ **then**
8:         交换 $a[i]$ 和 $a[\lfloor i/2 \rfloor]$；
9:         $i \leftarrow \lfloor i/2 \rfloor$；
10:     **else**
11:         return a；
12:     **end if**
13: **until** $i = 1$
14: return a；

2. 下移（sift-down）操作

在最大堆中，若某个节点 i 的键值小于其子节点的键值，也违背了堆的特性，需要进行下移调整。在上移调整中，因为只有一个父节点，和这个父节点比较即可。但在下移调整中，通常堆中一个节点会有两个子节点，那么应该跟哪个子节点进行比较？答案是显然的：和那个键值大的子节点比较。如果小于这个子节点则和这个子节点交换，这个操作一直持续下去，直到不存在更大的子节点或者到达叶子节点。如图 1.3b 所示，节点 2 的键值为 4，其值比其子节点都小，则和较大的子节点（节点 4）交换；交换后，其值依然比新的子节点（节点 9）小，继续交换；此时，节点到达叶子节点，下移结束。堆的下移算法如算法 4 所示，复杂度为 $O(\log n)$。

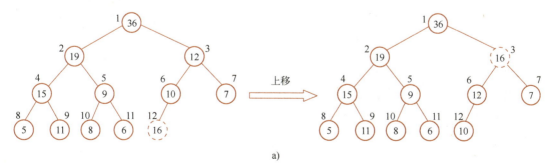

图 1.3 堆中节点移动操作
a）堆的上移操作

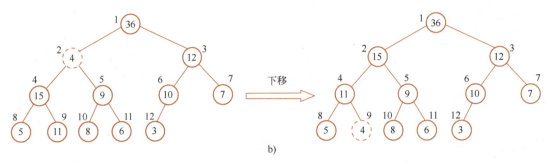

图 1.3 堆中节点移动操作（续）
b）堆的下移操作

算法 4 堆下移 sift-down

1：**输入**：输入数组 $a[1,\cdots,n]$，需要下移的元素下标 i；
2：**输出**：下移后的数组 $a[1,\cdots,n]$；
3：**if** $2*i>n$ **then**
4：   return a；/*叶子节点，无须下移 */
5：**end if**
6：**repeat**
7：   **if** $a[2i] > a[2i+1]$ **then**
8： $t \leftarrow 2i$；
9：   **else**
10： $t \leftarrow 2i+1$；
11：   **end if**
12：   **if** $a[i] < a[t]$ **then**
13：   交换 $a[i]$ 和 $a[t]$；
14： $i \leftarrow t$；
15：   **else**
16：   return a；
17：   **end if**
18：**until** $2*i>n$
19：return a；

3. 插入（insert）操作

因为堆并不是一个完全有序的数组，所以无法先找到一个合适的位置再进行插入。但堆的插入并不复杂，只要将新的元素添加到数组的末尾，然后利用上移操作，调整到合适位置即可。插入算法如算法 5 所示。因插入操作的复杂度由上移操作决定，所以其复杂度也为 $O(\log n)$。

算法 5 堆插入 insert

1：**输入**：输入堆数组 $a[1,\cdots,n]$，需要插入的元素 x；
2：**输出**：插入元素 x 后的堆数组 $a[1,\cdots,n+1]$；
3：$a[n+1]=x$；
4：SiftUp($a,n+1$)；
5：return $a[1,\cdots,n+1]$；

4. 删除（delete）操作

当要删除堆的一个元素时，直觉上是直接删除这个元素，之后将子节点中较大的元素移到被删除节点的位置，子节点空出来后，可以继续相同的操作。但这样的操作会破坏堆的特性，如图 1.2 中，如果把节点 2（键值为 19）删除，按照上面的操作，节点 4 上移到节点 2 的位置，节点 9 再上移到节点 4 的位置，此时节点 9 成为空节点，破坏了堆的性质。所以，不能用子节点来代替被删除的节点，那应该用哪个节点来代替被删除的节点？

思路 1.6 通过观察可知，为了不破坏堆的特性，只有用最末尾的节点填补被删除的节点。通过这样的操作后，仅仅这个新填补的节点有可能不符合堆的性质，所以只需要对这个节点进行上移或下移调整即可。那么到底应该是上移还是下移？只需要比较最末尾的节点和被删除的节点的大小，如果前者大，进行上移操作，否则进行下移操作。

删除操作如算法 6 所示。因删除操作的复杂度由上移或下移操作决定，所以其复杂度也为 $O(\log n)$。

算法 6 堆删除 delete

1：**输入**：输入堆数组 $a[1,\cdots,n]$，需要删除的元素的下标 i；
2：**输出**：删除元素 x 后的堆数组 $a[1,\cdots,n-1]$；
3：**if** $i=n$ **then** \ * 最末尾的节点，直接删除 * \
4：   return $a[1,\cdots,n-1]$；
5：**end if**
6：**if** $a[n] \geqslant a[i]$ **then**
7： $a[i] \leftarrow a[n]$；
8：   SiftUp(a,i)；
9：**else**
10： $a[i] \leftarrow a[n]$；
11：   SiftDown(a,i)；
12：**end if**
13：return $a[1,\cdots,n-1]$；

---

5. 构建（makeheap(a)）操作

一个简单的将无序数组 a 构建成堆的方法就是逐一插入，即从一个空堆开始，逐步执行插入操作，将 a 中所有的元素都移到堆中。假设数组 a 有 n 个元素，则堆的高度为 $\lfloor \log n \rfloor$，即插入每个元素的复杂度为 $O(\log n)$，而构建堆的总复杂度为 $O(n \log n)$。有没有一种算法能够降低总复杂度？

思路 1.7 因为堆是通过数组存储的，我们可以将无序数组看成一个待调整的"堆"，之后利用前面学过的堆操作方法对堆中的元素进行调整，形成最终的堆。

怎么调整？一种思路是从根节点开始，依次对所有的节点进行调整（上移或下移），首先分析一下这种方案可不可行。如将图 1.4 左边的二叉树调整成最大堆（本小节默认均为最大堆），左边的二叉树经过一轮从上而下、自左而右的调整后，形成右边的二叉树，但显然这还不是一个堆。为了使之成为一个堆，需要继续下一轮调整，在最坏的情况下，需要进行 $\log n$ 轮调整，而每轮调整的复杂度为 $O(n \log n)$，总复杂度是 $O(n \log^2 n)$，比逐个插入的复杂度更高。那么自下而上的调整可行吗？

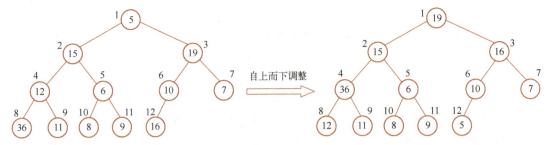

图 1.4 堆自上而下调整

思路 1.8 这个想法看上去和自上而下调整差不多，但仔细观察可以发现，在自下而上的调整中，当调整节点 i 时，如果仅对以节点 i 为根的子树进行调整，对所有的节点调整一次就能够形成堆。这是因为当调整以节点 i 为根的子树时，此时其两个子树必然已经是堆结构（因为是自下而上调整），只有节点 i 需要调整，那么对节点 i 进行下移操作后，以节点 i 为根的子树必然是堆结构。

但是即使对每个节点下移一次，其复杂度依旧是 $O(n \log n)$。因为下移一个节点的复杂度为 $O(\log n)$。

思路 1.9 这里有两点可以帮助降低复杂度：①堆结构的二叉树有几乎一半的节点（$\lceil n/2 \rceil$）是叶子节点，而叶子节点独立形成的子树在自上而下的策略中无须调整（就一个节点而已），这样就只需调整（下移）剩余的 $\lfloor n/2 \rfloor$ 个节点；②自下而上策略的每次调整并不是对整个树进行调整，而仅仅是对子树的根节点进行下移操作，所以对第 i 层的节点的调整最多交换 $\lfloor \log n \rfloor - i$ 次（其中 $\lfloor \log n \rfloor$ 是树的高度）。

综合以上思路，调整策略为：自下到上，自右到左，依次遍历所有非叶子节点，对每个节点进行下移操作，实现二叉树到堆的调整。此策略如算法 7 所示。在具体给出一个例子前，先计算此算法的复杂度。堆二叉树的根节点为 0 层，最底层为第 $\lfloor \log n \rfloor$ 层，第 i 层的节点有 2^i 个（除最底层外），每个节点最多交换 $\lfloor \log n \rfloor - i$ 次，则总复杂度可以表示为

$$\begin{aligned} T(n) &\leq \sum_{i=0}^{\lfloor \log n \rfloor - 1} 2^i (\lfloor \log n \rfloor - i) \\ &= \sum_{i=0}^{k-1} (k-i) 2^i \quad \text{令 } k = \lfloor \log n \rfloor \\ &= \sum_{i=0}^{k} (k-i) 2^i \end{aligned} \quad (1.1)$$

令

$$s = \sum_{i=0}^{k} (k-i) 2^i = k + \sum_{i=1}^{k} (k-i) 2^i$$

则

$$2s = \sum_{i=0}^{k} (k-i) 2^{i+1} = \sum_{i=1}^{k+1} (k-i+1) 2^i = \sum_{i=1}^{k+1} (k-i) 2^i + \sum_{i=1}^{k+1} 2^i$$

所以

$$s = 2s - s = \sum_{i=1}^{k} 2^i - k = 2 \cdot 2^k - 2 - k \leq 2n - 2 - \log n$$

可得：$T(n) = O(n)$。

算法 7　堆构建 makeheap

1：**输入**：组 $a[1,\cdots,n]$；
2：**for** $i = \lfloor n/2 \rfloor$ downto 1 **do**
3：　　SiftDown(a, i)
4：**end for**
5：**return** $a[1,\cdots,n]$

例 1.10　请对图 1.4 左边的堆进行自下而上调整。

解：

按照堆自下而上调整算法，依次调整节点 6、5、4、3、2、1，调整的每一步如图 1.5 所示。

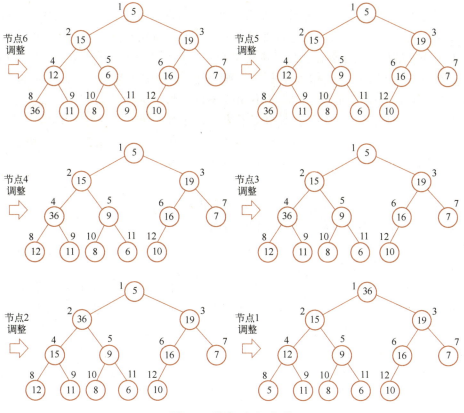

图 1.5　堆自下而上调整

6. d 堆

堆可以扩展到 d 堆，如三叉堆、四叉堆，表示堆是一棵 d 叉树，如完全三叉树、完全四叉树等。当 n 个元素组成 d 堆时，树的层数为 $\log_d n$，当 $d>2$ 时，树的层数会很大限度上减少。按照上面的描述，堆的操作都是基于上移和下移这两个基本操作的，为此分析规模为 n 的堆这两个操作的复杂度。

- d 堆上移操作：因每次上移需要和其父节点比较，所以复杂度为 $O(\log_d n) = O\left(\dfrac{1}{\log d} \log n\right)$。
- d 堆下移操作：因每次下移需要和其所有的子节点比较（共 d 个子节点），所以复杂度为 $O(d \log_d n) = O\left(\dfrac{d}{\log d} \log n\right)$。

这里为了指出 d 堆和二叉堆的区别，在复杂度表达式中给出了系数。显然很容易得出 $O(\log_d n) = O(\log n)$，$O(d \log_d n) = O(\log n)$。

1.3.2 不相交集

在离散数学中我们学过等价类是对集合 S 的一个划分，对集合 S 的划分形成了集合 S 的不相交集。不相交集这种数据结构在算法中也有着广泛的应用，首先定义<u>不相交集</u>。

定义 1.6 不相交集 对某个集合 S，它的一个划分 $S_1, S_2, \cdots, S_n$ 构成了集合 S 的不相交集，其中 $\bigcup_{1 \leq i \leq n} S_i = S$，且 $S_i \cap S_j = \varnothing$，$1 \leq i \leq n$，$1 \leq j \leq n$，$i \neq j$。

对不相交集这种数据结构的操作主要有两种：查找和合并，所以不相交集也被称为并查集。查找操作是对某个元素 $a_i \in S$ 进行查找，返回此元素所在的子集 S_j，但返回子集 S_j 显然需要增加额外的信息，为了简化操作，用子集的一个元素来代表这个子集，这样不相交集的每个子集都由一个主元素（或称为根元素）来代表，子集中所有其他的元素都指向（直接指向或间接指向）这个主元素，因此，不相交集可以形成如图 1.6 所示的树型结构，每个不相交子集是以主元素为根的树，所有的不相交集形成了一个森林。此例中集合 $S = \{1,2,3,4,5,6,7,8,9\}$，三个不相交的子集分别如下。

- $\{1,4\}$，其中 4 为主元素，元素 1 直接指向 4。
- $\{5,7\}$，其中 7 为主元素，元素 5 直接指向 7。
- $\{2,3,6,8,9\}$，其中 2 为主元素，元素 3、6、9 直接指向 2，元素 8 指向元素 3。

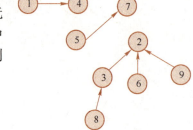

图 1.6 不相交集

因为不相交集是森林的结构，所以很自然可以用树的存储方式来存储不相交集。不相交集的查找和合并操作，只涉及寻找父节点操作，因而，可以使用双亲表示法的存储结构。通过双亲表示法，可以很容易地找到某元素所在子集的根节点，这里用 $Parent(a_i)$ 表示元素 a_i 的父节点，$Root(a_i)$ 表示元素 a_i 所在子集的根元素。对于上面例子中，这种从 1 开始的连续整数的不相交集，可以简单地采用数组结构，数组下标表示元素，数组的内容表示父节点，根节点的父节点用 0 或负数表示，这样可以进一步提高查找和合并的效率。

1. 查找（Find）和合并（Union）

查找操作非常简单，如果要查找元素 a_i，$Find(a_i)$ 函数只要返回 $Root(a_i)$ 即可，如算法 8 所示。合并操作是将两个不同的子集合并成一个子集，为了实现合并操作，只要将一个子集的根元素指向另一个子集的根元素即可。如通过 $Union(a_i, a_j)$ 的操作，实现将 a_i 所在的子集和 a_j 所在的子集进行合并，即让 $Root(a_i)$ 返回的元素指向 $Root(a_j)$，如算法 9 所示。

算法 8 查找 $Find(a_i)$

1: **输入**：元素 a_i；
2: **输出**：a_i 所在树的根节点；
3: $x \leftarrow a_i$
4: **while** $Parent(x) \neq null$ **do**
5: $\quad x \leftarrow Parent(x)$
6: **end while**
7: **return** x

算法 9 不相交集合并 $Union(a_i, a_j)$

1: **输入**：元素 a_i 和 a_j；
2: **输出**：合并后的树；
3: $x \leftarrow Find(a_i)$
4: $y \leftarrow Find(a_j)$
5: $Parent(x) \leftarrow y$

上面的查找和合并算法极其简单，所以对某些应用，如果只涉及数据的分割，且只有查找和合并操作，不相交集这种数据结构是非常合适的。

例 1.11 设有编号 $1 \sim n$ 的学生，需要把这些学生合并到一个班级中。

解：

通过一个简单的 for 循环可以将这些学生合并在一个班级中：

```
for(i=1,i++,i<n)
    Union(i,i+1);
```

通过上面的代码会形成一个链式结构的数据，如图 1.7a 所示，这种结构会造成查找操作效率低下，将来需要查找某学生属于哪个班级时，期望对数据访问次数为 $\frac{n}{2}$ 次。显然，造成访问次数过多的原因是树的高度太高了（因为是链式结构）。而 n 个元素形成的树高度最小是 1，如图 1.7b 所示，此时查找期望的访问次数是 1 次。造成链式结构的原因是合并操作，而如果能够在合并的操作过程中，让树高较低的树指向树高较高的树，就可以形成如图 1.7b 所示的树结构。为此，定义了一个秩（rank）的概念。

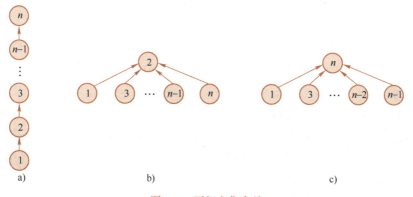

图 1.7 不相交集合并

定义 1.7 秩是赋予节点的一个值,这个值表明了节点所在树中的高度,每个节点的秩的初始化值为 0,一棵树的根节点的秩代表了这棵树的高度。当对两棵树 (x,y) (x、y 分别代表两棵树的根节点)进行合并运算时,如果 $rank(x) < rank(y)$,则 x 指向 y,所有节点的秩不变;如果 $rank(x) > rank(y)$,则 y 指向 x,所有节点的秩也不变;如果 $rank(x) = rank(y)$,则 x 指向 y,节点 y 的秩加 1。

根据定义,需要注意以下几点:

- 通常说树的高度时,根节点为第 0 层,下面的节点依次递增,而秩的高度是相反的,也就是叶子节点是 0,上面的节点依次递增,根节点的秩是树的最大高度。
- 在合并的过程中,只有当两个秩相同的树合并时,合并后树的根节点的秩会加 1,其他任何情况,任何节点的秩在合并过程中都不会改变。

基于秩合并的算法如算法 10 所示,通过算法 10,例 1.11 合并后会形成如图 1.7b 所示的树结构。下面分析一下不相交集查找和合并(基于秩的合并)操作的复杂度。显然无论是查找还是合并,其复杂度取决于树的高度(或秩 rank)。那么一个问题是:一个有 n 个节点且是通过不相交集合并操作形成的树,其最大的高度是多少?

算法 10 基于秩的合并 $UnionRank(a_i, a_j)$

1:**输入**:元素 a_i 和 a_j;
2:**输出**:合并后的树;
3: $x \leftarrow Find(a_i)$
4: $y \leftarrow Find(a_j)$
5:**if** $x.rank < y.rank$ **then**
6: $\quad Parent(x) \leftarrow y$ \ * x 指向 y * \
7:**else if** $x.rank = y.rank$ **then**
8: $\quad Parent(x) \leftarrow y$ \ * x 指向 y 且 $y.rank$ 加 1 * \
9: $\quad y.rank \leftarrow y.rank + 1$
10:**else**
11: $\quad Parent(y) \leftarrow x$ \ * y 指向 x * \
12:**end if**

思路 1.10 在很多情况下,可以通过枚举的方式来寻找规律,这里用枚举的方式分析最大 $rank$ 是多少,之后通过归纳法证明找到规律的正确性。

- 当 $n = 1$ 时,$rank = 0$。
- 当 $n = 2$ 时,$rank = 1$。
- 当 $n = 3$ 时,$rank = 1$(按照基于秩的合并,不可能生成 $rank = 2$ 的树)。
- 当 $n = 4$ 时,$rank = 1$($rank = 0$ 的 1 节点树和 $rank = 1$ 的 3 节点树进行合并),或者 $rank = 2$(两个 $rank = 1$ 的 2 节点树进行合并),最大 $rank = 2$。
- 当 $n = 5$ 时,$rank = 1$($rank = 0$ 的 1 节点树和 $rank = 1$ 的 4 节点树进行合并),或者 $rank = 2$($rank = 0$ 的 1 节点树和 $rank = 2$ 的 4 节点树进行合并,或 $rank = 1$ 的 2 节点树和 $rank = 2$ 的 3 节点树进行合并),最大 $rank = 2$。
- 当 $n = 6$ 时,最大 $rank = 2$。
- 当 $n = 7$ 时,最大 $rank = 2$。

- 当 $n=8$ 时，最大 $rank=3$（两个 $rank=2$ 的 4 节点树进行合并）。
- 当 $n=k$ 时，如果 k 为偶数，则最大 $rank=\left[\left(\dfrac{k}{2}\text{时最大}\,rank\right)+1\right]$；如果 k 为奇数，则最大 $rank=(k-1\text{ 时最大}\,rank)$。

由以上分析，可知，**一个有 n 个节点的不相交集形成的树，其最大的 $rank=\log n$**。所以不相交集的查找和合并（基于秩的合并）操作的复杂度都为 $O(\log n)$。接着通过归纳法来证明。

定理 1.1　设经过秩合并树的节点个数为 n，则树的高度至多为 $\lfloor\log n\rfloor$。

通过归纳法证明：

1）当树的节点数为 1 时，树的 $rank=0$，高度为 $\log 1=0$，成立；当树的节点数为 2 时，树的 $rank=1$，高度为 $\log 2=1$，成立。

2）假设两棵树的节点个数分别为 m 和 n，高度为 $rank_m$ 和 $rank_n$，满足 $rank_m\leqslant\log m$（$m\geqslant 2^{rank_m}$）和 $rank_n\leqslant\log n$（$n\geqslant 2^{rank_n}$），则按秩合并后，有以下 3 种情况。

① $rank_m<rank_n$，则合并后树的节点个数为 $m+n$，且树的 $rank_{m+n}=rank_n\leqslant\log n\leqslant\log(m+n)$。

② $rank_m>rank_n$，则合并后树的节点个数为 $m+n$，且 $rank_{m+n}=rank_m\leqslant\log m\leqslant\log(m+n)$。

③ $rank_m=rank_n$，则合并后树的节点个数为 $m+n$，因 $m+n\geqslant 2^{rank_m}+2^{rank_n}=2^{rank_n+1}$，则 $rank_n+1\leqslant\log(m+n)$，且因 $rank_{m+n}=rank_n+1$，所以 $rank_{m+n}\leqslant\log(m+n)$。

由以上归纳，定理得证。

那么是不是通过基于秩的合并总能得到最优的不相交集？

首先确定什么是最优的不相交集？因为不相交集只涉及两个操作：查找和合并，所以对于由任意个节点形成的树，最优的形式就是两层的树结构，即一个节点作为根节点，其他所有的节点都直接指向这个节点。那么基于秩的合并是不是总能得到最优的不相交集？结果不一定，比如有 4 个节点（节点 1、2、3、4），因操作原因，先对节点 1 和 2 进行基于秩的合并，之后对节点 3 和 4 进行基于秩的合并，最后对两棵树再进行基于秩的合并。显然，虽然都是采用了基于秩的合并，但最终形成的树是一棵三层的树，而不是两层的树。

那么可以优化不相交集的树结构吗？

思路 1.11　一个简单的想法是调整树的结构，使之成为一棵二层的树。什么时候调整？可以通过两种方式进行调整，一是在合并的过程中进行调整；二是设置一个新的"调整"操作。

先分析第一种方法，在合并中调整就需要对被合并的两棵树中的一棵树的所有节点进行遍历，使这些节点都指向新的根节点。这样的操作会造成合并操作的复杂度从 $O(\log n)$ 增加到 $O(n)$，得不偿失。第二种方法不仅要新增一个操作，同时这个操作的复杂度也是 $O(n)$，所以也不能带来优化。由上面分析可知，要使不相交集的树一直保持为两层树这种最优结构是以牺牲复杂度为代价的，得不偿失。但是，我们分析发现不相交集的寻找操作 $Find(a_i)$ 会访问从 a_i 到根节点路径上的所有节点，让这些节点都直接指向根节点，可以优化树结构，同时并不会增加算法复杂度，这种方法称为路径压缩，虽然它不能使不相交集形成最优的树，但其可以在保持复杂度不变的情况下，优化树的部分结构。

2. 路径压缩

定义 1.8　**路径压缩（Path Compression）**：在执行 Find 操作时，访问的节点如果并不是直接指向根节点，则让此节点指向根节点。

按照以上定义，在查找的同时进行路径压缩，如算法 11 所示。

算法 11 路径压缩查找 $FindCompress(a_i)$

1: **输入**：元素 a_i；
2: **输出**：a_i 所在树的根节点，同时对此树进行路径压缩；
3: $root \leftarrow Find(a_i)$；
4: $x \leftarrow a_i$；
5: **while** $x \neq root$ **do**
6:     $y \leftarrow Parent(x)$；
7:     $Parent(x) \leftarrow root$；
8:     $x \leftarrow y$；
9: **end while**
10: **return** $root$；

设不相交集所形成的树如图 1.7a 所示，执行 $FindCompress(1)$ 操作后，形成了如图 1.7c 所示的结果。我们再分析算法 11，会发现这个算法并没有对树的 rank 进行任何改变，这样的话不得不提出一个问题：如果经过路径压缩改变了树实际的 rank，但因为代码不做 rank 的改动，那是不是树的 rank 将变得无效？确实会出现这种情况，图 1.7a 的 rank 为 $n-1$，执行 $FindCompress(1)$ 操作后，形成如图 1.7c 所示的树，其 rank 依然为 $n-1$，尽管实际上为 1。很多人可能会问：那为什么不在路径压缩的同时改变树的 rank？这是因为树的 rank 可能并不是由访问的那个路径决定的（例子只给了一个叶子节点，所以叶子到根只有一条路径，实际上树可以有多个叶子节点，存在到根的多条路径），如果根据访问的路径压缩后的高度来改写树的 rank，显然会发生错误。

既然都有可能发生错误，为什么不改变 rank？为了回答这个问题，设树的真实 rank 为 $rank_R$，标注的 rank 为 $rank_L$，采用不改变 rank 的方式，则树的 $rank_L \geq rank_R$，也就是标注的 rank 是真实 rank 的一个上限，所以还可以用标注的 rank 来近似衡量真实的 rank。而如果采用改变 rank 的方式，则树的 $rank_R \geq rank_L$，也就是标注的 rank 是真实 rank 的下限，这样就不能用标注的 rank 来衡量真实的 rank 了。

1.4 本章小结

本章是本书的一个基础，其重点是算法复杂度，复杂度的分析和计算会贯穿本书所有的章节。我们讲解了复杂度的上界、下界和同阶，显然，如果能够得出一个算法的同阶复杂度，最能够体现该算法的计算量，但是通常对于稍微复杂一点的算法是很难找到同阶复杂度的，所以在通常的表述中，常采用复杂度的上界，也就是 O 复杂度。算法的前导课程是数据结构，所以会默认读者已经对一些基本的数据结构比较熟悉，如队列、栈等。本章还介绍了另外两个数据结构，堆和不相交集。在后面的算法中，也会对这两个数据结构进行广泛的应用。

1.5 习题

1. 二分搜索在最好的情况下只比较一次，此时，被找的数据正好是中间数据，在最差的情况下，总共比较 $\lfloor \log n \rfloor + 1$ 次，请问此时这个元素位于哪个位置？

2. 设计一个时间复杂度为 $O(1)$ 的算法，在数组 $\{a_1, a_2, \cdots, a_n\}$ （$n>2$）中找出一个既不是最大值也不是最小值的元素（假设数组中的元素各不相同）。

3. $n!$ 和复杂度 $O(n^n)$、$\Omega(n^n)$、$\Theta(n^n)$ 哪个成立？请给出说明。

4. 关于复杂度的描述，下面正确的是（　　）（可以多选）。

a) $f(n) \cdot g(n) = O(\max\{f(n), g(n)\})$
b) $f(n) + g(n) = \Theta(\max\{f(n), g(n)\})$
c) $\lim\limits_{n \to \infty} \dfrac{f(n)}{g(n)} \neq 0$，则 $f(n) = O(g(n))$
d) $f(n) = o(f(n))$
e) $\max\{f(n), g(n)\} = O(f(n) + g(n))$
f) 如果 $f(n) = \Theta(g(n))$，则 $f(n) = O(g(n))$
g) 如果 $f(n) = O(g(n))$，则 $f(n) = \Theta(g(n))$

5. 关于复杂度的描述，下面正确的是（　　）（可以多选）。

a) $n^2 = \Theta(n \log^2 n)$
b) $n^2 + n \log n! = \Theta(n^2)$
c) $n \log^2 n = O(n^2)$
d) $n \log n = O(n)$
e) $n^2 \log n + n \log^2 n = \Theta(n \log^2 n)$

6. $T(n) = 2T\left(\dfrac{n}{4}\right) + n \log n$，$T(n) = $（　　）。

a) $\Theta(n^{\log_4 2})$
b) $\Theta(n^{\log_4 2} \log n)$
c) $\Theta(n \log n)$
d) $\Theta(n^2 \log n)$

7. 请证明以下等式。

a) $n^\alpha \log n^\alpha = O(n)$，其中 $0 < \alpha < 1$。
b) $\log(n!) = \Theta(n \log n)$。

8. 有如下两个循环代码，其复杂度分别是多少？

```
for (i=n; i>0; i/=2){
  for (j=1; j<n; j*=2){
    for (k=0; k<n; k+=2){
      x=x+1;
    }
  }
}
```

```
for (i=1; i<=log n; i++){
  for (j=i; j<=i+5; j++){
    for (k=1; k<=i*i; k++){
      x=x+1;
    }
  }
}
```

9. 数组 $A[1, \cdots, n]$ 包含从 0 到 n 除某个整数外的所有整数，如数组 $\{2, 0, 3\}$ 中缺少了 1。如果我们通过选择排序算法先对数组进行排序，之后从第一个元素开始，找到第一个 $A[i]$ 不等于 i 的元素，即为缺少的元素，则：

1) 该算法的时间复杂度是多少？
2) 对输入 $[2, 3, 6, 0, 1, 4]$，该算法需要多少次比较？
3) 尝试设计一个时间复杂度更低的算法，并指出所设计算法的时间复杂度。

10. 有数组 $[1]$，$[5, 4, 3, 2, 1]$，$[8, 4, 6, 2, 1, 5]$，$[8, 4, 6, 2, 5, 1]$，$[10, 9, 8, 8, 3, 2, 5, 4, 1, 4, 2]$，哪些是堆？

11. 有数组 $A = [29, 18, 10, 15, 20, 9, 5, 13, 2, 4, 15]$，回答以下问题。

1) 这是最大堆吗？如果不是请交换两个数据，使之成为堆。
2) 将根元素删除后，写出使数组重新成为一个堆的步骤（即写出数组的每一次交换）。

12. 设计一个时间复杂度为 $O(n)$ 的算法，判断某个给定的数组 $A[1, \cdots, n]$ 是否为最小堆。存在时间复杂度更小的算法吗？若有，说明设计思路；若没有，说明理由。

13. 本章讲堆构建时，讨论了自上而下的调整方式，请说明，在自上而下的调整中，有没有可能存在一个节点，大于其父节点，而小于其子节点（显然这种情况下，没法调整）？另外，本章给出了自上而下的调整，至少需要 $\log n$ 轮，请说明为什么。

14. 定义一种按权重合并树的不相交集。$Union(x,y)$ 运算将节点数较少的树指向节点数较多的树。当两棵树的节点数相同时，让 x 指向 y。请对这两种合并方式进行比较，并给出例子。

   1）按秩合并的方法能得到高度更低的树。

   2）按权重合并的方法能得到总搜索代价更小的树。

15. 优先队列也是一种队列，但不同于通常的队列，通常队列是一种先进先出的数据结构，优先队列是按照优先级别出队列。这让我们立马想到堆，确实通过堆实现优先队列是最好的选择，但不是唯一选择，一个简单的方法就是利用排序好（按优先级排序）的数组，也就是当一个元素进队列时，我们通过搜索（因为是排序好的数组，显然应该用二分搜索）找到相应的位置，然后通过移动其他元素，将这个新的元素插入到相应的位置。请实现基于排序好的数组的优先队列，即实现优先队列的插入操作 insert 和出队列操作 dequeue。

16. 在优先队列中插入一个元素时，需要移动后面所有的数据，显然通过链表来实现就不需要移动所有的数据（注意：此时该如何搜索相应的位置），请实现基于链表的优先队列。

17. 对于 n 个存放在硬盘中的数，需要找出这 n 个数中最大的 $m(m \ll n)$ 个数，可以通过选择排序、基于有序数组的优先队列、基于堆的优先队列这三种方法来实现，请简单说明如何实现，并说明每一种方法的时间复杂度和空间复杂度。

18. 参考按秩合并的证明方法，证明按权重合并得到的树，其高度总是 $O(\log n)$。

19. 设有 $a=\{1,2,\cdots,n\}$，$b=\{1,2,\cdots,n\}$，求按大小顺序依次打印所有的 a^3+b^3 的结果，显然一共有 n^2 个结果。要求设计的算法的空间复杂度为 $O(n)$，也就是最多开辟 n 个内存单元。

20. 设计一个数据类型，支持如下操作：插入元素、删除最大元素、删除最小元素以及找到最大元素和最小元素（不删除），要求这些操作的时间复杂度为 $O(\log n)$。

第 2 章 排序

第 1 章介绍了第一种排序算法：选择排序。因为几乎所有的算法都会用到排序，且人们已经提出了各种各样的排序方法，本章将对这些方法做一个总结。本章中，如果不做特别说明，都默认为非降序排序。排序通常会涉及对两个元素进行大小比较，所以把这种基于比较的排序算法分类到"比较排序"，但是这类算法能够达到的最优复杂度是 $O(n \log n)$，如果希望进一步降低复杂度，达到线性复杂度，就不能再通过比较的方式，把这类能够达到线性复杂度的排序算法分类到"线性排序"。

2.1 比较排序

2.1.1 冒泡排序

在选择排序中，第 i 次循环会从剩余的元素中选择一个最小的元素，并放在第 i 个位置。冒泡排序和选择排序很相似，但冒泡排序是每次都选择一个最大的元素，在第 i 次循环中，冒泡排序从未排序的元素中选择一个最大的元素，并将其放在倒数第 i 个位置。冒泡排序之所以被称为"冒泡"排序，是因为在寻找最大元素的过程中，通过依次对两两相邻的元素进行比较，如果某两个相邻的元素中，前面一个比后面一个大，则交换这两个元素。如此，在一次循环中，（到目前为止）最大的那个元素始终是"冒"出来的。下面通过一个例子来形象地说明这个"冒泡"过程。

图 2.1 展示了一轮完整的冒泡过程。图 2.1a 为原始数组，冒泡排序从左至右依次对两两相邻的元素比较，让较大的元素始终在右侧。首先比较第 1 个元素和第 2 个元素（见图 2.1b），因为第 1 个元素大，交换第 1 个和第 2 个元素；接着，比较第 2 个元素和第 3 个元素（见图 2.1c），第 2 个元素较大，交换；比较第 3 个元素和第 4 个元素（见图 2.1d），第 3 个元素较大，交换；比较第 4 个元素和第 5 个元素（见图 2.1e），第 5 个元素较大，不交换；比较第 5 个元素和第 6 个元素（见图 2.1f），第 5 个元素较大，交换；比较第 6 个元素和第 7 个元素（见图 2.1g），第 6 个元素较大，交换；比较第 7 个元素和第 8 个元素（见图 2.1h），第 7 个元素较大，交换。经过第 1 轮"冒泡"后，最大的元素被选出来并排在最后一位。

之后，冒泡排序多次执行上述"冒泡"流程，直到所有的元素都排序好。在选择排序中，对于 n 个元素的排序，需要执行 $n-1$ 次"选择"流程，但冒泡排序不需要执行 $n-1$ 次"冒泡"流程，一旦发现在某次"冒泡"流程中，不再进行任何元素的交换，冒泡排序结束。冒泡排序如算法 12 所示。

算法设计与应用

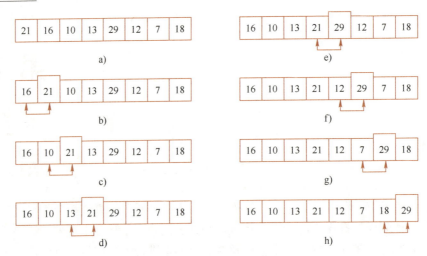

图 2.1 冒泡排序

算法 12 冒泡排序

1: **输入**：n 个元素的无序数组 A；
2: **输出**：按非降序排序好的数组；
3: **for** $i = 1$ **to** $n-1$ **do**
4:     $switch \leftarrow false$；
5:     **for** $j = 1$ **to** $n-i$ **do**
6:         **if** $A[j] > A[j+1]$ **then**
7:             交换 $A[j]$ 和 $A[j+1]$；
8:             $switch \leftarrow true$；
9:         **end if**
10:     **end for**
11:     **if** $switch = false$ **then**
12:         **return**；
13:     **end if**
14: **end for**

- 算法包含两个 for 循环，外部 for 循环确定"冒泡"的次数，内部 for 循环通过"冒泡"（两两比较）找到第 i 大的元素。
- 变量 switch 用于记录一次"冒泡"过程中是否有交换动作，一旦发生交换，则 switch 置为 true，否则为 false。
- 如果"冒泡"流程中无交换（switch 为 false），则排序结束，直接返回（语句 11~13）。

由以上算法可知，冒泡排序在最好的情况下（元素已经排序好），只需要执行一次"冒泡"流程，所以复杂度为 $O(n)$；在最差的情形下（逆排序），需要交换 $\frac{n(n-1)}{2}$ 次，所以复杂度为 $O(n^2)$。为了计算期望复杂度，可以简单地认为算法执行"冒泡"流程的期望次数是 $\frac{n}{2}$，每次"冒泡"需要比较 $O(n)$ 次，所以算法的期望复杂度为 $O(n^2)$。因为交换两个元素只需要一个额外的存储单元，所以空间复杂度为 $O(1)$。

最后，比较一下冒泡排序和选择排序这两个很相似的排序。
- 复杂度不一样，因冒泡排序可以提前终止，所以其最好的复杂度为 $O(n)$，最差的为 $O(n^2)$，选择排序的复杂度都为 $O(n^2)$。
- 冒泡排序是通过"交换"的方式找到最大（或最小）元素，而选择排序是通过"选择"的方式找到最小（或最大）元素，这造成了冒泡排序效率相对较低，因为一次交换要做三次赋值，一次"冒泡"流程的期望交换是 $\frac{n}{2}$；而"选择"只要记录最小元素的下标即可，每次"选择"流程只要做一次交换。
- 冒泡排序是稳定排序，而选择排序不是稳定排序。**稳定排序**是排序算法的一种属性，指待排序的元素中如果存在两个或以上相同的元素，稳定排序算法在排序后不会改变这些相同元素的顺序。比如有序列 $\{\overline{7},9,7,4,3\}$，经过冒泡排序后为 $\{3,4,\overline{7},7,9\}$，而选择排序后为 $\{3,4,7,\overline{7},9\}$，后者不是稳定排序。

2.1.2 堆排序

我们再回顾一下选择排序，选择排序每次都从剩余的元素（未排序的元素）中选择一个最小的元素，而选择是通过对所有剩余元素进行比较得出的，这让选择操作需要进行 n 次比较（假设元素个数为 n）。第 1 章介绍过，如果元素采用（最小）堆这种数据结构，只要取堆顶元素，就取得了最小元素。这种将元素组织成堆结构，然后每次取堆顶元素的排序算法称为**堆排序**，其流程如下。

1）将一个无序的数组构建成堆结构。

2）取堆顶元素（堆顶元素为剩余元素中的最小元素），加入到已排序的数组中，并调整堆。

3）重复步骤2），直到堆中所有元素都被取走。

例 2.1 对数组 $\{21,16,10,13,29,12,7,18\}$，通过堆排序算法进行非降序排序。

解：

上面将元素组织成最小堆，每次取的堆顶元素就是最小元素，然后依次放入前面已经排序好的数组中。为了说明通过最大堆也可以实现同样的操作，本例采用最大堆。按照堆构建方法构建的最大堆如图 2.2a 所示；取堆顶元素 29，和序列最后一个元素进行交换，删除 29 后形成的新的堆如图 2.2b 所示，图中数组前面浅灰色部分表示堆，后面深灰色部分表示排序好的序列；再取堆顶元素 21，和堆的最后一个元素交换，形成排序好的序列 $\{21,29\}$ 和新的堆（见图 2.2c），重复此流程（见图 2.2d~i），最后生成非降序排序 $\{7,10,12,13,16,18,21,29\}$。

按照上例，堆排序算法如算法 13 所示，首先依据数组 A 构建堆（语句 3），堆构建复杂度为 $O(n)$。for 循环（语句4~7）依次从大到小选取 $n-1$ 个元素，语句 5 选取第 i 大元素并同时调整堆（DeleteRoot 语句），之后，将选取的第 i 大元素插入到第 $n-i+1$ 的位置，也就是插入到已经调整好元素的前一个位置。for 循环总共执行 $n-1$ 次，DeleteRoot 语句的复杂度为 $O(\log n)$。算法时间总复杂度为 $O(n+n\log n)=O(n\log n)$。整个算法中，只需要一个额外的临时变量 tmp，所以空间复杂度为 $O(1)$。

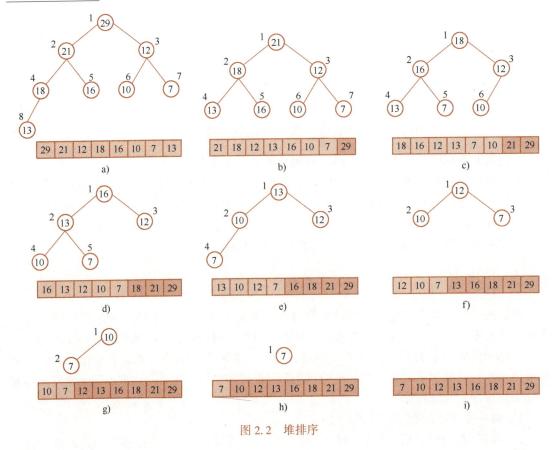

图 2.2 堆排序

算法 13 堆排序

1: **输入**: n 个元素的无序数组 A;
2: **输出**: 按非降序排序好的数组;
3: makeheap(A);   /* 构建最大堆 */
4: **for** $i = 1$ to $n-1$ **do**
5:     $tmp \leftarrow DeleteRoot(A[1, n-i+1])$; /* 取堆顶元素并调整堆 */
6:     $A[n-i+1] \leftarrow tmp$;   /* 插入到相应的位置 */
7: **end for**

最后,分析一下堆排序是否是稳定排序。在堆排序过程中,当删除堆顶元素后,调整堆时,是将最后一个元素移到堆顶位置,这个操作可能会破坏算法的稳定性,所以堆排序不是稳定排序。比如原始数组 $\{6, \overline{5}, 4, 5\}$,删除堆顶元素后,形成堆 $\{5, \overline{5}, 4\}$,最后形成排序 $\{4, 5, \overline{5}, 6\}$,改变了原来两个 5 的顺序。

2.1.3 插入排序

在选择排序中,每次都从剩余的元素中选择一个最小的元素,并将其放置在已经排序好的数组的最后。而**插入排序**的基本思想为:每次都从剩余的元素中取第一个元素,将其插入到前面已经排序好的序列中,使得插入后的序列依然是排序好的序列。算法步骤如下。

- 数组的第一个元素已经排序好。

- 从未排序的数组中取第一个元素（设为 a），依次（从后往前）和已经排序好的数组进行比较，直到找到第一个小于 a 的元素，将 a 插入此元素的后面，如果此元素小于所有已经排序好的元素，则插入到第一个位置。
- 重复上面这个步骤，直到所有的元素都被插入到排序好的数组中。

例 2.2 将序列 $\{5,2,4,6,1,3\}$ 通过插入排序算法进行升序（非降序）排序。

初始：	5	2	4	6	1	3
第 1 次迭代：	2	5	4	6	1	3
第 2 次迭代：	2	4	5	6	1	3
第 3 次迭代：	2	4	5	6	1	3
第 4 次迭代：	1	2	4	5	6	3
第 5 次迭代：	1	2	3	4	5	6

插入排序如算法 14 所示。

算法 14 插入排序

1： **输入**：无序数组 A；
2： **输出**：按非降序排序好的数组；
3： **初始化**：$n \leftarrow |A|$；
4： **for** $i = 2$ **to** n **do**
5： $tmp \leftarrow A[i]$；
6： $j \leftarrow i - 1$；
7： **while** $(j>0)$ **and** $(A[j]>tmp)$ **do**
8： $A[j+1] \leftarrow A[j]$；
9： $j \leftarrow j - 1$；
10： **end while**
11： $A[j+1] = tmp$；
12： **end for**

- 插入排序算法包含两个嵌套的循环，外面 for 循环的作用是将第 i 个元素插入到前面相应的位置，其中语句 5 将第 i 个元素临时存储在一个变量 tmp 中。
- 里面 while 循环的作用是寻找相应的位置，即将 tmp 从后往前依次与前面已经排序好的数组元素进行比较，如果元素比 tmp 大，则将此元素往后移一个位置，否则表示找到了插入 tmp 的位置。
- 找到插入的位置后，语句 11 将 tmp 插入到这个位置，这样前面 i 个元素就排序好了。

插入排序算法的复杂度取决于最里面嵌套语句的循环次数，但 while 循环的次数取决于 $A[j]$ 和 tmp 的比较结果，不利于复杂度的分析。这里采用复杂度分析的第 2 种方法：**统计基本操作的最高频率**。显然，插入排序最高频率的基本操作为"比较"操作。针对不同的问题，"比较"操作的次数不同。我们需要分析插入排序在最好情况下和最差情况下的复杂度。

什么情况是最好情况？就是数组已经排序好，此时，当插入一个元素时，只需要比较一次即可，所以总共需要比较 $n-1$ 次，即算法的复杂度为 $\Theta(n)$。什么情况是最差情况？就是数组是逆序的，当插入一个元素时，需要和已经排序好的所有元素进行比较，即当插入第 i

个元素时，需要比较 $i-1$ 次，所以总比较次数为

$$\sum_{i=2}^{n}(i-1) = \sum_{i=1}^{n-1}i = \frac{n(n-1)}{2}$$

此时，算法的复杂度为 $\Theta(n^2)$。我们得出了插入排序最好和最差情况的算法复杂度，但更感兴趣的是平均复杂度。

思路 2.1　平均复杂度需要求解插入一个元素的期望比较次数，为此，我们假设一个元素（设第 i 个元素）插入到任意一个位置的概率是相等的（服从均匀分布），即插入到第 1 个位置到第 i 个位置的概率都是 $\frac{1}{i}$。

对于第 i 个元素，插入到第 1 个位置，总共需要比较 $i-1$ 次，插入到其他位置（设第 j 个位置），总共需要比较 $i-j+1$ 次，所以期望比较次数为

$$\frac{1}{i}(i-1) + \sum_{j=2}^{i}\frac{1}{i}(i-j+1) = \frac{1}{i}(i-1) + \sum_{j=1}^{i-1}\frac{j}{i} = \frac{i}{2} - \frac{1}{i} + \frac{1}{2}$$

则总共 n 个元素需要的比较次数为

$$\sum_{i=2}^{n}\left(\frac{i}{2} - \frac{1}{i} + \frac{1}{2}\right) = \frac{n^2+n-2}{4} + \frac{2n-2}{4} - \sum_{i=2}^{n}\frac{1}{i} = \frac{1}{4}n^2 + \frac{3}{4}n - \sum_{i=1}^{n}\frac{1}{i}$$

得出插入排序的平均比较次数为 $\Theta(n^2)$。有没有可能将插入排序的复杂度降低？

思路 2.2　分析当一个元素需要被移动到很远的位置时，插入排序会带来较高的复杂度。假设原始数组中有 n 个元素，最小的元素在最后一个位置，则进行插入排序时，这个元素需要被移动到第一个位置，而这个移动需要进行 $n-1$ 次比较操作。为了降低复杂度，必须要减少比较次数。怎么减少？插入排序需要和之前的每个元素进行比较，为了减少次数，可以跳着比，比如每隔 4 个元素比较一次，如第 n 个元素先和第 $n-4$ 个元素比较，再和第 $n-8$ 个元素比较，以此类推。显然，这样比较的次数要远远少于依次比较的次数。

这就是**希尔排序**的基本思路，希尔排序是对插入排序的一种改进，其基本流程如下。

1) 初始化一个步长 h。
2) 通过步长，将原数组分成不同的子数组。
3) 对每个子数组进行插入排序。
4) 修改步长 h（缩短步长），重复步骤 2) 和 3) 直到步长为 1。

通过一个具体的例子来讲解上述流程。

例 2.3　有无序数组 $\{21,16,10,13,29,12,7,18\}$，请用希尔排序对此数组进行非降序排序。
解：
（1）按照算法步骤 1)，初始化步长

在希尔排序中，步长的选择实际上是一个难点，因为步长直接决定了算法的性能。最初希尔排序令 $h=\left\lfloor\dfrac{n}{2}\right\rfloor$，之后依次对步长减半，称之为希尔步长。这里，我们依据希尔步长初始化步长 $h=\dfrac{8}{2}=4$。

（2）按照算法步骤 2)，将原数组按照步长 4 进行划分

也就是从第 1 个元素开始，每隔 4 个元素取一个元素，形成第 1 个子数组；接着，从第 2 个元素开始，每隔 4 个元素取一个元素，形成第 2 个子数组，以此类推，共形成 4 个

子数组。在本例中,第 1 个元素和第 5 个元素形成一个子数组{21,29},第 2 个元素和第 6 个元素形成一个子数组{16,12},第 3 个元素和第 7 个元素形成一个子数组{10,7},第 4 个元素和第 8 个元素形成一个子数组{13,18},如图 2.3a 所示。

(3) 按照算法步骤 3),对每个子数组按插入排序算法进行排序

注意,这里进行插入排序的时候,需要移动元素,但元素只在子数组中对应的位置进行移动。此例中,第一个子数组{21,29}已经排序好,不需要排序;第二个子数组{16,12}没有排序好,对此子数组插入排序后为{12,16};第三个子数组{10,7}没有排序好,对此子数组插入排序后为{7,10};第四个子数组{13,18}已经排序好,不需要排序。排序后如图 2.3b 所示。

(4) 修改步长,重复步骤 2) 和 3)

依据 $h \leftarrow \dfrac{n}{2}$,新的步长为 2。重新执行步骤 2),原数组分成两个子数组,如图 2.3c 所示。执行步骤 3),对两个子数组进行插入排序,结果如图 2.3d 所示。

(5) 继续修改步长,重复步骤 2) 和 3)

$h \leftarrow \dfrac{n}{2}$,新的步长为 1,原数组分成一个子数组,对子数组进行插入排序,最终的结果如图 2.3e 所示。

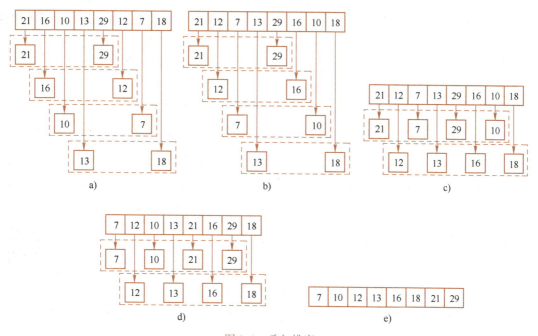

图 2.3 希尔排序

在上面的例子中,以元素 7 为例,其从第 7 的位置直接移动到第 3 的位置,再从第 3 的位置直接移动到第 1 的位置,所以元素 7 的比较次数只有 2 次;而插入排序需要 6 次比较。但如果统计一下整个数组的总比较次数,希尔排序是 23 次,而插入排序是 20 次,希尔排序并没有减少比较次数。实际上,如果采用上面的希尔步长,希尔排序在最差的情况下复杂度并没有降低。

定理 2.1 采用希尔步长，在最差的情况下，希尔算法的复杂度为 $\Theta(n^2)$。

证明：

（1） $\Omega(n^2)$ 的证明

令 $n=2^k$，构建最差实例如下，将 n 个元素等分成两部分，较大的 $\frac{n}{2}$ 个元素分成一部分，较小的 $\frac{n}{2}$ 个元素分成另一部分，将较大的 $\frac{n}{2}$ 个元素随机放在数组的偶数位，将较小的 $\frac{n}{2}$ 个元素随机放在数组的奇数位。采用希尔步长，在最后一轮排序前（步长为 1 之前），较大的 $\frac{n}{2}$ 个元素始终在偶数位，较小的 $\frac{n}{2}$ 个元素始终在奇数位，但各部分的元素都已经排序好，且第 $i\left(i\leq \frac{n}{2}\right)$ 小元素在数组的第 $2i-1$ 位置上。此时，最后一轮排序需要将较小的 $\frac{n}{2}$ 个元素移到对应的位置，即需要将第 $2i-1$ 位置上的元素移到第 i 位置上，每次移动需要比较 i 次，所以仅仅最后一轮排序就需要对较小的 $\frac{n}{2}$ 个元素进行总共 $\sum_{i=1}^{\frac{n}{2}} i$ 次比较，因而算法的复杂度为 $\Omega(n^2)$。

（2） $O(n^2)$ 的证明

当步长为 h_i 时，总共有 h_i 个子数组，每个子数组共有 $\frac{n}{h_i}$ 个元素，此时，对 h_i 个子数组的插入排序的复杂度为 $O\left(h_i\left(\frac{n}{h_i}\right)^2\right)=O\left(\frac{n^2}{h_i}\right)$。希尔排序的总复杂度为 $O\left(\sum_{i=1}^{k}\frac{n^2}{h_i}\right)=O\left(n^2\sum_{i=1}^{k}\frac{1}{h_i}\right)$，其中 $h_1=1$，$h_i=2h_{i-1}$；$k=\log n$，因为 $1<\sum_{i=1}^{k}\frac{1}{h_i}<2$，所以 $O\left(n^2\sum_{i=1}^{k}\frac{1}{h_i}\right)=O(n^2)$。

为了改进希尔排序，需要改进步长的选择。如果步长设置为 $h_i=2h_{i-1}+1$，称为 Hibbard 步长，此时希尔排序在最差的情况下的复杂度为 $\Theta(n^{\frac{3}{2}})$。步长的研究依然是一个开放的问题，1986 年，Sedgewick 设置的步长可以实现 $\Theta(n^{\frac{4}{3}})$ 的复杂度。2001 年，Ciura 设置的步长通过模拟分析能够得到更低的复杂度。

2.1.4 归并排序

1. 二路归并排序

我们首先看一下如何将两个已经排序好的数组（如数组 A 和数组 B）进行归并，归并后的数组依然是排序好的。这是一个比较容易的问题，只要依次比较两个数组即可，为此，设计流程如下。

1）两个指针 i 和 j 分别指向两个数组的起始位置，并设置一个空数组 C。

2）比较指针指向的元素，将小的元素添加到 C 中，而相应的指针向后移动，指向下一个元素。

3）重复步骤 2）直到其中一个数组所有的元素都被放入到 C 中，此时将另外一个数组剩余元素添加到 C。

二路归并如算法 15 所示，其中 while 语句（语句 2~11）依次比较两个已经排序好的数组

A 和 B，并将较小的元素依次插入到数组 C；if 语句（语句 12~16）将剩余的数组添加到 C。算法在最好的情况下比较 $\min(n_1,n_2)$ 次，在最差的情况下比较 n_1+n_2-1 次，所以算法的时间复杂度为 $\Theta(n_1+n_2)$，令 $n=n_1+n_2$，则复杂度为 $\Theta(n)$。空间复杂度也为 $\Theta(n)$（数组 C）。

算法 15   Merge($A[1,\cdots,n_1], B[1,\cdots,n_2]$)

1：**初始化**：$i \leftarrow 1, j \leftarrow 1, k \leftarrow 1$；
2：**while** $i \leq n_1$ and $j \leq n_2$ **do**
3：   **if** $A[i] \leq B[j]$ **then**
4： $C[k] \leftarrow A[i]$；
5： $i \leftarrow i+1$；
6：   **else**
7： $C[k] \leftarrow B[j]$；
8： $j \leftarrow j+1$；
9：   **end if**
10： $k \leftarrow k+1$；
11：**end while**
12：**if** $i = n_1+1$ **then**
13： $C[k,\cdots,n+m] \leftarrow A[i,\cdots,n_1]$；
14：**else**
15： $C[k,\cdots,n+m] \leftarrow B[j,\cdots,n_2]$；
16：**end if**
17：return C；

基于以上二路归并，数组的<u>二路归并排序</u>可看成是逐步归并的过程。如图 2.4 所示，对无序数组 {9,13,5,8,12,2,4,7} 进行归并排序，首先将数组的每个元素看成是一个排序好的数组（图中第 3 层）；将这些数组进行两两归并，形成第 2 层的 4 个已经排序好的数组；继续将这些数组进行两两归并，形成第 1 层的 2 个已经排序好的数组；最后，将这两个排序好的数组进行归并，形成最终排序好的数组。这样一种归并排序也称为自底向上的归并排序[○]。

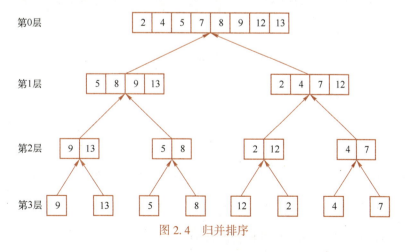

图 2.4   归并排序

[○]   自顶向下的归并排序就是一种分治算法，分治算法将在第 4 章中详细介绍。

自底向上的归并排序如算法 16 所示,从例子可知,在最底层(例子中第 3 层)对 1 个元素的数组进行归并,上一层对 2 个元素的数组进行归并,再上一层对 4 个元素的数组进行归并,所以算法中设置步长变量 width 用于控制每层归并数组的长度,同时也用 width 控制外部 while 语句(语句 2)的循环。内部 while 循环(语句 4)实现每层数组的两两归并,这里因简化代码,没有对数组 A 的下标做判断(在实际编写代码时,下标不能超过 n),且忽略了可能存在只有一个数组进行 Merge 的情况。设原数组共有 n 个元素,则算法总共做了 $\log n$(确切为 $\lceil \log n \rceil$)层的归并,每层归并做 $O(n)$ 次比较(结合图 2.4),所以算法的时间复杂度为 $O(n \log n)$。空间复杂度同二路归并,为 $O(n)$。最后,分析一下归并排序是否是稳定排序,其实很容易得出,当两个相同的数进行比较时,如果先取左边的数(左子树),归并排序就是稳定排序。

算法 16 BottomUpSort($A[1,\cdots,n]$)

1: **初始化**:$width \leftarrow 1$;
2: **while** $width < n$ **do**
3:     $index \leftarrow 1$;
4:     **while** $index \leq n$ **do**
5:         $A \leftarrow Merge(A[index,\cdots,index+width], A[index+width+1,\cdots,index+2*width])$;
6:         $index \leftarrow 2 * width$;
7:     **end while**
8:     $width \leftarrow 2 * width$;
9: **end while**

2. 多路归并算法

以上介绍的归并算法每次都是对两个已经排序好的数组进行归并,如果对多个排序好的数组进行归并,是不是可以提高算法的性能?这种对多路(设 k 路)数组进行归并的算法称为**多路(k 路)归并**。假设有 n 个元素,我们比较一下二路归并算法和四路归并算法的性能(比较次数),简化起见,设 n 为 4 的幂次方。

(1) **二路归并**

- 在第 1 次迭代中(最底层归并),对 n 个,元素个数为 2^0 的数组,进行了 $\frac{n}{2^1}$ 次归并,每次归并比较 1 次。

- 在第 2 次迭代中(次底层归并),对 $\frac{n}{2^1}$ 个,元素个数为 2^1 的数组,进行了 $\frac{n}{2^2}$ 次归并,每次归并比较次数为 $2 \sim 2^2-1$ 次。

- 在第 i 次迭代中,对 $\frac{n}{2^{i-1}}$ 个,元素个数为 2^{i-1} 的数组,进行了 $\frac{n}{2^i}$ 次归并,每次归并比较次数为 $2^{i-1} \sim 2^i-1$ 次。

令 $l = \log n$,那么二路归并在最好的情况下,总共比较次数为

$$\sum_{i=1}^{l} \left(\frac{n}{2^i}\right) 2^{i-1} = \sum_{i=1}^{l} \frac{n}{2} = \frac{1}{2}ln = \frac{1}{2}n\log n \tag{2.1}$$

二路归并在最差的情况下,总共比较次数为

$$\sum_{i=1}^{l} \left(\frac{n}{2^i}\right)(2^i - 1) = \sum_{i=1}^{l} \left(n - \frac{n}{2^i}\right) = ln - n\left(1 - \frac{1}{2^l}\right) = n\log n - n + 1 \tag{2.2}$$

（2）四路归并

对于四路归并，假设需要对 4 个数组（设每个数组有 r 个元素）进行归并，在最差的情形下，每选取一个元素需要比较 $4-1=3$ 次，则总共需要比较 $3\times 4r=12r$ⓐ。在最好的情况下：可以设第 1 组最小（第 1 组元素先被选取），每个元素比较 3 次，总共比较 $3r$ 次；第 2 组次小，每个元素比较 2 次，总共比较 $2r$ 次；第 3 组次次小，每个元素比较 1 次，总共比较 r 次；最后一组无须比较，所以在最好的情况下，总共比较 $r(3+2+1)=6r$ 次。

- 在第 1 次迭代中（最底层归并），对 n 个，元素个数为 4^0 的数组，进行了 $\dfrac{n}{4^1}$ 次归并，每次归并比较 $(3+2+1)=6$ 次。

- 在第 2 次迭代中（次底层归并），对 $\dfrac{n}{4^1}$ 个，元素个数为 4^1 的数组，进行了 $\dfrac{n}{4^2}$ 次归并，每次归并比较次数为 $6\times 4 \sim 3\times 4^2$ 次。

- 在第 i 次迭代中，对 $\dfrac{n}{4^{i-1}}$ 个，元素个数为 4^{i-1} 的数组，进行了 $\dfrac{n}{4^i}$ 次归并，每次归并比较次数为 $6\times 4^{i-1} \sim 3\times 4^i$ 次。

令 $l=\log_4 n$，那么四路归并在最好的情况下，总共比较次数为

$$\sum_{i=1}^{l}\left(\dfrac{n}{4^i}\right)6\times 4^{i-1} = \sum_{i=1}^{l}\dfrac{3n}{2} = \dfrac{3}{2}ln = \dfrac{3}{2}n\log_4 n \tag{2.3}$$

四路归并在最差的情况下，总共比较次数为

$$\sum_{i=1}^{l}\left(\dfrac{n}{4^i}\right)3\times 4^i = \sum_{i=1}^{l}3n = 3n\log_4 n \tag{2.4}$$

我们将上面的复杂度画出来，结果如图 2.5 所示，显然四路归并并没有带来性能上的提高。问题出在哪？问题出在选取四路中的一个最小元素时，比较的次数太高了（需要比较 3 次），如果是 k 路归并，每选取一个最小元素，就需要进行 $k-1$ 次比较，那么有没有可能降低比较次数？

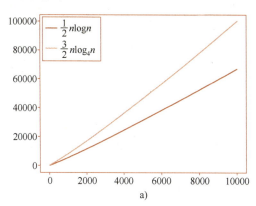 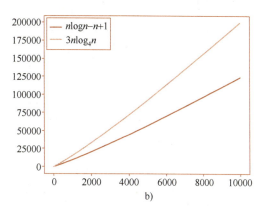

图 2.5 二路归并和四路归并比较图
a）最好的情况 b）最差的情况

ⓐ 这里做了一点点简化，实际的比较次数要稍微少一点。

思路 2.3 在进行 k 路归并时,每当选取一个最小元素,就要进行 $k-1$ 次比较,下一次选取最小元素,又要进行 $k-1$ 次比较,也就是上一次的比较结果完全被丢弃,没有被后来的比较利用上。堆是用来选取最大或最小元素的,且只要进行 $\log n$ 次(如果是在 k 个元素中选取最小值,则只要 $\log k$ 次即可)比较。

基于以上思路,设计基于堆的 k 路归并如算法 17 所示。算法使用了大小为 k 的堆 $heap$,堆中的每个元素为指针,初始化时,让每个指针指向数组的第一个元素(语句 1~3);然后,依据所指向的元素值形成最小堆;之后,依次取堆顶指针所指向的元素(while 语句),如果取了元素后,堆顶指针所指向的数组没有元素了(if 语句判断成立),则删除堆顶指针(语句 9),否则堆顶指针指向数组的下一个元素(语句 11),并依据此元素的值对堆进行调整(语句 12)。

算法 17 KMerge($A_1[1,\cdots,n_1],\cdots,A_k[1,\cdots,n_k]$)

1: **for** $i = 1$ **to** k **do**
2:     $heap[i].pointer \leftarrow A_i$;
3: **end for**
4: 依据 $pointer$ 所指向的元素形成最小堆;
5: $j \leftarrow 1$;
6: **while** $heap \neq empty$ **do**
7:     $B[j] \leftarrow \&heap[1].pointer$;
8:     **if** $heap[1].pointer = Null$ **then**
9:         Delete($heap[1]$);
10:     **else**
11:         $heap[1].pointer$ ++;
12:         SiftDown($heap[1]$);
13:     **end if**
14:     $j \leftarrow j + 1$;
15: **end while**
16: **return** B;

例 2.4 对 4 个已经排序好的数组 $\{9,13\}$、$\{5,8\}$、$\{2,12\}$、$\{4,7\}$ 进行四路归并。

解: 如图 2.6 所示。

1) 设置 4 个指针,分别指向 4 个排序好的数组,如图 2.6a 所示。

2) 按照指针所指向的数,建立最小堆,如图 2.6b 所示。

3) 取堆顶指针所指向的元素,放入数组 B,并将指针指向数组的下一个元素,执行 SiftDown 操作,调整堆如图 2.6c 所示。

4) 继续取堆顶元素,放入数组 B,堆顶指针指向数组的下一个元素,执行 SiftDown 操作,调整堆如图 2.6d 所示。

5) 执行相同的流程,当数组 A_4 元素为空时,删除堆顶指针,此时,堆中只包含 3 个指针,调整堆如图 2.6e 所示。

6) 再次取堆顶元素后,放入数组 B,之后,堆顶指针指向的数组为空,删除堆顶指针,此时,堆中只包含 2 个指针,调整堆如图 2.6f 所示。

7) 继续上述流程，直到堆中没有元素为止，此时得到归并的序列 {2,4,5,7,8,9,12,13}。

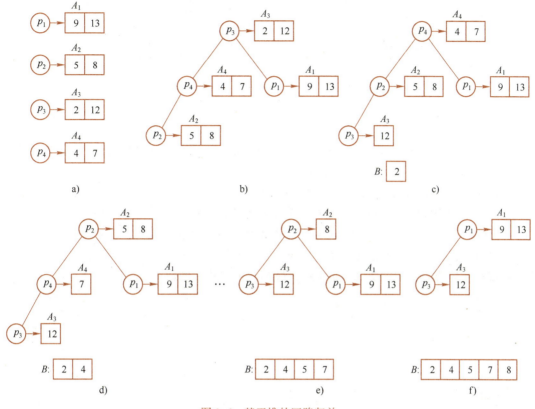

图 2.6 基于堆的四路归并

设 k 路归并后数组元素的个数为 n，因为每选择一个最小元素的复杂度为 $O(\log k)$，所以总复杂度为 $O(n \log k)$，即 k 路归并每层的复杂度为 $O(n \log k)$，而 k 路归并共有 $\log_k n$ 层，时间复杂度为 $O(n \log k \log_k n) = O(n \log n)$，复杂度和二路归并排序相同。有兴趣的读者，可以参考上面对二路归并和四路归并的比较次数分析方法，分析一下基于堆的四路归并的比较次数。

3. 锦标赛树（胜者树和败者树）

对上面基于堆的多路归并排序算法稍作修改，可以得到基于锦标赛的多路归并排序。其主要思想是：在对 k 个排序好的子数组进行归并时，利用一种联赛的机制来选取最小值。比如，在学校举行的乒乓球比赛中，现有 k 个乒乓球选手进入淘汰赛，将这 k 个选手进行两两分组，比赛的胜者继续参加下一轮比赛。如果把这种比赛组织成树的形式，称为**锦标赛树**，如图 2.7 所示（注意：锦标赛树是完全二叉树，但可以不是满二叉树），这里数值越小表示选手的乒乓球水平越高。总共进行了 7 次比较，可以得出最终的胜出者，同时保留了比赛结果。

这种父节点表示两个节点胜者的锦标赛树又称为**胜者树**。如果将叶子节点换成排序好的数组，如图 2.8a 所示，那么就可以实现对 k 个排序好的子数组进行归并操作，归并过程如下。

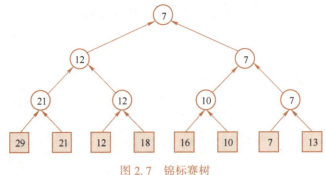

图 2.7 锦标赛树

- 所有排序好的数组的第一个元素作为叶子节点,依照胜者树进行比较,得出的根节点为最小元素(元素 2),如图 2.8a 所示。
- 将元素 2 添加到数组 B,元素 2 所在子数组的第二个元素(元素 12)成为新的叶子节点,因为此时树中只有这个叶子节点发生变化,将这个叶子节点和其兄弟节点进行比较,胜者作为父节点,之后父节点再和其兄弟节点进行比较,以此类推,产生新的根节点,也就是新的最小元素(元素 4),如图 2.8b 所示。
- 重复上述流程,如图 2.8c~h 所示,最终产生归并后的数组。

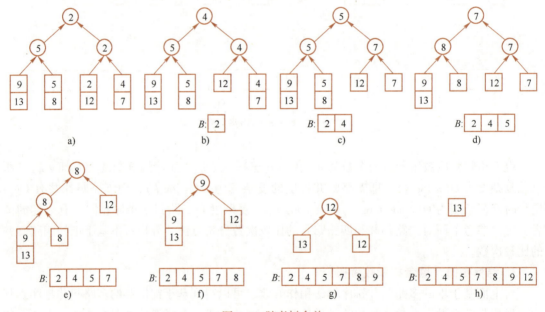

图 2.8 胜者树合并

显然,胜者树除了第一次产生树的过程中需要比较 $k-1$ 次外,之后最多比较 $\log k$ 次。所以胜者树和基于堆的归并,它们的复杂度是一致的,但是胜者树不需要指针操作,其在实现中更加简单一些。在上述流程中,当某个子数组为空时,另外一个子数组就替换为父节点。还可以对这种操作方式稍作改变,即当某个子数组为空时,可以将这个子数组的叶子节点设置为无穷,这样可以进一步简化代码。

在胜者树的归并中,当取得一个最小数后,需要重新从叶子节点(那个刚被取走最小数的子数组所对应的叶子节点)开始比较,此时,需要比较该叶子节点的兄弟节点,但兄弟节点是需要通过该叶子节点的父节点找到的,这样每次比较首先需要两次寻找操作。为了简化寻找操作,人们提出了直接和父节点进行比较的算法,称为**败者树**。在败者树中,两个兄弟节点比较后,败者成为父节点,但依旧由胜者继续沿着树比较。

图 2.9 表示基于败者树的归并操作。

- 在图 2.9a 中,元素 9 和元素 5 比较,元素 9 更大(败者),则父节点为元素 9,但元素 5(胜者)继续比较。元素 5 和右边的胜者元素 2 比较,元素 5 是败者,则父节点(根节点)为元素 5,最终的胜者为元素 2。
- 元素 2 添加到数组 B,元素 12 为新的叶子节点,继续比较,此时,元素 12 只需要和父节点(元素 4,图 2.9a 中)比较,元素 12 更大,则元素 12 成为父节点,元素 4 胜出,继续和父节点(元素 5,图 2.9a 中)比较,胜出,败者(元素 5)不变,元素 4 为本轮的胜者,本轮形成的树和数组 B 如图 2.9b 所示。
- 元素 4 添加到数组 B,继续上述流程(如图 2.9c 和 2.9d 所示,因篇幅关系,没有画出所有的图),直到所有的元素都添加到数组 B 中。

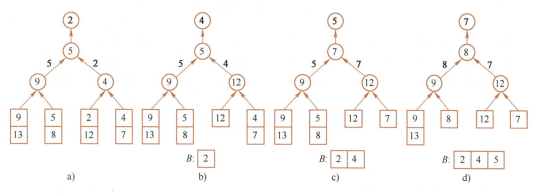

图 2.9 败者树合并

多路归并排序可以通过以上讨论的三种方式实现,分别是基于堆、基于胜者树和基于败者树。虽然多路归并排序在复杂度上并没有比二路归并排序更好(都是 $O(n \log n)$),但是在某些特殊情况下,必须要采用多路归并排序,如对一个非常大的数据进行排序时,而内存又有限,无法将所有的数据都载入内容。此时,可以先将数据划分成 k 个部分,之后,依次载入这 k 个部分的数据,分别进行排序。最后,再对这 k 个排序好的数据进行 k 路归并。

2.2 线性排序

2.2.1 桶排序

每年期末考试后,学校都会要求教师将学生的试卷依照学号顺序整理后上交。对于有着近 200 名学生的大课堂,直接对一整摞试卷进行整理是一个非常烦琐的任务。通常,人们会首先将试卷分成 10 堆,第 1 堆放前 20 个学号的试卷,第 2 堆放接着 20 个学号的试卷,以此类推,第 10 堆放最后 20 个学号的试卷;之后对每一堆的试卷进行排序,每堆的试卷较少,排序较容易;最后,将各堆中已经排序好的试卷按照堆的顺序进行合并。

这种分试卷的方法就是桶排序的核心思想。在桶排序中,分 3 个步骤。

- 创建 m 个有序桶，并将 n 个要排序的元素按照值分发到这些桶中。
- 对每个桶中的元素进行比较排序。
- 将排序好的各桶元素按照桶的顺序进行合并。

上面的步骤中，存在以下问题。

- m 的值如何确定？这个主要还是通过经验，通常可以选择桶的个数和元素的个数一样，即 $n=m$。也可以先设定桶的跨度 $range$（在整数的情况下，也可以理解成元素的个数），则 $m=(max-min)/range+1$，其中 max 和 min 分别表示数组的最大元素和最小元素。
- 如何将 n 个元素分发到不同的桶中？如果比较一个元素是否属于某个桶，则分发的复杂度为 $O(mn)$。为了直接得出一个元素属于哪个桶，需要计算元素所对应桶的下标。比如现有数组的最大元素 $max=100$，最小元素 $min=0$，$range=10$，则可以得出：$bucket[1]$ 放 $0\sim9$，$bucket[2]$ 放 $10\sim19$，以此类推，则元素 45 对应的下标 $index=\left\lfloor\dfrac{i-min}{range}\right\rfloor+1=\left\lfloor\dfrac{45-0}{10}\right\rfloor+1=5$，所以应该放入第 5 个桶中。
- 桶内如何排序？这个可以用前面任一复杂度为 $O(n\log n)$ 的比较排序。

桶排序如算法 18 所示。第一个 for 循环（语句 3~6）将 n 个元素分发到 m 个桶中。第二个 for 循环（语句 9~12）对每个桶中的元素进行排序，并按顺序合并。在桶排序中，第一个 for 循环的复杂度为 $O(n)$。设桶中期望元素个数为 $\dfrac{n}{m}$，则第二个 for 循环的复杂度为 $O\left(m\dfrac{n}{m}\log\dfrac{n}{m}\right)=O(n(\log n-\log m))$，总复杂度为 $O(n(\log n-\log m)+n)$，当 n 和 m 很接近时，期望复杂度为 $O(n)$。此外，当 $m=\max\{A\}$ 时（正整数情况），则期望复杂度为 $O(n)$，这是因为此时即使 $n\gg m$，但每个桶里的元素是相同的，不需要排序。而当 $m=1$ 时，成为比较排序，期望复杂度为 $O(n\log n)$。空间复杂度为 $O(n+k)$[⊖]，其中 k 表示要设置 k 个桶，桶中共需要存放 n 个元素。

例 2.5 有 $0\sim100$ 的无序元素 $\{66,74,83,14,8,92,11,64,46,44\}$，请通过桶排序进行非降序排序。

算法 18 桶排序

1: **输入**：无序数组 A；
2: **输出**：按非降序排序好的数组；
3: **初始化**：$bucket \leftarrow \varnothing$；
4: **for** $i=1$ to n **do**
5:     $index \leftarrow \left\lfloor\dfrac{A[i]-min}{range}\right\rfloor+1$；
6:     $bucket[index] \leftarrow bucket[index] \cup A[i]$；
7: **end for**

⊖ $O(n+k)$ 复杂度是每个桶动态的开辟存储空间，用于存储桶中元素，如果桶的大小初始化时就固定，则复杂度为 $O(kn)$（开辟 k 个桶，每个桶大小为 n）。

8: $A \leftarrow \varnothing$;
9: **for** $i = 1$ to m **do**
10: 　　对 $bucket[i]$ 进行排序；
11: 　　$A \leftarrow A \cup bucket[i]$;
12: **end for**

解：

如图 2.10 所示，设置 10 个桶，分别放元素 0~9,10~19,…,90~100，将上述元素分发到相应的桶中，结果是：1 号桶有元素 $\{8\}$，2 号桶有元素 $\{14,11\}$，5 号桶有元素 $\{46,44\}$，7 号桶有元素 $\{66,64\}$，8 号桶有元素 $\{74\}$，9 号桶有元素 $\{83\}$，10 号桶有元素 $\{92\}$。对这些桶中的元素进行排序后，再进行依次合并，最终实现对这些元素的非降序排序。

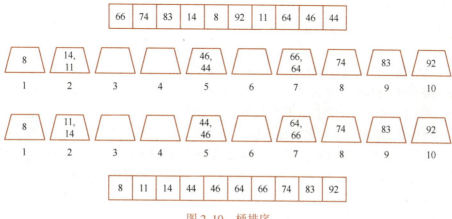

图 2.10　桶排序

桶排序适用于元素分布均匀的场景，如果元素分布不均匀，就会存在大多数元素都被分发到同一个桶中，则退化成比较排序。上面的例子都是描述整数的排序，但桶排序也适合于小数排序，比如对 $\{4.3,1.2,3.35,0.8,1.51\}$ 排序，完全可以按照上面相同的流程进行排序。

2.2.2　计数排序

桶排序通过将元素分发到相应的桶中来避免比较，避免比较的另一种方法是进行统计。当需要确定某一元素 x 的位置时，如果能够统计到小于 x 元素的个数，如 m 个，显然 x 是在非降序排序中的第 $m+1$ 个元素，这是**计数排序的基本思想**。问题是如何统计小于 x 元素的个数？如果将原数组中每个元素都和 x 进行比较来统计的话，又重新落入了比较排序，必然会产生较高的复杂度。

思路 2.4　在桶排序的例子中，如果知道 1 号桶中元素的个数是 m 个，可以得出 2 号桶中最小元素必然是第 $m+1$ 个元素。这启发我们可以通过这种方法来进行统计。但这里还存在一个问题，就是一旦要得出 2 号桶中的最小元素，就需要对 2 号桶中的元素进行比较。如何避免比较？最简单的方法就是给每个元素分配一个桶。

比如有 $\{3,1,6,4,9\}$ 5 个元素，那是不是只要 5 个桶即可？即给 3 号元素分配了 3 号桶，给 1 号元素分配了 1 号桶，其他元素也分配相应的桶。可是这样分配不行，因为必须要把 1 号桶放第一个位置，3 号桶放第 2 个位置，以此类推，这就相当于进行了排序，并没有实现避免排序的目的。为了解决这个问题，不得不分配 9 个桶（9 是要排序元素中最大的值），即编号为 $\{1,2,3,4,5,6,7,8,9\}$ 的桶，这些桶依次摆放（这时不需要排序），然后将要排序的 5 个元素分配到这些桶中。分配完毕后，假如需要找到元素 6 的位置，只要计算 6 号桶前面共有多少个元素即可（这也是叫作计数排序的原因），并不需要对桶中元素进行排序（桶中的元素都是相同的），此例子中有 3 个元素，所以元素 6 为排序中的第 4 个元素。

基于以上思想，计数排序如算法 19 所示。算法中，需要对数组 A 进行排序，为此设置两个数组 B 和 C，其中 B 用于存放排序好的数组，而 C 起着计数的作用（也就是"桶"的作用）。第一个 for 循环（语句 4~6）对 C 进行初始化，注意：C 中元素的个数是 A 中元素的最大值，C 的序号对应 A 中元素的值，如 $C[i]$ 中的 i 对应 A 中元素 i，而 $C[i]$ 的值代表元素 i 的个数。第二个 for 循环（语句 7~9）统计每个元素的个数。因为 C 的下标对应 A 中元素的值，所以统计元素 i（即将元素 i 分配到第 i 个桶）时，只需 $C[i]+1$ 操作即可。经过第二个 for 循环后，假设 $C[i]=k$，表明在被排序的数组中，元素 i 共有 k 个。第三个 for 循环（语句 10~12）就是依次对数组 C 中从第 1 个元素开始到最后一个元素进行累加，其作用是统计某个元素前共有多少个元素。第四个 for 循环（语句 13~16）从数组 A 的最后一个元素开始，通过数组 C 中对应的值确定其在数组 B 中的位置。

从算法 19 中很容易知道计数排序算法的复杂度为 $\Theta(n+k)$（其中 k 为原数组中的最大元素），空间复杂度也为 $\Theta(n+k)$（需要存储数组 B 和数组 C）。显然，只有在 $k=O(n)$ 时，计数排序的复杂度才能达到 $\Theta(n)$。计数排序的应用场景主要有以下限制。

- 排序的元素应该是整数（非整数的话要先转换为整数）。
- k 的值不能太大。

算法 19 计数排序

1：**输入**：无序数组 A；
2：**输出**：按非降序排序好的数组；
3：**初始化**：$k \leftarrow \max A$；/* k 是 A 中最大元素 */
4：**for** $i = 1$ **to** k **do**
5： $C[i] \leftarrow 0$；
6：**end for**
7：**for** $i = 1$ **to** n **do**
8： $C[A[i]] \leftarrow C[A[i]] + 1$；
9：**end for**
10：**for** $i = 2$ **to** k **do**
11： $C[i] \leftarrow C[i] + C[i-1]$；
12：**end for**
13：**for** $i = n$ **to** 1 **do**
14： $t = A[i]$；
15： $B[C[t]] \leftarrow A[i]$；
16： $C[t] \leftarrow C[t] - 1$；
17：**end for**

例 2.6 对数组 {6,4,3,1,9,2,1,4,6,9}，按照计数排序算法进行非降序排序。

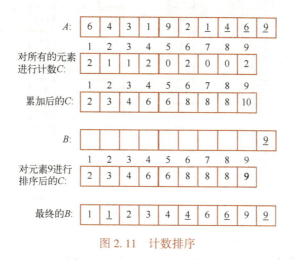

图 2.11 计数排序

解：

如图 2.11 所示，经过第二次 for 循环后，得出的数组 C 存储所有元素的个数，经过第三次 for 循环后，数组 C 存储累加的值（累加后的 C）。之后需要从数组 A 的最后一个元素 9 开始遍历，找到 C[9] 的值为 10，可知元素 9 排在第 10 的位置，将 9 放在数组 B 的第 10 个位置，同时，将 C[9] 的值减去 1，得到 C[9] 为 9。之后继续遍历 A 中的元素 6，通过 C[6]=8，可知元素 6 在 B 的第 8 个位置。以此类推，当遍历 A 中的另外一个元素 9 时，此时 C[9] 为 9，将这个 9 放在 B 中的第 9 个位置。当 A 中所有的元素都遍历完毕后，形成最终的数组 B。之所以要从最后一个元素开始遍历，就是为了原数组中相同元素在排序后并不会改变先后顺序，所以计数排序是稳定排序。

2.2.3 基数排序

在实际的应用中，我们会对一些长度固定的数据进行排序，比如学生的学号（如 2020302131250），显然，这种长度较长的数据，无论是采用桶排序还是计数排序，都不适合。生活中，对这样的两个数，通常是依次从高位到低位进行比较，一旦发现一个数某位上的数值较大，就可以得出此数比另外一个数大。基数排序也是基于相同的方法，但通常基数排序是从最低位开始比较，直到最高位，称为 LSD（Least Significant Digital）算法。基数排序的流程如下。

- 对所有的数据按最低位上的数值进行排序。
- 在上述排序的基础上，按高一位上的数值继续进行排序。
- 重复上一步骤，直到最高位排序完。

例 2.7 对数列 {530,469,418,324,157,261,293,112,96}，按照基数排序进行排序。

解：

在所有的元素中，"96" 只有两位数，需要补齐 3 位和其他元素一致。先按个位上的数对所有的元素进行排序，排序后如图 2.12 的第二列所示；之后按十位上的数进行排序，排序后如图 2.12 的第三列所示；最后按百位上的数进行排序，排序后如图 2.12 的第四列所示。注意：为了保持排序的稳定性，在"位"上排序时，相同的数字不进行交换。

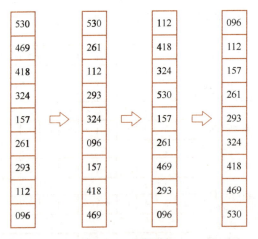

图 2.12　基数排序

在基数排序中，需要对"位"上的数据进行排序，显然这里也不能用比较排序，我们可以采用桶排序算法，因为每位上最多有 10 个数，所以只要设定 10 个桶即可。基数排序如算法 20 所示。算法很简单，分析一下算法的复杂度。因为 for 循序共执行 k 次（k 看成常数），所以复杂度取决于语句 5。因为是桶排序，且桶内数据无须排序，所以桶排序的复杂度必然为 $\Theta(n)$，得出基数排序的复杂度为 $\Theta(kn) = \Theta(n)$。空间复杂度同桶排序的复杂度，为 $O(10 + n) = O(n)$。

算法 20　基数排序（LSD）

1：**输入**：无序数组 A；
2：**输出**：按非降序排序好的数组；
3：$k \leftarrow$ 最大元素的位数；
4：**for** $i = 1$ to k **do**
5：　　$A \leftarrow$ 采用桶排序算法对第 i 位上的数进行排序；
6：**end for**

对于基数排序还有两个问题。第一，对于"位数"上的排序，除了桶排序，还可以有其他排序吗？答案是可以，计数排序也可以用于位数上的排序，但计数排序的实现要复杂很多。第二，可以从高位到低位的顺序进行排序吗？

思路 2.5　如果直接照搬 LSD 的方法，是无法实现排序的。那么，从另外一个角度思考一下，如果从高位开始排序，可以依据最高位将元素分成 10 堆（分别表示 0~9 堆），然后需要在每个堆里再对堆中的元素进行排序，堆中元素怎么排？还是一样的，依据次低位数进行排序，之后再对次低位排序分成的 10 个堆，按照次次低位进行排序，直到最低位数上的排序。

这种方法称为 MSD（Most Significant Digital）算法。在给出算法前，先对例 2.7 用 MSD 算法进行排序。

- 经过最高位（百位）的桶排序后，如图 2.13 最左边的桶所示（桶的第一列表示桶的编号）。

- 找出那些具有两个元素及以上的桶，并对桶中的元素继续进行按位排序，也就是对于每个需要排序的桶，再建立 10 个子桶，子桶用于十位上数的排序。此例中，有 1、2、4 号桶的元素需要排序，分别对这些桶建立子桶，用于十位上数的排序（如图 2.13 中间虚框所示）。此时，每个子桶最多都只有一个元素，排序结束，否则还需要为每个子桶建立子桶，直到每个桶最多只有一个元素为止。

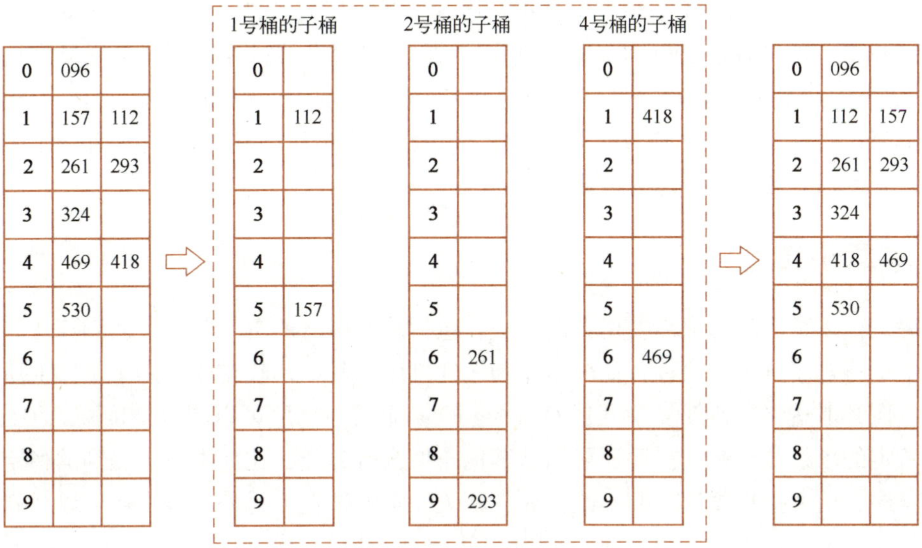

图 2.13 基数排序 MSD

- 排序结束后，需要将 1、2、4 号子桶中的元素按顺序合并，形成图 2.13 最右边的桶。
- 最后，对这个桶进行合并，得出最终排序的结果。

MSD 算法如算法 21 所示。

算法 21 MSD($A[p,\cdots,q]$)

1: **if** $p \geqslant q$ **then**
2:     return；
3: **end if**
4: **for** $i = p$ **to** q **do**
5:     将 $A[i]$ 分发到相应的桶 $bucket$；
6: **end for**
7: **for** $i = 0$ **to** 9 **do**
8:     $count[i] \leftarrow |bucket[i]|$；
9: **end for**
10: **for** $i = 0$ **to** 9 **do**
11:     $A[p,\cdots,q] \leftarrow bucket[i]$ 依次复制回来；
12: **end for**
13: **for** $i = 0$ **to** 9 **do**
14:     MSD($A[p,\cdots,p+count[i]-1]$)；
15:     $p \leftarrow p + count[i]$；
16: **end for**

通过上面的描述，容易知道 MSD 是一个递归的过程（下一章讲解递归，读者可以学完下一章再回来看这个递归算法，此处只要理解 MSD 的流程即可）。其递归算法如算法 21 所示。if 语句（语句 1~3）是递归的边界条件，即如果桶中元素只有 0 个或者 1 个，不需要再排序，直接返回。第一个 for 循环（语句 4~6）将所有的元素分发到相应的桶中。第二个 for 循环（语句 7~9）统计每个桶中元素的个数。第三个 for 循环（语句 10~12）将桶中的元素依次复制到数组（已经按相应位数排好序）。第四个 for 循环（语句 13~16）对每个桶进行递归调用。MSD 算法最优时间复杂度为 $O(n)$（对最高位排序后，每个桶最多只有 1 个元素），最差时间复杂度为 $O(kn)$（k 为位数）。空间复杂度同 LSD，为 $O(10+n)$。注意：本节为了简化起见，都只对整数进行排序，而基数排序也可以用于其他方面，如字母的排序，此时开辟桶的数量和字母的数量相关。

2.3 本章小结

排序是很多算法问题都需要用到的算法，包括后面讲解的贪心算法、回溯算法、匹配算法等。本章将排序分类为两种：比较排序和线性排序，其中比较排序适用于基本上所有的排序问题，但其能达到的最好复杂度是 $O(n \log n)$；而线性排序可以将复杂度降到 $O(n)$，但适用于特定的场景。当然，排序还可以从其他角度进行分类，比如本书中提到的稳定排序和非稳定排序，前者指排序后，并不改变原先相关元素的位置。另外，排序还可以按就地排序（in-place sorting）和非就地排序进行划分。就地排序指的是一种在给定内存空间内重新排列数组的排序算法，而不需要与输入规模成比例的额外内存（可以开辟少量内存用于交换等基本操作）。换句话说，排序算法直接在原始数组上操作，而不使用辅助数据结构。比如冒泡排序就属于就地排序，而归并排序属于非就地排序。

本章没有讲解另一种非常重要的排序——快速排序，这是一种基于分治（递归）的排序算法，这个排序在实现比较排序最优复杂度（期望复杂度为 $O(n \log n)$）的前提下，因为采用了递归算法，算法的实现非常简明，使得这种排序在实际中非常受欢迎。实际上，归并排序如果采用自顶而下的方法，也是一种分治（递归）的方法。可见，递归也是算法中非常重要的一个方法，下一章将学习递归。

2.4 习题

1. 对于以下数组{17,27,12,5,12,9,15,25}，插入排序算法总共执行了（ ）次比较。

    a) 19　　　　　　b) 18　　　　　　c) 17　　　　　　d) 16

2. 对一组数据{2,12,16,88,5,10}进行排序，若前三趟排序结果如下：

第一趟排序结果：2,12,16,5,10,88

第二趟排序结果：2,12,5,10,16,88

第三趟排序结果：2,5,10,12,16,88

则采用的排序方法可能是（ ）。

    a) 冒泡排序　　　b) 希尔排序　　　c) 归并排序　　　d) 基数排序

3. 在我们学过的排序方法中，哪些是稳定的排序方法（ ）（多选）？

a) 选择排序	b) 堆排序	c) 插入排序	d) 希尔排序
e) 归并排序	f) 桶排序	g) 计数排序	h) 基数排序

4. 请用图示说明算法 BottomUpSort 对数组 $A[13] = \{21,6,7,15,1,20,24,16,10,23,4,3,18\}$ 进行排序，需要多少次比较。

5. 在选择排序中，一个元素最多可能会被交换多少次？平均可能会被交换多少次？

6. 在有 n 个元素的数组中，倒序的元素对有 k 对，例如在序列 $\{2,3,1\}$ 中，有两对倒序的元素对 $(3,1)$ 和 $(2,1)$，则插入排序需要进行多少次交换？算法比较的次数和 k 以及 n 有什么关系？

7. 在顺序排列和逆序排列的数组中，选择排序和插入排序，哪个更快？

8. 在希尔排序中，对子数组的排序是通过插入排序完成的，可以通过选择排序完成吗？为什么？

9. 请用希尔排序对 HelloWorld 按字母顺序进行排序，要求写出每个步长的排序过程。

10. 希尔排序什么时候是最好的情况？什么时候是最差的情况？用 1~10 这 10 个数来构造最好的情况和最差的情况。

11. 分析一下，对于 n 个元素，基于堆的四路归并算法，在最好和最差的情况下的比较次数。

12. 证明归并排序的比较次数是单调递增的，即当 $n>m$ 时，n 规模数组的归并排序的比较次数一定大于 n 规模数组的归并排序。

13. 我们在书中实现了基于数组的归并排序，请参考数组的实现方法，实现基于队列的归并排序。也就是说，首先将每个元素看成一个队列，将这些队列两两合并成一个有序的队列；之后，将合并后的队列再两两合并成有序队列，以此类推，直到只有一个队列。

14. 参照二路归并或四路归并，请实现一个三路归并的算法，并分析算法的复杂度。

15. 就地排序（in-place sorting）指的是一种在给定内存空间内重新排列数组的排序算法，而不需要额外的与输入规模成比例的内存。请将本章学习的比较排序算法：冒泡排序、堆排序、插入排序、归并排序进行归类，哪些是就地排序，哪些是非就地排序。

16. 算法中有个非常著名的问题，就是装箱问题，即有 n 个物品，每个物品的大小不一，先需要将这些物品装入到容量相同的箱子中（箱子数量可看成无限个，箱子从 1 开始编号），物品小于箱子的容量。问如何装载，使得箱子的数目最少。一个简单的算法是最先适配算法，即依次将物品装入第一个可以装入的箱子。当装入一个物品时，如果每次都从编号为 1 的箱子开始比较，当 n 很大时，需要执行很多次比较。请设计一个胜者树来组织箱子，通过胜者树来找到第一个可以装入的箱子。并将此算法应用到例子：箱子的容量为 10，现有 5 个物品，其大小为 $\{8,5,6,4,2,7\}$。

17. 现实中很多数据并不服从均匀分布，而是正态分布，如考试成绩。当需要对某个服从正态分布 $N(\mu, \sigma^2)$ 的大量数据通过桶排序进行排序时，应该如何设置桶的范围，使得桶中元素的个数大致相同？

18. 有数组 $A=\{1,4,2,4,0,1,3\}$，请通过计数排序实现这个数组的非降序排序，要求按照书中的例子，写出排序过程中数组 B 和 C 的变化。

19. 设计一个算法，对 k 比特的 n 个二进制数进行排序，要求排序算法是线性的，并给出伪代码。

20. 向量排序：给定 n 个向量 $\{v_1, v_2, \cdots, v_n\}$，设向量的维度都为 k，请对这些向量进行排序，也就是先按照向量的第 1 维排序，再对第 1 维相同的进行第 2 维排序，以此类推，直到第 k 维排序。要求实现一个线性复杂度的向量排序算法。

21. 田忌赛马：设田忌有 n 匹马 $\{a_1, a_2, \cdots, a_n\}$，齐威王也有 n 匹马 $\{b_1, b_2, \cdots, b_n\}$，田忌需要找到一种匹配 (a_i, b_j)，$i, j \in \{1, \cdots, n\}$，使得 $a_i > b_j$ 的次数最多。

22. 有个无序的矩阵，先对矩阵的每一列进行排序，再对矩阵的每一行进行排序，行排序后，矩阵的列是否依然是排序好的？如果是，请证明；如果否，请举例说明。

23. 肯德尔距离是两个数列中顺序不同元素对的数目，如 $\{3,2,6,4\}$ 和 $\{6,3,2,4\}$ 的肯德尔距离为 2，因为有两对元素 $(3,6)$ 和 $(2,6)$ 在两个数列中相对顺序不一致。请设计一个算法，要求在 $O(n \log n)$（n 为数列中元素的个数）的时间内找出两个数列的肯德尔距离。

第 3 章 递归

本章将讨论算法中一个非常重要的概念——递归。递归是一种强大而优雅的问题解决方法，这里用方法而不是算法，是因为完全基于递归的算法，通常称为分治算法（见下一章）。但递归除了用于分治算法外，也广泛用于其他算法（如图的遍历、回溯等）。本章将详细介绍递归的概念、原理和应用。首先，会通过比较递归和迭代，使读者对递归有深入的认识。之后，采用递归来解决两个实际问题，来分析应用递归时，需要解决的一些关键问题。最后，针对基于递归的算法，分析该如何求解算法的复杂度。

3.1 基本概念

递归是算法经常涉及的一个概念，我们在其他课程（如程序设计、数据结构等）中学习过递归，本章主要从算法的角度来理解递归，也就是怎么通过递归来解决一些问题。

数学中的阶乘可以用递归表示，也可以很好地解释递归。阶乘函数的递归定义如下。

$$n! = \begin{cases} 1 & n=0 \\ n(n-1)! & n>0 \end{cases}$$

如果令阶乘函数为 f，即 $f(n)=n!$，上面的递归定义可写成 $f(n)=nf(n-1)$，这个例子告诉我们，递归实际上就是用函数来定义自身，即用一个规模较小的问题（如 $n-1$ 规模）来定义规模较大的问题（n 规模）。用代码来实现递归，就是程序调用自身。下面的代码实现了上述阶乘的递归：

```
Factorial(int n) {
        if n = = 0
                return 1;
        return n * Factorial(n-1);
}
```

上述代码实际上就是完全按照定义来写的，所以只要把递归定义好，就很容易写出相应的代码。递归的定义有两要素。

- **递归方程**，也就是上述阶乘递归定义中，当 $n>0$ 时，$n!=n(n-1)!$ 这个方程，递归方程主要定义了 $f(n)$ 和 $f(n-1)$ 的一个关系（有时候需要定义 $f(n)$ 和 $f(n-1), f(n-2)\cdots$ 的关系，或者 $f(n)$ 和 $f\left(\dfrac{n}{i}\right)$ 的关系等，总是要定义规模较大问题和规模较小问题的关系），这是递归定义的关键。

- **边界条件**（也称之为递归出口），也就是上述阶乘递归定义中"当 $n=0$ 时，$n!=1$"这个条件，边界条件是递归能够停止的必要条件，否则，递归就无限循环下去了。

接着分析递归的流程，以求 3! 为例，其计算过程如图 3.1 所示。在执行函数 Factorial(3) 时，会进入函数 Factorial(2)，之后进入 Factorial(1)，因 Factorial(1)满足边界条件，返回结果 1 到函数 Factorial(2)，Factorial(2)完成计算，并返回结果 2 到 Factorial(3)，Factorial(3)得出结果 6。这里需要注意一点，进入递归函数时，调用函数依旧保留其状态。也就是说如果执行 Factorial(n)，当递归调用到 Factorial(1)时，系统中总共创建了 100 个 Factorial 函数，其每个函数都在系统中保留状态，这也是递归效率低下的原因。

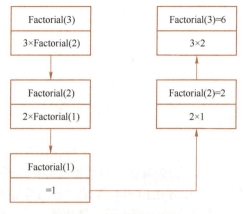

图 3.1 阶乘递归例子

下面举两个著名的递归例子，第一个是斐波那契数列（Fibonacci Sequence），又称黄金分割数列，因数学家列昂纳多·斐波那契（Leonardo Fibonacci）以兔子繁殖为例子而引入，故又称为"兔子数列"，指的是这样一个数列：0、1、1、2、3、5、8、13、21、34…这个数列从第 3 项开始，每一项都等于前两项之和。斐波那契数列第 n 个数的递归定义如下。

$$Fibonacci(n) = \begin{cases} 1 & n=1 \\ 1 & n=2 \\ Fibonacci(n-1) + Fibonacci(n-2) & n>2 \end{cases}$$

上面的递归式定义了斐波那契数列的两个边界条件和一个递归方程。根据定义，很容易写出斐波那契数列的递归代码：

```
Fibonacci(int n){
        if (n<= 2)
              return 1;
        return Fibonacci(n-1)+Fibonacci (n-2);
}
```

像斐波那契这样的问题，即一个函数中包含多个递归子函数，我们习惯于通过一种树的形式将其流程描述出来，图 3.2 给出了计算第 5 个斐波那契数的例子（这里省略了递归函数的返回）。从这个例子，可以发现造成递归效率低下的另外一个原因，就是很多函数被重复计算，如 Fibonacci(3)被重复计算了 2 次，Fibonacci(2)被重复计算了 3 次。

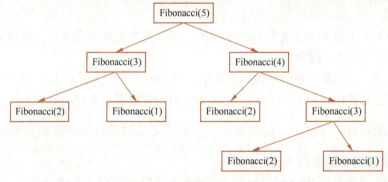

图 3.2 斐波那契例子

第二个是汉诺塔问题（又称河内塔），汉诺塔问题源于印度一个古老传说的益智玩具。大梵天创造世界的时候做了三根金刚石柱子，在一根柱子上，从下往上按照大小顺序摞着64片黄金圆盘。大梵天命令婆罗门把圆盘从下面开始按大小顺序重新摆放在另一根柱子上。并且规定，在小圆盘上不能放大圆盘，在三根柱子之间一次只能移动一个圆盘。此问题的正式描述如下。

定义 3.1（汉诺塔） 设 a、b、c 是 3 个塔座。开始时，在塔座 a 上有 n 个圆盘，这些圆盘自下而上、由大到小地叠在一起。各圆盘从小到大编号为 $1,2,\cdots,n$，现要求将塔座 a 上的这一叠圆盘移到塔座 b 上，并仍按同样顺序叠置。在移动圆盘时应遵守以下移动规则。

- 规则 1：每次只能移动 1 个圆盘。
- 规则 2：任何时刻都不允许将较大的圆盘压在较小的圆盘之上。
- 规则 3：在满足规则 1 和 2 的前提下，可将圆盘移至 a、b、c 中任一塔座上。

定义函数 $Hanoi(n,a,b,c)$，表示将塔座 a 的 n 个圆盘通过塔座 c，移动到塔座 b。这个函数可以递归地定义如下。

- 先将塔座 a 从编号 1 到编号 $n-1$ 的 $n-1$ 个圆盘通过塔座 b，移动到塔座 c，相应函数为 $Hanoi(n-1,a,c,b)$。
- 再将编号为 n 的圆盘，从塔座 a 移动到塔座 b。
- 最后将塔座 c 的 $n-1$ 个圆盘通过塔座 a，移动到塔座 b，相应函数为 $Hanoi(n-1,c,b,a)$。

以上定义已经包括了边界条件，即当 $n=1$ 时，只需要执行第二步就可，即将这个圆盘从塔座 a 直接移动到塔座 b；而当 $n=0$ 时，什么也不用做。根据以上定义，汉诺塔的递归代码如下。

```
Hanoi(int n, a, b, c){
    if (n> 0){
        Hanoi(n-1, a, c, b);
        move(a , b );
        Hanoi(n-1, c, b, a);
    }
}
```

通过这个例子，我们看到递归方法如此简洁地解决了一些看上去非常复杂的问题。总结一下，递归的优点是结构清晰、可读性强，而且容易用数学归纳法来证明算法的正确性，因此它为算法设计带来了很大方便。其缺点是运行效率较低，无论是耗费的计算时间还是占用的存储空间都比非递归算法（迭代）要多。

我们在比较递归和迭代时经常问到的问题是：所有的递归实现都可以转换为迭代实现吗？反之，所有的迭代实现都可以通过递归实现吗？从理论上说，所有的递归函数都可以转换为迭代函数，反之亦然，然而代价通常都是比较高的。

迭代转换为递归通常较简单，以选择排序为例，算法 2 是用迭代的方式来实现选择排序，通过简单的修改就可以将选择排序改成递归的方式，如算法 22 所示。在这个例子中，将 for 循环改成递归的方式非常简单，主要是在函数的最后递归调用 $SelectionSort(i)$，并将 for 循环改成 if 语句（使得递归函数有边界条件）。当 $SelectionSort(i)$ 函数运行到最后一行代码递归调用 $SelectionSort(i+1)$ 时，相当于再次执行函数体中的代码，也就是实现了 for 循环的功能。通过调用函数 $SelectionSort(i)$ 可实现对数组 A 的选择排序。

算法 22　选择排序递归函数 SelectionSort(i)

1：　**if** $i<n$ **then**
2：　　　$k \leftarrow A[i]$；
3：　　　**for** $j=i+1$ **to** n **do**
4：　　　　　**if** $A[j] < k$ **then**
5：　　　　　　　$k \leftarrow A[j]$；
6：　　　　　**end if**
7：　　　**end for**
8：　　　$A[i] = k$；
9：　　　SelectionSort($i+1$)；
10：**end if**

接着，分析插入排序转为递归的形式，算法 14 是用迭代的方式实现插入排序，改为递归的形式如算法 23 所示。

算法 23　插入排序递归函数 InsertSort(i)

1：　**if** $i>1$ **then**
2：　　　InsertSort($i-1$)；
3：　　　$tmp \leftarrow A[i]$；
4：　　　$j \leftarrow i-1$；
5：　　　**while** ($j>0$) and ($A[j]>tmp$) **do**
6：　　　　　$A[j+1] \leftarrow A[j]$；
7：　　　　　$j \leftarrow j-1$；
8：　　　**end while**
9：　　　$A[j+1] \leftarrow tmp$；
10：**end if**

通过调用 InsertSort(i) 可以实现对数组的插入排序。如同选择排序的递归方式，这里也将 for 循环改为 if 语句用于递归函数的出口。在 if 语句内，第一条语句就是递归地调用函数 InsertSort(i)。一个问题是：可以将递归函数放在其他位置吗？语句 2 和语句 3 交换一下可以吗？将递归语句放在最后（即语句 $A[j+1] = tmp$ 后面）是否可以？经过分析可知，InsertSort($i-1$) 可以放在 while 语句前面的任何位置，所以语句 2 和语句 3 交换一下是没有问题的，但不能放在 while 语句的后面，因为 while 语句的作用是插入到已经排序好的数组中，如果将递归函数放在 while 语句后，此时 while 的作用是插入到一个没有排序好的数组，显然没有意义。

但递归转换为迭代，要复杂很多，原因在于结构的引申本身属于递归的概念，用迭代的方法在设计初期根本无法实现，这就像动多态的内容并不总是可以用静多态的方法实现一样。这也是在设计结构时，通常采用递归的方式而不是采用迭代的方式的原因，一个典型的例子类似于链表，使用递归定义极其简单，但对于内存定义（数组方式）及调用处理说明就变得很晦涩，尤其是在遇到环链、图、网格等问题时，使用迭代方式从描述到实现上都变得不现实。还有一个例子就是上面提到的汉诺塔问题，用递归的方式，只要三行代码即可实现，但如果使用迭代的方式会变得极其复杂，并且需要借助栈这种数据结构来实现[⊖]。因而从实际上说，所有的迭代可以转换为递归，但递归不一定可以转换为迭代。

3.2 递归例子

3.2.1 生成排列

扫码看视频

定义 3.2（生成排列） 对于给定的 n 个元素 $\{r_1, r_2, \cdots, r_n\}$，列出所有可能的排列，即全排列。

如元素集合 $\{1,2,3\}$ 的所有可能的排列为 $123,132,213,231,312,321$，共 6 个排列。递归实际上就是找 n 规模问题和 $<n$ 规模问题（通常是 $n-1$ 规模问题）的一个关系，分析一下这个关系应该怎么找。

思路 3.1 首先，如果已经知道 $n-1$ 个元素的全排列，那么再加一个元素形成 n 个元素后的全排列和 $n-1$ 个元素的全排列存在何种关系？比如已知 $X=\{1,2,3\}$ 的全排列 $P(X)$，$Y=\{1,2,3,4\}$ 的全排列 $P(Y)$ 和 $P(X)$ 之间存在什么关系？我们很难直接得出相关的递归等式。但 Y 的全排列可以由以下方式获得：将元素 4 插入到 X 全排列的所有可能位置（第 1,2,3,4 位置），如图 3.3a 所示。第一行和最后一行的排列可以用 $\{4\}+P(X)$ 和 $P(X)+\{4\}$ 来表达，但中间两行很难直接表达（所以会造成代码实现困难）。如果将这些排列按照虚线标注的来看（见图 3.3b），发现是对三个元素的全排序，再在前面插入第四个元素。也就是 $P(Y)$ 由 $\{1\}+P(\{2,3,4\})$、$\{2\}+P(\{1,3,4\})$、$\{3\}+P(\{1,2,4\})$、$\{4\}+P(\{1,2,3\})$ 组成。

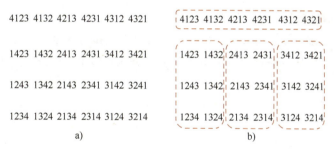

图 3.3 全排列例子

因此，得出 n 个元素集合 $Y=\{y_1,y_2,\cdots,y_n\}$ 的全排列的递归式为

$$P(Y)=\begin{cases}y_1 & n=1\\ \{y_1\}+P(Y\backslash y_1),\{y_2\}+P(Y\backslash y_2),\cdots,\{y_n\}+P(Y\backslash y_n) & n\neq 1\end{cases} \quad (3.1)$$

全排列如算法 24 所示，算法由两部分组成，其中 if 部分为输出，else 部分进行递归排列，也就是对上面递归式的实现。计算复杂度时，else 部分起决定作用。如果设 n 个元素的全排列复杂度为 $T(n)$，else 部分总共进行了 n 次递归调用，每次递归调用都是对 $n-1$ 个元素进行全排列，所以复杂度为 $T(n-1)$。另外，令 swap 函数的复杂度为常数 c，则 $T(n)$ 的复杂度用递归式表达为

⊖ 如果不用栈，需要对整个移动做非常详细的分析，可参考博客 https://blog.csdn.net/AAUAA/article/details/115614150。

$$T(n) = \begin{cases} 0 & n=1 \\ nT(n-1)+cn & n>1 \end{cases} \qquad (3.2)$$

我们会在 3.3.3 节分析如何求这个复杂度，这里直接给出这个复杂度 $T(n)=O(2n!)$。再回顾一下 if 部分，这部分为全排列的输出，统计一下输出语句 print 的频次，n 个元素的全排列有 $n!$ 种，每个全排列共需要输出 n 次，所以输出语句操作的频次为 $nn!$，显然大于 $2n!$，所以全排列递归算法的复杂度实际上取决于 if 语句，而不是 else 语句，其复杂度为 $T(n)=O(nn!)$。

算法 24 Permutation($Y[k,\cdots,n]$)

1: **if** $k=n$ **then**
2:     **for** $i=1$ **to** n **do**
3:         print($Y[i]$);
4:     **end for**
5: **else**
6:     **for** $i=k$ **to** n **do**
7:         swap($Y[k],Y[i]$);
8:         Permutation($Y[k+1,\cdots,n]$);
9:         swap($Y[k],Y[i]$);
10:    **end for**
11: **end if**

3.2.2 整数划分

定义 3.3（整数划分） 一个正整数 n 可以表示成一个或多个正整数之和：$n=n_1+n_2+\cdots+n_k$，其中 $n_1 \geq n_2 \geq \cdots \geq n_k \geq 1$，$k \geq 1$。正整数 n 的这种表示称为正整数 n 的划分，显然，当 $n>1$ 时，n 存在多个划分。整数划分问题就是求正整数 n 的不同划分的个数。

如正整数 6 有如下 11 种不同的划分：

1+1+1+1+1+1；
2+2+2, 2+2+1+1, 2+1+1+1+1；
3+3, 3+2+1, 3+1+1+1；
4+2, 4+1+1；
5+1；
6。

令 $p(n)$ 表示正整数 n 划分的个数，我们首先会想是否存在 $p(n)$ 和 $p(n-1)$ 的一个递归关系。如果能够找出这个递归关系，再利用边界条件 $p(1)=1$，就可以通过递归的方式解决整数划分问题。很多人在寻找这个递归关系时，会想到 n 可以分解为

$$1+(n-1), 2+(n-2), 3+(n-3), \cdots, \left\lfloor \frac{n}{2} \right\rfloor + \left\lceil \frac{n}{2} \right\rceil$$

则

$$p(n) = p(1) + p(n-1) + p(2) + p(n-2) + \cdots + p\left(\left\lfloor \frac{n}{2} \right\rfloor\right) + p\left(\left\lceil \frac{n}{2} \right\rceil\right)$$

但这个递归关系存在划分的重复计算，如 $p(1)+p(n-1)$ 的划分包括了 $1+(1+(n-2))$，

而 $p(2)+p(n-2)$ 的划分包括了 $(1+1)+(n-2)$，显然这两个划分是同一划分，而要对这些划分去除重复部分是很困难的，我们可以换一种思路。

思路 3.2 对于任何一个正整数 n，其本身就有一个边界条件是 $p(n)=1+1+\cdots+1$（n 个 1），我们用 $p(n,\leq 1)$ 表示这个划分，也就是 $p(n,\leq 1)$ 只包含小于或等于 1 的划分的个数，即这些划分中所有的加数都小于或等于 1。这样，$p(n,\leq 2)$ 表示小于或等于 2 的划分的个数，其由两部分组成，一是由小于或等于 1 的划分（$p(n,\leq 1)$）表示，二是包含 2 的划分（用 $p(n,\supseteq 2)$ 表示，注意：2 为这个划分中的最大数），即

$$p(n,\leq 2)=p(n,\leq 1)+p(n,\supseteq 2)$$

按照这个思路，可以得出递归的通用公式为

$$p(n,\leq m)=p(n,\leq m-1)+p(n,\supseteq m), m\leq n \tag{3.3}$$

上式中，$p(n,\leq m)$ 表示小于或等于 m 的划分的个数，$p(n,\supseteq m)$ 表示包含 m 的划分的个数。这个递归式是很难进行递归调用的，还需要做的一件事是将 $p(n,\supseteq m)$（注意：m 是划分中的最大数）也转换为 $p(x,\leq y)$ 的形式，这里有个小技巧，可以将 $p(n,\supseteq m)$ 所代表的划分视为

$$x_1+x_2+\cdots+x_k+m=n, \quad x_i\leq m \text{ and } 1\leq i\leq k$$
$$\Leftrightarrow x_1+x_2+\cdots+x_k=n-m, \quad x_i\leq m \text{ and } 1\leq i\leq k$$

上面两个等式是等价的，而第二个等式代表了对 $n-m$ 的所有小于或等于 m 的划分。由此可得：$p(n,\supseteq m)=p(n-m,\leq m)$，则式（3.3）转换为

$$p(n,\leq m)=p(n,\leq m-1)+p(n-m,\leq m), \quad m\leq n \tag{3.4}$$

整数划分的最终递归式为

$$p(n,\leq m)=\begin{cases}1, & n\geq 1, m=1 \\ p(n,\leq n), & n<m \\ 1+p(n,\leq n-1), & n=m \\ p(n,\leq m-1)+p(n-m,\leq m), & n>m>1\end{cases} \tag{3.5}$$

3.3 复杂度的递归方法求解

在计算算法的复杂度时，经常会遇到算法的复杂度是一个递归表达式的情况，因而需要求解这个递归式才能得出算法的复杂度。如对于某算法，设 $T(n)$ 为 n 规模问题的复杂度，其递归式为

$$T(n)=2T\left(\frac{n}{2}\right)+cn$$

对这种递归式的复杂度计算，通常有以下四种方法。
1) **展开法**：通过直接对递归的展开计算复杂度。
2) **代入法**：先猜测解的形式，再通过数学归纳法证明。
3) **递归树方法**：通过画递归树的方法来求解，因为这种方法适用性比较好，所以是最重要的方法。
4) **主方法**：针对 $T(n)=aT\left(\frac{n}{b}\right)+f(n)$ 的形式，主方法给出了相关的规则，所以主方法是最简单的方法（套规则就行），但因只能针对上面形式的递归式，所以适用性较差。

3.3.1 展开法

展开法通过直接对递归的展开来计算复杂度，通常只能用于计算形式如 $T(n)=T(n-1)+cn$ 或者 $T(n)=T\left(\dfrac{n}{2}\right)+cn$ 这种比较简单的递归式。

例 3.1 求 $T(n)=T\left(\dfrac{n}{2}\right)+cn$ 的复杂度。

解：为简化计算，设 $n=2^k$，k 为正整数。

$$T(n)=T\left(\dfrac{n}{2}\right)+cn=T\left(\dfrac{n}{4}\right)+c\dfrac{n}{2}+cn$$

$$=T(1)+2c+4c+\cdots+\dfrac{n}{2}c+nc$$

$$=2nc-2c+c'\ (\text{令 }T(1)=c')$$

$$=\Theta(n)$$

例 3.2 求 $T(n)=T(n-k)+T(k)+cn$ 的复杂度，其中 k 为常数，$0<k<n$。

解：为简化计算，设 $n=mk$，m 为正整数。

$$T(n)=T(n-k)+T(k)+cn=T(n-2k)+2T(k)+c(n+(n-k))$$

$$=mT(k)+c\sum_{i=0}^{m-1}(n-ik)$$

$$=mT(k)+cmn-ck\dfrac{m(m-1)}{2}$$

$$=c'\dfrac{n}{k}+\dfrac{cn^2}{2k}+\dfrac{cn}{2k}\quad(\text{令 }T(k)=c')$$

$$=\Theta(n^2)$$

3.3.2 代入法

代入法要先猜测解的形式，再通过数学归纳法证明，所以首先应猜得对，因而这种方法适用于对递归形式比较熟悉的情况，比如之前已经证明过某一递归形式的复杂度，现需要对另一很相似的递归形式进行复杂度的计算，可采用代入法。代入法另外一个用法是对展开法或者递归树方法（见3.3.3节）求得的复杂度，进行进一步的确认。

例 3.3 求 $T(n)=2T(\lfloor n/2\rfloor)+\Theta(n)$ 的复杂度上界 O。

解：

这个复杂度的递归式和快速排序的复杂度递归式类似（快速排序在第4章讲解），因快速排序的复杂度为 $O(n\log n)$，所以我们猜测这个复杂度也为 $O(n\log n)$。下面通过归纳法来证明这个猜测。假设当 $m<n$ 时，猜测成立，即 $T(m)=O(m\log m)$，令 $T(m)\leqslant cm\log m$，其中 c 为常数，如果能够证明 $T(n)\leqslant cn\log n$，则 $T(n)=O(n\log n)$，即猜测成立。

注意，这里推导的逻辑是：

为了证明 $T(n)=O(n\log n)$

⇐ 需要证明 $T(n)\leqslant cn\log n$ 对所有的 n 成立；

⇐ 需要归纳证明：假设 $T(m)\leqslant cm\log m$，$\forall m<n$ 成立，能够推导出 $T(n)\leqslant cn\log n$。

下面证明上述归纳成立。

$$T(n) = 2T\left(\left\lfloor\frac{n}{2}\right\rfloor\right) + \Theta(n)$$

$$\leq 2c\left\lfloor\frac{n}{2}\right\rfloor\log\left\lfloor\frac{n}{2}\right\rfloor + c'n \quad 因为\left\lfloor\frac{n}{2}\right\rfloor \leq \frac{n}{2}$$

$$\leq cn\log\frac{n}{2} + c'n$$

$$\leq cn\log n - cn + c'n$$

$$\leq cn\log n$$

只要令 $c \geq c'$，最后一步就会成立。

现在还需要看一下边界条件是否满足归纳证明，不幸的是，$T(1) = 1$，而 $1\log 1 = 0$，即 $T(1) \leq 1\log 1$，但没有规定说边界条件必须为 1，事实上，根据上界 O 的定义，只要 $n \geq n_0$，$T(n) \leq cn\log n$ 即可。为此，计算 $T(2) = 2T(1) + 2 = 4$，$T(3) = 2T(1) + 3 = 5$，很明显，当 c 足够大的时候，$T(2) \leq c2\log 2$，$T(3) \leq c3\log 3$，也就是 2 和 3 作为边界条件成立。

例 3.4 求 $T(n) = T\left(\left\lfloor\frac{n}{2}\right\rfloor\right) + T\left(\left\lceil\frac{n}{2}\right\rceil\right) + \Theta(1)$ 的同阶复杂度 Θ。

解：

这个递归就是将数组 n 分解成两部分处理，每次处理的复杂度是个常数项，因此猜测复杂度为 $T(n) = \Theta(n)$。要证明同阶复杂度，可以通过以下两种方式。

1) 直接通过归纳证明，当 $T(m) = cm$，$\forall m < n$ 成立，能够推导出 $T(n) = cn$ 成立。

2) 证明 $T(n) = O(n)$ 且 $T(n) = \Omega(n)$，而 $T(n) = O(n)$ 和 $T(n) = \Omega(n)$ 的证明可以通过归纳法。

首先是第一种方法的证明，假设 $T(m) = cm$，$\forall m < n$，推导 $T(n)$ 为

$$T(n) = T\left(\left\lfloor\frac{n}{2}\right\rfloor\right) + T\left(\left\lceil\frac{n}{2}\right\rceil\right) + \Theta(1)$$

$$= c\left\lfloor\frac{n}{2}\right\rfloor + c\left\lceil\frac{n}{2}\right\rceil + c'$$

$$= cn + c'$$

推导到这一步的时候，很多读者会认为证明完毕了，因为 $T(n) = cn + c'$ 就可以推出 $T(n) = \Theta(n)$。实际上，这里有个逻辑上的错误，这里是为了证明 $T(n) = \Theta(n)$，需要做归纳，即从假设 $T(m) = cm$，$\forall m < n$，能够推导出 $T(n) = cn$ 成立。但显然，当推导到 $T(n) = cn + c'$ 后，无法推导出 $T(n) = cn$，所以归纳没有成功。这也是前面用粗体字来强调逻辑的原因。顺便回顾一下，$T(n) = cn + c'$ 可以推导出 $T(n)$ 的复杂度为 n 阶是针对复杂度来说的，也就是说只有在复杂度表达式中（如 Θ），$\Theta(cn + c')$ 才等于 $\Theta(n)$，在一般的表达式中显然 $cn + c' = n$ 不成立。

那么有读者就会问是不是可以做这样的归纳：假设 $T(m) = \Theta(m)$，$\forall m < n$，推导出 $T(n) = \Theta(n)$。这在逻辑上是可行的，但是这样的归纳必然会涉及 $T(m) = \Theta(m) \Rightarrow T(m) = cm$ 推导，**但这个推导不是必然成立的**（因为还可以是 $T(m) = cm + d$）。

下面分析第二种方法，为了证明 $T(n) = O(n)$，依旧假设 $T(m) \leq cm$，$\forall m < n$，推导 $T(n)$ 为

$$T(n) = T\left(\left\lfloor \frac{n}{2} \right\rfloor\right) + T\left(\left\lceil \frac{n}{2} \right\rceil\right) + \Theta(1)$$

$$\leq c\left\lfloor \frac{n}{2} \right\rfloor + c\left\lceil \frac{n}{2} \right\rceil + c'$$

$$\leq cn + c'$$

依然无法推导出 $T(n) \leq cn$，所以这种假设行不通。不过我们可以换一种假设，设 $T(m) \leq cm-d$，$\forall m<n$，如果能够推导出 $T(n) \leq cn-d$，也可以归纳证明 $T(n)=O(n)$。由假设推导 $T(n)$ 如下。

$$T(n) = T\left(\left\lfloor \frac{n}{2} \right\rfloor\right) + T\left(\left\lceil \frac{n}{2} \right\rceil\right) + \Theta(1)$$

$$\leq c\left\lfloor \frac{n}{2} \right\rfloor - d + c\left\lceil \frac{n}{2} \right\rceil - d + c'$$

$$\leq cn - d - (d - c')$$

$$\leq cn - d$$

当 $d>c'$ 时，最后一行不等式成立，由以上归纳可知 $T(n)=O(n)$。$T(n)=\Omega(n)$ 的证明类似，设 $T(m) \geq cm+d$，$\forall m<n$，如果能够推导出 $T(n) \geq cn+d$，可以归纳证明 $T(n)=\Omega(n)$。由假设推导 $T(n)$ 如下。

$$T(n) = T\left(\left\lfloor \frac{n}{2} \right\rfloor\right) + T\left(\left\lceil \frac{n}{2} \right\rceil\right) + \Theta(1)$$

$$\geq c\left\lfloor \frac{n}{2} \right\rfloor + d + c\left\lceil \frac{n}{2} \right\rceil + d + c'$$

$$\geq cn + d + (d + c')$$

$$\geq cn + d$$

当 $(d+c')>0$ 时，最后一行不等式成立。由以上归纳可知 $T(n)=\Omega(n)$，所以 $T(n)=\Theta(n)$。

这个例子告诉我们，对于复杂度的证明，可以通过任意一种符合复杂度的假设进行归纳证明，如要证明 $T(n)=\Theta(n^2)$，可以假设 $T(m)=cm^2$（$m<n$，下同），也可以假设 $T(m)=cm^2+bm$，或者 $T(m)=cm^2+bm+d$，但归纳到 $T(n)$ 时，必须是一致的。

3.3.3 递归树方法

递归树方法可以看成是展开法的另外一种实现方式，因为是通过树的方式展开，使得展开更加直观和便于计算，所以适用于一些更加复杂的递归式。下面先通过一个例子来给出递归树方法的步骤。

例 3.5 通过递归树的方法求解 $T(n)=2T\left(\frac{n}{2}\right)+cn\log n$。

解：

1) 首先将 $T(n)$ 看成一个节点（为了便于分析，这里令 $n=2^k$）。因为 $T(n)$ 由两部分组成，一部分是递归式 $T\left(\frac{n}{2}\right)$（共 2 个），另一部分是多项式部分 $cn\log n$。这样，将这个节点展开成二级树的形式,其中树的根节点为多项式 $cn\log n$,子节点为递归式 $T\left(\dfrac{n}{2}\right)$,因递归式有 2 个,所以子节点也有 2 个,如图 3.4a 所示。

2)重复上述方法,将每个新生成的子节点按照递归式进行展开(针对图 3.4a 就是将两个子节点 $T\left(\dfrac{n}{2}\right)$ 继续按照递归式展开),直到边界节点 $T(1)$ 为止,如图 3.4b 所示。

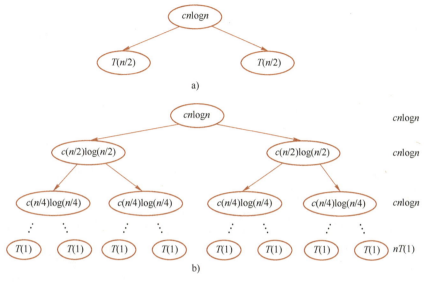

图 3.4 递归树例子

3)从图中可知,递归树总共有 $\log n$ 层(这是因为从 $T(n)$ 到 $T(1)$,每次都进行除 2 操作,如果将根节点看成是第 0 层,则叶子节点为第 $\log n$ 层),对每层所有节点的复杂度进行累加,得出每层的复杂度为 $cn \log n$,叶子层的复杂度为 $nT(1)=nc'$。所以总的复杂度 $T(n)=\Theta(n\log^2 n)$。

上述流程也指出了递归树方法的**步骤**:首先将复杂度的递归式展开为树的形式;之后,计算树每层的复杂度;最后,将所有层的复杂度相加,得到 $T(n)$ 的复杂度。

例 3.6 使用递归树的方法求解斐波那契数列通过递归式计算的复杂度。

解:

斐波那契数列的递归式为 $Fibonacci(n)=Fibonacci(n-1)+Fibonacci(n-2)$,得出其复杂度的递归式为 $T(n)=T(n-1)+T(n-2)+1$,其中 1 代表了 $Fibonacci(n-1)$ 和 $Fibonacci(n-2)$ 这两个数相加的复杂度。按照复杂度的递归树方法,将 $T(n)$ 分解成如图 3.5a 所示的三个节点,最后展开成的树如图 3.5b 所示。和上面的例子不同的是,这棵树并不是满二叉树,其中从根节点到叶子节点的最短路径为树的最右边路径,元素的个数逐次 -2,所以长度为 $n/2$;最长路径为树的最左边路径,元素的个数逐次 -1,所以长度为 n。得出 $T(n)$ 一定是大于或等于高度为 $\dfrac{n}{2}$ 满二叉树的复杂度,而小于或等于高度为 n 满二叉树的复杂度。从图中可知,树第 i 层的复杂度为 2^i,高度为 $n/2$ 的满二叉树的复杂度为

$$\sum_{i=0}^{\frac{n}{2}-1} 2^i = 2^{\frac{n}{2}-1} - 1$$

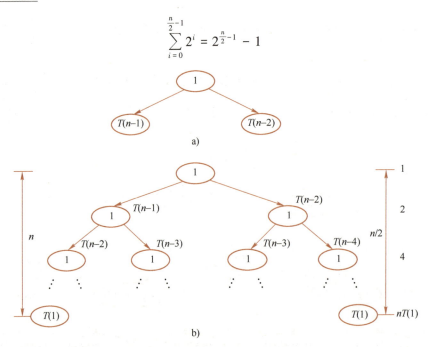

图 3.5 斐波那契数列递归树例子

所以 $T(n) = \Omega(2^{\frac{n}{2}-1} - 1) = \Omega(\sqrt{2}^n)$。而高度为 n 的满二叉树的复杂度为

$$\sum_{i=0}^{n-1} 2^i = 2^{n-1} - 1$$

所以 $T(n) = O(2^{n-1} - 1) = O(2^n)$。得出 $T(n)$ 复杂度介于 $\sqrt{2}^n$ 和 2^n 之间。实际上 $T(n) \approx \Theta\left(\left(\frac{1+\sqrt{5}}{2}\right)^n\right)$，感兴趣的读者可以参考相关文献。

例 3.7 生成排列复杂度的递归式为 $T(n) = nT(n-1) + n$，$n \geq 2$，求 $T(n)$。

解：

这是生成排列算法中 else 部分的复杂度递归式。因为此式中递归表达式共有 n 个子节点，所以画出全部子节点会很复杂，观察到这 n 个子节点都是相同的，所以将 $T(n)$ 节点展开成图 3.6a 的形式，而节点 $nT(n-1)$ 又可以展开成图 3.6b 的形式，以此类推，最终展开成图 3.6c 的形式，因为树的每一层都小于或等于 $n!$，容易看出 $T(n) \leq n \times n!$，所以验证了生成排列的复杂度是由 if 语句部分决定的，即生成排列的复杂度为 $\Theta(n \times n!)$。这里对 $T(n)$ 进一步分析，可得

$$\begin{aligned}
T(n) &= n + n(n-1) + n(n-1)(n-2) + \cdots + n(n-1) + \cdots + 3 \times 2 \\
&\leq 2n(n-1) + n(n-1)(n-2) + \cdots + n(n-1) + \cdots + 3 \times 2 \text{（将第 1 项和第 2 项合并）} \\
&\leq 2n(n-1)(n-2) + \cdots + n(n-1) + \cdots + 3 \times 2 \text{（将第 1 项和第 2 项合并）} \\
&\leq 2n(n-1) + \cdots + 3 \times 2 \text{（依次将第 1 项和第 2 项合并）} \\
&= 2n!
\end{aligned}$$

在第二步中，令 $T(1) = 0$，因为如果 $n = 1$，并不执行 else 部分的语句。

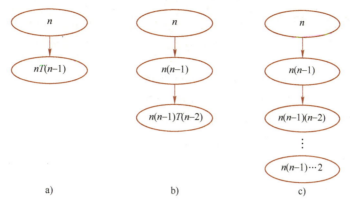

图 3.6　$T(n)=nT(n-1)+n$ 递归树

3.3.4　主方法

扫码看视频

在算法的复杂度的式子中，经常会出现如下形式：
$T(n)=aT\left(\dfrac{n}{b}\right)+f(n)$，当然，我们可以用前面学到的递归树方法来求解，但显然这种方法是比较麻烦的。为此，人们针对这种形式的递归式制定了一些规则，从而只要套用这些规则，就可以立即得到 $T(n)$ 的复杂度。**为了从简单的规则入手，先分析针对** $f(n)=n^x$ **这种情况。**

按照 $T(n)=aT\left(\dfrac{n}{b}\right)+n^x$ 这种形式，$T(n)$ 的复杂度由 $aT\left(\dfrac{n}{b}\right)$ 或 n^x 这两项决定，那么是哪一项？比较这两项的大小，由大的那一项决定。展开 $T(n)=aT\left(\dfrac{n}{b}\right)$，可知 $T(n)$ 的复杂度为 $a^{\log_b n}=n^{\log_b a}$，所以 $aT\left(\dfrac{n}{b}\right)$ 的复杂度为 $n^{\log_b a}$，有以下结论。

- 如果 $aT\left(\dfrac{n}{b}\right)$ 的复杂度大于 n^x，则 $T(n)$ 的复杂度由 $aT\left(\dfrac{n}{b}\right)$ 决定，即 $T(n)=\Theta(n^{\log_b a})$。
- 如果 $aT\left(\dfrac{n}{b}\right)$ 的复杂度小于 n^x，则 $T(n)$ 的复杂度由 n^x 决定，即 $T(n)=\Theta(n^x)$。
- 如果 $aT\left(\dfrac{n}{b}\right)$ 的复杂度等于 n^x，根据递归式的展开，$T(n)=\Theta(n^x \log n)$。

而对 $aT\left(\dfrac{n}{b}\right)$ 和 n^x 的比较，只需要比较 $\log_b a$ 和 x 即可，也就是**比较** a **和** b^x **的大小**。如此，针对 $T(n)=aT\left(\dfrac{n}{b}\right)+n^x$ 这种形式，将上面的结论写成公式形式：

$$T(n)=\begin{cases}\Theta(n^x) & a<b^x \\ \Theta(n^x \log n) & a=b^x \\ \Theta(n^{\log_b a}) & a>b^x\end{cases} \quad(3.6)$$

例 3.8　求以下递归式的复杂度。

1) $T(n)=T(2n/3)+1$。

2) $T(n)=2T(n/3)+\sqrt{n}$。

3) $T(n) = 3T(n/4) + n^2$。

解：
用主方法，可得：
1) $a=1$，$b=3/2$，$x=0$，所以 $a=b^x$，$T(n) = \Theta(\log n)$。
2) $a=2$，$b=3$，$x=1/2$，所以 $a>b^x$，$T(n) = \Theta(n^{\log_3 2})$。
3) $a=3$，$b=4$，$x=2$，所以 $a<b^x$，$T(n) = \Theta(n^2)$。

例 3.9 求以下递归式的复杂度。
1) $T(n) = 3T(n/4) + n \log n$。
2) $T(n) = 2T(n/2) + n \log n$。

解：
此题因为 $f(n)$ 不是 n^x 的形式，所以不能通过比较 a、b、x 的方式来解决，但可以试着直接比较前一项和后一项的大小。

1) 前一项的复杂度为 $n^{\log_4 3} \approx n^{0.793}$，而后一项的复杂度为 $n \log n$，后一项大于前一项，所以 $T(n) = \Theta(n \log n)$，通过递归树方法验证（作为习题），得出的复杂度是正确的。

2) 前一项的复杂度为 $n^{\log 2} = n$，后一项的复杂度为 $n \log n$，依然认为后一项大于前一项，所以 $T(n) = \Theta(n \log n)$。但对上式通过递归树方法（作为习题）得 $T(n) = \Theta(n \log^2 n)$。可见上面的主方法不能用在这里。

为什么主方法在这里失效了？实际上，当对前一项和后一项进行比较的时候，不是简单的大小比较，而是多项式意义上的比较，也就是当前一项在多项式意义上大于后一项的时候，$T(n)$ 的复杂度才取决于前一项（后一项类似）。而当 $f(n) = n^x$ 这种形式时，一般的比较就是多项式意义上的比较，所以只要进行一般的比较就可以。本书建议只对 $f(n) = n^x$ 这种形式采用主方法，当 $f(n)$ 不为 n^x 这种形式时，采用递归树的方法。

但为了完整地描述主方法，下面对上面描述的主方法进行扩展。所谓多项式意义上的大于，是指 $n^{\log_b a}$ 必须渐进大于 $f(n)$，也就是 $n^{\log_b a}$ 要比 $f(n)$ 至少多一个 n^ϵ 因子。显然，当 $f(n) = n^x$ 时，只要 $n^{\log_b a}$ 大于 $f(n)$，必然会至少多一个 n^ϵ 因子（这也是为什么前面的规则中，只做一般比较）。当 $f(n) \neq n^x$ 时，这种比较就不是显而易见了，如当 $f(n) = n \log n$ 时，$f(n)$ 并没有在多项式意义上大于 n，这是因为对于任意 ϵ，$\frac{f(n)}{n} = \log n$ 都渐进小于 n^ϵ（对于任意的 ϵ，只要 n 足够大，$\log n < n^\epsilon$）。实际上此时可以认为 $f(n)$ 渐进等于 n（$f(n)$ 既不渐进大于，也不渐进小于 n），所以前面的例子 $T(n) = 2T(n/2) + n \log n$ 的前一项和后一项渐进相等，因而通过主方法可得 $T(n) = \Theta(n \log^2 n)$。

对于任意的 $f(n)$，$T(n) = aT\left(\dfrac{n}{b}\right) + f(n)$ 递归形式的主方法如下。

$$T(n) = \begin{cases} \Theta(f(n)) & n^{\log_b a} \text{ 渐进小于 } f(n) \\ \Theta(f(n) \log n) & n^{\log_b a} \text{ 渐进等于 } f(n) \\ \Theta(n^{\log_b a}) & n^{\log_b a} \text{ 渐进大于 } f(n) \end{cases} \tag{3.7}$$

3.3.5 几种递归形式的复杂度分析

1. $T(n) = T(\alpha n) + T(\beta n) + cn$ 的复杂度

在上面的复杂度递归式中，$0 < \alpha < 1$，$0 < \beta < 1$，$\alpha + \beta \leq 1$。我们把具有 $T(n) = T(\alpha n) +$

$T(\beta n)+cn$ 这种形式的复杂度称为按比例划分,下面通过两种不同的情况来讨论此种形式的复杂度。

(1) $\alpha+\beta=1$

这里可举个特例,如令 $\alpha=n/3$, $\beta=2n/3$,则通过递归树方法,可求得 $T(n)=T(n/3)+T(2n/3)+cn$ 的复杂度为 $\Theta(n\log n)$。那么对这种系数之和等于 1 的形式,复杂度是不是都为 $\Theta(n\log n)$? 答案是肯定的。将复杂度的递归式改写成 $T(n)=T(\alpha n)+T((1-\alpha)n)+cn$,并画出复杂度的递归树,如图 3.7 所示。在这个递归树中,设 $\alpha\leqslant\dfrac{1}{2}$,则从根节点到叶子节点的最短路径为树的最左边路径,其路径长度(高度)为 $\log_{\frac{1}{\alpha}}n$。在高度小于或等于 $\log_{\frac{1}{\alpha}}n$ 的树中,每层的节点都是满的,也就是到高度 $\log_{\frac{1}{\alpha}}n$,树是满二叉树,每层的复杂度为 cn,总复杂度为 $cn\log_{\frac{1}{\alpha}}n$,所以复杂度的下界为 $\Omega(n\log n)$。从根节点到叶子节点的最长路径为树的最右边路径,其路径长度(高度)为 $\log_{\frac{1}{1-\alpha}}n$。在高度大于 $\log_{\frac{1}{\alpha}}n$ 小于 $\log_{\frac{1}{1-\alpha}}n$ 的树中,每层的节点并不是满的,也就是每层的复杂度小于或等于 cn,所以,树的总复杂度小于或等于 $cn\log_{\frac{1}{1-\alpha}}n$,因而复杂度的上界为 $O(n\log n)$,结合上面的上界和下界,容易得出,当 **$\alpha+\beta=1$ 时,递归式 $T(n)=T(\alpha n)+T(\beta n)+cn$ 的复杂度为 $\Theta(n\log n)$**。

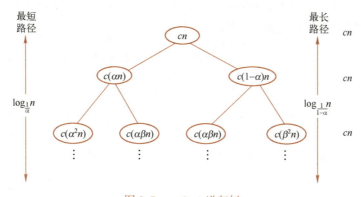

图 3.7 $\alpha+\beta=1$ 递归树

(2) $\alpha+\beta<1$

当 $\alpha+\beta<1$ 时,递归树如图 3.8 所示,树中第 i 层所有节点的复杂度之和为 $(\alpha+\beta)^i cn<cn$。设 $\alpha\leqslant\beta$,则从根节点到叶子节点的最短路径为树的最左边路径,其路径长度(高度)为 $\log_{\frac{1}{\alpha}}n$,所以复杂度的下限为

$$\sum_{i=0}^{\log_{\frac{1}{\alpha}}n}(\alpha+\beta)^i cn=\dfrac{1-(\alpha+\beta)^{\log_{\frac{1}{\alpha}}n}}{1-(\alpha+\beta)}cn>cn \tag{3.8}$$

即 $\Omega(cn)$。从根节点到叶子节点的最长路径为树的最右边路径,其路径长度(高度)为 $\log_{\frac{1}{\beta}}n$,所以复杂度的上限为

$$\sum_{i=0}^{\log_{\frac{1}{\beta}}n}(\alpha+\beta)^i cn<\sum_{i=0}^{\infty}(\alpha+\beta)^i cn=\dfrac{1}{1-(\alpha+\beta)}cn \tag{3.9}$$

即 $O(n)$。结合上面复杂度的上限和下限,**当 $\alpha+\beta<1$ 时,递归式 $T(n)=T(\alpha n)+T(\beta n)+cn$ 的复杂度为 $\Theta(n)$**。

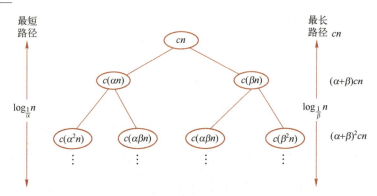

图 3.8　$\alpha+\beta<1$ 递归树

2. $T(n)=T(n-k)+T(k)+cn$ 的期望复杂度

我们把具有 $T(n)=T(n-k)+T(k)+cn$ 这种形式的复杂度称为按常数划分。在 3.3.1 节中已经证明了对于某个常数 k，$T(n)=T(n-k)+T(k)+cn$ 的复杂度为 $\Theta(n^2)$。但对于一些算法问题，k 会随机地在 $[1,n-1]$ 中选取，如快速排序（参考 4.1 节）算法会对 n 个元素的数组进行二划分（分成两部分），之后对划分后的两部分再分别调用递归函数。假设算法将原数组分成两部分，即 1 和 $n-1$，2 和 $n-2$，…，$n-2$ 和 2，$n-1$ 和 1，假设这些划分的概率是相同的，则算法的期望复杂度为多少？此时需要计算：

$$T(n) = \frac{1}{n-1}\sum_{k=1}^{n-1}(T(n-k)+T(k))+cn \qquad (3.10)$$

此公式的求和项中，似乎每一项都是 $\Theta(n^2)$，所以很容易错误地认为期望值也是 $\Theta(n^2)$。但需要注意的是，k 的取值范围为 $1\sim n-1$，当 k 取某些值时，复杂度并不是 $\Theta(n^2)$，如当 $k=n/2$ 时，$T(n-k)+T(k)+cn$ 的复杂度为 $\Theta(n\log n)$。此时无法直接计算上面式子的复杂度。

思路 3.3 解题的思路是将上面的式子转换成可展开的形式，然后应用展开法进行计算。

由于 $T(n-k)$ 和 $T(k)$ 的对称性，将上面的式子写为

$$T(n)=\frac{2}{n-1}\sum_{k=1}^{n-1}T(k)+cn$$

令 $S(n)=\sum_{k=1}^{n}T(k)$（$T(k)$ 的累加），上式转化为

$$S(n)-S(n-1)=\frac{2}{n-1}S(n-1)+cn$$

$$\Rightarrow S(n)=\frac{n+1}{n-1}S(n-1)+cn$$

$$\Rightarrow \frac{S(n)}{n(n+1)}=\frac{S(n-1)}{(n-1)n}+\frac{c}{n+1}（\text{两边除以 }n(n+1)）$$

令 $R(n)=\frac{S(n)}{n(n+1)}$，上式转化为

$$R(n)=R(n-1)+\frac{c}{n+1}$$

至此，我们得到了一个便于展开的递归式。对上式进行展开：

$$R(n) = c\left(\frac{1}{3} + \frac{1}{4} + \cdots + \frac{1}{n} + \frac{1}{n+1}\right)$$

$$\Rightarrow R(n) = c\left(H_{n+1} - \frac{3}{2}\right) \quad \left(\text{令调和级数 } H_n = \frac{1}{1} + \frac{1}{2} + \cdots + \frac{1}{n}\right)$$

所以,

$$S(n) = n(n+1)R(n) = cn(n+1)\left(H_{n+1} - \frac{3}{2}\right)$$

可得

$$T(n) = S(n) - S(n-1) = cn((n+1)H_{n+1} - (n-1)H_n - 3)$$

$$= cn\left(\frac{n}{n+1} + H_{n+1} + H_n - 3\right)$$

$$= cn\left(\frac{n}{n+1} + \frac{1}{n+1} + 2H_n - 3\right)$$

$$= 2cn(H_n - 1)$$

$$= O(n\log n) \quad (\text{因为 } H_n = O(\log n))$$

所以,$T(n) = T(n-k) + T(k) + cn$ 的期望复杂度为 $O(n\log n)$。

3. $T(n) = T(n-k) + T(k) + cn$ 和 $T(n) = T(\alpha n) + T((1-\alpha)n) + cn$ 的交替划分

在递归算法中,对 n 个元素的最差二分是划分成 1 为一组和 $n-1$ 为一组的划分,其复杂度为 $O(n^2)$,而最好的二分是对半分,也就是每组都是 $\frac{n}{2}$ 个元素,其复杂度为 $O(n\log n)$。这里提一个有意思的问题,如果算法以最差和最好的情况交替进行分解,那么算法的复杂度是多少?也就是算法首先进行最差分解,即将问题分为 $n-1$ 个元素和 1 个元素两个子问题,之后对 $n-1$ 个元素进行最好分解,即分成两个 $\frac{n-1}{2}$ $\left(\text{实际上分成}\left\lfloor\frac{n-1}{2}\right\rfloor \text{和}\left\lceil\frac{n-1}{2}\right\rceil\right.$,但为了方便起见,分成两个 $\frac{n-1}{2}\right)$,之后再进行最差分解,最差分解后又是最好分解,……,直到最后。复杂度的递归树如图 3.9 所示,树中每一层的复杂度都小于或等于 cn,而树的层数不会超过 $2\log n$,所以复杂度为 $O(n\log n)$(确切地为 $\Theta(n\log n)$)。

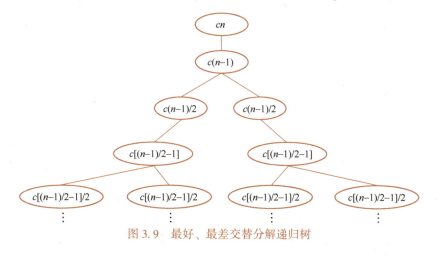

图 3.9 最好、最差交替分解递归树

将上面的 $\{1, n-1\}$ 和 $\left\{\dfrac{n}{2}, \dfrac{n}{2}\right\}$ 交替划分扩展一下，容易得出只要常数划分和比例划分交替出现，算法的复杂度也是 $\Theta(n \log n)$。再扩展一下，在交替划分中，只要比例划分有规律地出现，如最多 $m(m \ll n)$ 次常数划分后再出现比例划分，那么复杂度还是 $\Theta(n \log n)$。

3.4 本章小结

递归是一个非常重要的概念，是接下来要讲解的很多算法的基础，如分治、动态规划、回溯等。然而，很多读者感觉递归很难，因为递归的这种逐层递进又逐层返回的流程会造成思维上的困难。实际上，在大多数情况下，我们没有必要去考虑递归的逐层递进和返回，而只需要理清楚当前问题和下一层次的问题的关系即可，通常上也就是 n 规模问题和 $n-1$ 规模问题的关系，如果是在生成排列中，只要确定 n 个元素的排列和 $n-1$ 个元素排列的关系即可。本章着重讨论了递归式复杂度的求解方法，其中递归树方法是最通用的方法，但主方法可能是最常用的方法，在很多情况下，需要套用主方法来快速得出算法的复杂度。

3.5 习题

1. $T(n)$ 的递归表达式为 $T(n) = \dfrac{1}{n}(T(0) + T(1) + \cdots + T(n-1)) + cn$，$T(0) = 0$，则 $T(n)$ 可简化为（　　）。

   a) cn^2　　　　b) $cn \log n$　　　　c) cn　　　　d) $c \log n$

2. 将递归式 $T(n) = T\left(\dfrac{n}{4}\right) + T\left(\dfrac{n}{2}\right) + n^2$，画出递归树，以下正确的是（　　）。

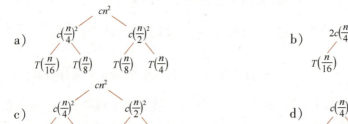

3. 求下列递归式的时间复杂度 $T(n)$（请选择合适的求解递归式复杂度方法）。

   a) $T(n) = 9T\left(\dfrac{n}{3}\right) + 2n$　　　　　　b) $T(n) = T\left(\dfrac{2n}{3}\right) + 100$

   c) $T(n) = 3T\left(\dfrac{n}{4}\right) + n \log n$　　　　d) $T(n) = T\left(\dfrac{n}{4}\right) + T\left(\dfrac{n}{2}\right) + n^2$

   e) $T(n) = T(n-2) + 4n$　　　　　　f) $T(n) = 2T(n-1) + n$

   g) $T(n) = T\left(\dfrac{n}{5}\right) + T\left(\dfrac{3n}{5}\right) + n$　　　　h) $T(n) = T\left(\dfrac{n}{10}\right) + T\left(\dfrac{9n}{10}\right) + n$

4. 用代入法证明 $T(n) = \dfrac{1}{n-1} \sum\limits_{k=1}^{n-1} (T(n-k) + T(k)) + cn$ 的复杂度为 $O(n \log n)$。

5. $T(n) = aT\left(\dfrac{n}{b}\right) + n^x$，且 $a = b^x$，显然用主方法，很容易得出 $T(n) = n^x \log n$，请用递归

树的方法验证 $T(n)$。

6. 对于上面给出的递归式 $T(n) = 3T\left(\dfrac{n}{4}\right) + n \log n$，用递归树的方法求解 $T(n)$ 的复杂度。

7. 求 $T(n) = T\left(\left\lfloor\dfrac{n}{2}\right\rfloor\right) + T\left(\left\lceil\dfrac{n}{2}\right\rceil\right) + \Theta(n)$ 的同阶复杂度 Θ。

8. 如下两段代码的复杂度是否一致？如果不一致，分别是多少？

```
MyTest (int n){                          MyTest (int n){
    if (n<=1) return 1;                      if (n<=1) return 1;
    else{                                    else{
        int m=n/4;                               int m=n/4;
        return 2MyTest(m);                       return MyTest(m)+MyTest(m);
    }                                        }
}                                        }
```

9. 请设计一种递归算法，在数组 $A[1 \cdots n]$ 中搜索元素 x。

10. 给定 n 和 $k(k<n)$，要求通过递归的方式从 $\{1, 2, \cdots, n-1, n\}$ 中输出所有长度为 k 的递增序列。如输入 $n=3, k=2$，则输出 $\{1,2\}$，$\{2,3\}$，$\{1,3\}$。

11. 我们在第 1 章讲解了二分搜索，而二分搜索是一个典型的递归过程，请用递归的方式实现二分搜索。

12. 在第 2 章讨论了冒泡排序，并用迭代的方式实现了冒泡排序，请将迭代方式改成递归方式。

13. 书中通过递归的方式解决了汉诺塔问题，用迭代的方式解决汉诺塔问题要比递归方式烦琐很多，请试着用栈来解决汉诺塔问题。

14. 一般而言，兔子在出生两个月后，就有繁殖能力，一对兔子每个月能生出一对小兔子。如果所有兔子都不死，那么一年以后可以繁殖多少对兔子？用递归代码完成这个问题。

15. 递归方式是访问树的一个常用方式，请用递归的方式从左到右输出二叉树的所有叶子节点。如对以下的二叉树，依次输出 4、6、7、9、10。

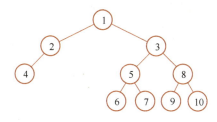

16. 楼梯有 n 个台阶，一只青蛙一次可以上 1、2 或 3 阶。对于 4 个台阶的楼梯，这只青蛙可以先上 1 个台阶，再上 3 个台阶；也可以先上 3 个台阶，再上 1 个台阶。定义该青蛙上有 n 个台阶的楼梯的方式总数为 $f(n)$，请给出 $f(n)$ 的递归式。

第 4 章 分治

对一些规模比较大的问题，直接处理会比较困难，但可以将原问题分解为规模较小的问题再解决，如果这个规模较小的问题还是比较难解决，那就对这个较小的问题再次进行分解，直到容易解决为止（通常分解到只有 1 个元素），这就是分治算法的基本思想。对复杂问题进行分解后子问题的解决，还是采用相同的方法（继续分解），这就是递归，而分解到容易解决为止，这就是递归的边界条件，所以分治通常是通过递归的方式来解决问题。本章将通过快速排序、最大子数组问题、最近点对问题、棋盘覆盖问题、寻找第 k 小元素这 5 个问题来讲解分治。最后，我们从分治算法的角度来分析一下傅里叶变换。

4.1 基本概念

归并排序是一种典型的基于分治思想的排序算法。在第 2 章中，归并排序是将每个元素看成一个数组，之后对这些数组按照两两合并的方式进行排序，直到合并成最终排序好的数组。现在，将这个算法稍作修改（如算法 25）：首先将原数组分解成左右两个子数组（减小问题的规模）（语句 4~5）；对这两个子数组进行排序，怎么排序？递归地调用原函数进行排序即可（语句 6~7）；最后通过合并操作对排序后的子数组进行合并（语句 8）。在递归地解决子问题的过程中，子数组会被一直分解下去，直到只有一个元素为止，之后的合并过程类似，首先对单个元素进行两两合并，再对两个元素进行两两合并，直到合并成一个排序好的数组为止，这个过程等同于图 2.4 所示的过程。

算法 25 MergeSort($A[1,\cdots,n]$)

1: **if** $n = 1$ **then**
2:     return $A[1]$;
3: **else**
4:     $A_1 \leftarrow A[1, \cdots, \lfloor n/2 \rfloor]$;
5:     $A_2 \leftarrow A[\lceil n/2 \rceil, \cdots, n]$;
6:     MergeSort(A_1);
7:     MergeSort(A_2)
8:     $A[1,\cdots,n] \leftarrow$ Merge(A_1, A_2);
9: **end if**

通过算法 25 可以总结出，分治算法的基本步骤有三个。

- 分解：将原问题分解成规模较小的子问题。

- 解决：通过递归的方式解决子问题。
- 合并：对子问题的解进行合并，形成原问题的解。

在**分解**步骤，原问题 P 可以被分成多个子问题 $P_1, P_2, \cdots, P_k$，但实际上，99%的问题可以对原问题进行二分解，即将原问题分解成两个规模大致相等的子问题 P_1、P_2；此外，子问题的形式需要和原问题一致，否则无法进行递归调用，这也是为何原问题是二维的话（如方阵），则需要在二维上都二分，也就是将方阵分解为四个相同的子方阵。在**解决**步骤，通常只要递归地解决子问题即可。但如果原问题的解不仅和 P_1、P_2 的独立解相关，还和 P_1、P_2 共同相关，这时通常需要独立地得出 P_1、P_2 共同相关的解⊖；在**合并**步骤，就是对上述求得的解进行合并，但并不是所有的问题都需要合并操作。

4.2 快速排序

Charles A. R. Hoare 于 1960 年发布了使他闻名于世的快速排序算法。此算法是一个非常流行而且高效的算法（如果你要选择一个排序算法，但又不知该选择哪一个，就可以使用它）。

根据分治算法的步骤，快速排序的基本步骤如下。

- 分解：选择一个主元素 k，将原数组分解成两个子数组，小于或等于主元素的所有元素组成了一个子数组，大于主元素的所有元素组成了另外一个子数组，如图 4.1 所示。
- 解决：对子数组进行递归调用解决。
- 合并：通过上述步骤，已经完成对原数组的排序，无须合并操作。

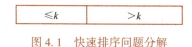

图 4.1 快速排序问题分解

在分解步骤中，需要选择一个主元素，应该选取哪个元素作为主元素？显然选择一个中间元素作为主元素是最好的（这样可以将原数组分解成两个基本相等的子数组），但寻找中间元素会增加算法的复杂度。因此，通常是选取第一个元素或最后一个元素作为主元素⊖（图 4.1 为选择最后一个元素作为主元素的例子，当选择第一个元素作为主元素时，前面部分是小于主元素，后面部分是大于或等于主元素）。之后的问题是如何将原数组依据主元素分解成两个子数组。

假设以最后一个元素作为主元素，分解算法（Partition）设置两个指针 i、j。初始时，两个指针分别指向数组的第一个元素和最后一个元素，之后依次比较指针所指向的元素，如果 i 指向的元素小于 j 指向的元素，i 指针或 j 指针向中间移动一个元素（指向主元素的指针不移动，另外一个指针向中间移动一个元素）；如果 i 指向的元素大于或等于 j 指向的元素，则先交换两个元素，i 指针或 j 指针再向中间移动一个元素（同样，指向主元素的指针不移动，另外一个指针向中间移动一个元素）。分解算法如算法 26 所示。

⊖ 求共同相关的解通常比求原问题的解简单很多，否则分治就没有意义了。
⊖ 在《高级算法》的随机算法中，为了避免快速排序落入最差的情况，会随机选择一个元素作为主元素。

算法 26 Partition($A[p,\cdots,l]$)

1: $i \leftarrow p, j \leftarrow l, x \leftarrow A[l]$;   /* x 为主元素 */
2: **while** $i \neq j$ **do**
3:   **if** $A[i] < A[j]$ **then**
4:     **if** $A[i] = x$ **then** $j \leftarrow j-1$;
5:     **else** $i \leftarrow i+1$;
6:   **else**
7:     $A[i] \leftrightarrow A[j]$;
8:     **if** $A[i] = x$ **then** $j \leftarrow j-1$;
9:     **else** $i \leftarrow i+1$;
10:   **end if**
11: **end while**
12: **return** i;

将分解算法应用到如图 4.2 所示的例子,流程如下。

- 如图 4.2a 所示,i、j 分别指向数组的第一个和最后一个元素,比较它们所指向的元素,因 i 指向的元素 6 小于 j 指向的元素 10,则 i 向中间移动一个元素位置(j 指向主元素不移动)。
- 如图 4.2b 所示,因 i 指向的元素 19 大于 j 指向的元素 10,则对这两个元素进行交换,且 j 向中间移动一个元素位置(此时,i 指向主元素不移动)。
- 如图 4.2c 所示,因 i 指向的元素 10 大于 j 指向的元素 4,则对这两个元素进行交换,且 i 向中间移动一个元素位置。
- 如图 4.2d 所示,因 i 指向的元素 4 小于 j 指向的元素 10,则 i 向中间移动一个元素位置。
- 如图 4.2e 所示,因 i 指向的元素 13 大于 j 指向的元素 10,则对这两个元素进行交换,且 j 向中间移动一个元素位置。

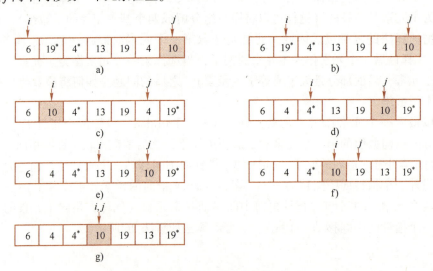

图 4.2 快速排序分解流程

- 如图 4.2f 所示，因 i 指向的元素 10 小于 j 指向的元素 19，则 j 向中间移动一个元素位置。
- 如图 4.2g 所示，i 和 j 同时指向主元素，算法结束。

确定分解算法后，快速排序的算法就非常简单，如算法 27 所示。从分解的例子可以看出，基于此分解方法的快速排序是不稳定的，当然也可以设计一个稳定的分解方法，这个作为课后习题。

算法 27　QuickSort($A[p,\cdots,l]$)

1：**if** $p<l$ **then**
2：　　$m \leftarrow Partition(A[p,\cdots,l])$;
3：　　QuickSort($A[p,\cdots,m]$);
4：　　QuickSort($A[m+1,\cdots,l]$);
5：**end if**

最后分析一下快速排序的性能。算法最好情况是将问题分解为子问题时，总是对半分，此时，在算法 27 中，语句 2 的复杂度为 $\Theta(n)$，语句 3 和 4 的复杂度都为 $T(n/2)$，所以算法的复杂度的递归式为

$$T(n)=\begin{cases}O(1) & n=1 \\ 2T(n/2)+\Theta(n) & n>1\end{cases}$$

按照主方法很容易得出算法的复杂度为 $\Theta(n \log n)$。实际上，只要对问题的分解总是按比例分解，参考 3.3.5 节，可得出算法的复杂度为 $\Theta(n \log n)$。但如果算法并不是按比例来划分的，如问题总是划分为一边 $n-1$ 个元素，另一边 1 个元素。则算法复杂度的递归式为

$$T(n)=T(n-1)+\Theta(n)$$

容易得出算法的复杂度为 $\Theta(n^2)$。实际上，只要对问题的分解总是有一项常数项（常数划分）参考 3.3.5 节，算法的复杂度为 $\Theta(n^2)$，而算法的平均复杂度为 $\Theta(n \log n)$。

4.3　最大子数组问题

扫码看视频

一个数组的子数组由这个数组中连续的元素组成，子数组的和为所包含所有元素之和。

定义 4.1（最大子数组问题）　给定一个数组 A，找出此数组所有子数组中和最大的子数组，即为最大子数组问题。

如图 4.3 所示的数组 A，其子数组的和如下。

$A[1,1]=6$，　$A[2,2]=-9$，$A[3,3]=7$，$A[4,4]=-2$，$A[5,5]=9$，$A[6,6]=-5$
$A[1,2]=-3$，$A[2,3]=-2$，$A[3,4]=5$，$A[4,5]=7$，　$A[5,6]=4$
$A[1,3]=4$，　$A[2,4]=-4$，$A[3,5]=14$，$A[4,6]=2$
$A[1,4]=2$，　$A[2,5]=5$，　$A[3,6]=9$
$A[1,5]=11$，$A[2,6]=0$
$A[1,6]=6$

则最大子数组是 $A[3,5]=14$，同时也容易得出这种通过暴力求解的复杂度为 $O(n^2)$。我们希望通过分治的方法来降低复杂度。

图 4.3 最大子数组例子

(1) 分解

对原数组进行二分,也就是将数组划分为左右相等(或相差一个元素)的两个子数组。

(2) 解决

不同于快速排序,只需要解决子问题。这里对两个子问题进行递归解决得出的只是左边子数组的最大子数组(设为 Sub_l^{Max})和右边子数组的最大子数组(设为 Sub_r^{Max}),但原问题的最大子数组还可能横跨两个子数组(设为 Sub_m^{Max})。因此,除了需要递归地求解两个子问题的最大子数组外,还需要求解横跨两个子问题的最大子数组。

(3) 合并

合并步骤相对简单,只要求 3 个解的最大值即可,即 $\max\{Sub_l^{Max}, Sub_r^{Max}, Sub_m^{Max}\}$。此题的关键是求得横跨在两个子问题上的最大子数组。

思路 4.1 观察发现,横跨在两个子问题上的最大子数组一定包含左子数组的最右边元素,也一定包含右子数组的最左边元素,所以只要统计所有的可能即可。

如图 4.4 所示 $\left(m=\left\lfloor\dfrac{n}{2}\right\rfloor\right)$,在左子数组中,包含最右边元素的子子数组最多有 $\left\lfloor\dfrac{n}{2}\right\rfloor$ 个,即

$$A\left[\left\lfloor\dfrac{n}{2}\right\rfloor,\cdots,\left\lfloor\dfrac{n}{2}\right\rfloor\right],\quad A\left[\left\lfloor\dfrac{n}{2}\right\rfloor-1,\cdots,\left\lfloor\dfrac{n}{2}\right\rfloor\right],\quad A\left[1,\cdots,\left\lfloor\dfrac{n}{2}\right\rfloor\right]$$

A[1]	A[2]	⋯	A[m−1]	A[m]	A[m+1]	A[m+2]	⋯	A[n]

图 4.4 横跨左右两边的最大子数组

同理,在右子数组中,包含最左边元素的子子数组最多有 $\left\lceil\dfrac{n}{2}\right\rceil$ 个。所以只要依次遍历左右子数组的所有子子数组,即可找到横跨在两个子问题上的最大子数组,此操作的复杂度为 $\Theta(n)$。

依据以上分析,寻找横跨在两个子问题上的最大子数组如算法 28 所示。

算法 28 CrossSubArrays($A[p,\cdots,q]$)

1: $m \leftarrow \left\lfloor\dfrac{p-q+1}{2}\right\rfloor$, $max_l \leftarrow -\infty$, $max_r \leftarrow -\infty$, $sum \leftarrow 0$;

2: **for** $i=m$ **to** p **do**

3:     $sum \leftarrow sum + A[i]$

4:     **if** $sum > max_l$ **then**

5:         $max_l \leftarrow sum, index_l \leftarrow i$;

6:     **end if**

7: **end for**

8: $sum \leftarrow 0$

9: **for** $i = m+1$ to q **do**
10:     $sum \leftarrow sum + A[i]$
11:     **if** $sum > max$ **then**
12:         $max_r \leftarrow sum, index_r \leftarrow i$;
13:     **end if**
14: **end for**
15: return $(index_l, index_r, max_l + max_r)$;

设计了寻找横跨在两个子问题上的最大子数组的算法后,最大子数组算法依据上述步骤,如算法 29 所示。语句 5~7 分别找到左边子数组的最大子数组、右边子数组的最大子数组以及横跨两个子问题的最大子数组。之后,语句 8~14 比较这三个最大子数组中的最大者,并返回相应的值。

算法 29 $\text{MaxSubArray}(A[p, \cdots, q])$

1: **if** $p = q$ **then**
2:     return $(p, q, A[q])$;
3: **else**
4:     $m \leftarrow \left\lfloor \dfrac{p-q+1}{2} \right\rfloor$;
5:     $(ind_{left}^l, ind_{left}^h, max_{left}) = \text{MaxSubArray}(A[p, m])$;
6:     $(ind_{right}^l, ind_{right}^h, max_{right}) = \text{MaxSubArray}(A[m+1, q])$;
7:     $(ind_{mid}^l, ind_{mid}^h, max_{mid}) = \text{CrossSubArrays}(A[p, q])$;
8:     **if** $max_{left} > max_{right}$ and $max_{left} > max_{mid}$ **then**
9:         return $(ind_{left}^l, ind_{left}^h, max_{left})$;
10:    **else if** $max_{right} > max_{left}$ and $max_{right} > max_{mid}$ **then**
11:        return $(ind_{right}^l, ind_{right}^h, max_{right})$;
12:    **else**
13:        return $(ind_{mid}^l, ind_{mid}^h, max_{mid})$;
14:    **end if**
15: **end if**

设寻找 n 个元素的最大子数组的复杂度为 $T(n)$,算法中对左右子问题的递归调用的复杂度都为 $T(n/2)$,寻找横跨在两个子问题上的最大子数组复杂度为 cn,所以:

$$T(n) = 2T(n/2) + cn$$

可得:$T(n) = \Theta(n \log n)$。即最大子数组问题分治算法的复杂度为 $\Theta(n \log n)$。

4.4 最近点对问题

最近点对问题是指在二维平面的 n 个点中,找出最接近的一对点,问题的正式描述如下。

定义 4.2（最近点对问题） 给定平面上的点集 S，$|S|=n$，每个点可用坐标 (x,y) 表示。若 $p\in S$，$q\in S$，$p\neq q$，则 (p,q) 称为一个点对。$d(p,q)$ 表示点对 (p,q) 的欧几里得距离，需要在所有的点对中，求 $d(p,q)$ 的最小值 δ^*，即

$$\delta^* = \min_{p\in S, q\in S, p\neq q} d(p,q)$$

默认各个点对之间的距离不同，所以最接近点对只有唯一解。穷举求解需计算每一个点与其他 $n-1$ 个点的距离，然后找出其中的最小值，复杂度为

$$T(n) = \Theta(n(n-1)/2) = \Theta(n^2)$$

根据分治法的三个步骤，分析最近点对问题如下。

(1) 分解

按照分治法的常用分法，将图中所有的点分成相等的两部分，也就是画一条直线 L 将 S 分割为两个子集 S_l 和 S_r，使得 $|S_l|=\lfloor |S|/2 \rfloor$，$|S_r|=\lceil |S|/2 \rceil$。$S_l$ 中的点都落在直线 L 的左边或是 L 上；S_r 中的点都落在直线 L 的右边或是 L 上。这条直线应该怎么画？我们可以把所有的点映射在 x 轴上，然后画一条垂直于 x 轴的直线，并和 x 轴相交于映射点的中间位置，这条直线将 S 划分成 S_l 和 S_r，如图 4.5a 所示。在代码实现中，只要对所有点根据其 x 坐标进行排序，S_l 就是排序后的前 $\lfloor |S|/2 \rfloor$ 个点，S_r 就是排序后的后 $\lceil |S|/2 \rceil$ 个点。

(2) 解决

分成 S_l 和 S_r 两个子问题后，只要递归地解决 S_l 和 S_r，就可以分别得到 S_l 和 S_r 的最近点对的距离 δ_l 和 δ_r，但集合 S 的最近点对还可能是由分别属于 S_l 和 S_r 的点组成，如图 4.5a 中的 δ_m。如何计算这个 δ_m？

直接的方法，求解 S_l 中每个点与 S_r 中每个点之间的距离，然后找出最小值。然而，这种方法的复杂度为 $T(n)=\Theta(n^2)$，无法降低穷举法的复杂度。

思路 4.2 分析发现，没有必要计算那些距离很远的点之间的距离，实际上，δ_m 只有比 δ_l 和 δ_r 都小的情况下才有意义，否则 S 的最近点对取决于 δ_l 或 δ_r。为此，我们设 $\delta=\min\{\delta_l, \delta_r\}$，并在直线 L 左右两边分别画出宽度为 δ 的区域，如图 4.5b 中的 S'_l 和 S'_r，显而易见，小于 $\min\{\delta_l,\delta_r\}$ 的点对只可能出现在这两个区域。

那么，是不是只要比较 S'_l 和 S'_r 间所有点对的距离即可？这是可行的，但即使每个区域只有 1% 总数目的点，其复杂度依然是 $O(n^2)$。

思路 4.3 实际上，只有 S'_l 中的点和 S'_r 中的常数个点比较，复杂度才会降低。观察发现，对于 S'_l 中的某个点，如图 4.5c 中的点 p，只需要比较图中所示的宽为 2δ 的长方形上的点，落在这个长方形外的点和 p 的距离一定是大于 δ 的。

幸运的是，这个长方形区域最多只能放 6 个点。如图 4.5d 所示，将长方形分成 6 个子区域，每个区域内最长的距离为 $\sqrt{\left(\frac{\delta}{2}\right)^2+\left(\frac{2\delta}{3}\right)^2}=\frac{5\delta}{6}<\delta$，同时，因为任意两个点的距离是 $\geq \delta$ 的，所以长方形的每个子区域最多只能放一个点，也就是 p 最多只需要和 S'_r 中的 6 个点比较。

(3) 合并

最近点对的合并步骤相对简单，$(\delta_l, \delta_r, \delta_m)$ 中的最小值即为 δ^*。

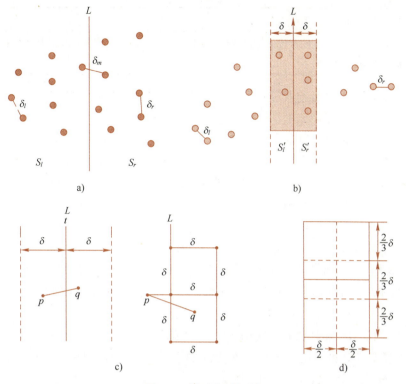

图 4.5 最近点对问题

上面分析了最近点对问题的流程，但还有一个问题：在"解决"步骤，针对 S'_l 中的每个点（如点 p），我们需要选取 S'_r 中至多 6 个点进行比较，哪 6 个点？直接的思路是找出 S'_r 中所有落在长方形区域的点，显然这需要遍历 S'_r 中所有的点，最终又会使求解 δ_m 的复杂度为 $O(n^2)$。

思路 4.4 观察发现，如果把 p 点和 S'_r 中的点都投影到 y 轴，则这 6 个点一定是和 p 相邻的点。而这 6 个点和 p 相邻的情况有可能是一边 3 个（如在 y 轴上位于 p 的上方），另一边也 3 个（如在 y 轴上位于 p 的下方）；还有一种情况是一边 2 个，另外一边 4 个。如果把 p 点前后 4 个点都取过来（共取 8 个点），一定可以包含长方形区域的 6 个点（实际上只需要把 p 点前后 3 个点都取过来，因为 p 上方包含 4 个点的唯一情况是这 4 个点刚好在 p 上方正方形的四个角）。

在 y 轴上的投影形成的序列，实际上就是将 S'_r 中的点按照 y 来排序，复杂度为 $O(n \log n)$，则分治算法复杂度的递归式为

$$T(n) = 2T(n/2) + O(n \log n)$$

所以 $T(n) = O(n \log^2 n)$，这个复杂度确实比 $\Theta(n^2)$ 要好，但还能不能进一步降低？

思路 4.5 在算法初始化时，对所有的点依据 y 进行排序，放入数组 Y，之后在计算 δ_m 时，从数组 Y 中，按顺序提取那些 x 值位于 S'_l 和 S'_r 的点。

因为提取操作的复杂度为 $\Theta(n)$，则分治算法复杂度的递归式为

$$T(n) = 2T(n/2) + \Theta(n) \tag{4.1}$$

所以 $T(n) = O(n \log n)$。

算法 30 ClosestPair(S)

1: 初始化: $X \leftarrow$ 对 S 中所有的点按照 x 进行排序; $Y \leftarrow$ 对 S 中所有的点按照 y 进行排序;
2: 调用 ClosestPairDivide(S);

根据以上分析，得出最近点对问题的分治算法的主函数如算法 30 所示，分治函数如算法 31 所示。在算法 31 中：

- 语句 1 进行初始化，复杂度为 $\Theta(1)$。
- 语句 3 在点的个数小于或等于 3 的情况下，直接计算最近点对，复杂度为 $\Theta(1)$。
- 语句 5 计算已排序好的数组 X 的中间点坐标的 x 值，复杂度为 $\Theta(1)$。
- 语句 6 将 X 分成两个子数组（子问题）S_l 和 S_r，复杂度为 $\Theta(n)$。
- 语句 7 和 8 通过递归调用求得两个子问题的最近点对的距离，复杂度为 $2T(n/2)$。
- 语句 9 求 δ_r 和 δ_l 中的较小值，复杂度为 $\Theta(1)$。
- 语句 10 和 11 分别得出左右两边宽度为 δ 区域的点，复杂度都为 $\Theta(n)$。
- 语句 12 按顺序提取 S_r' 和 S_l' 中所有的点，依次比较 Y 中点的 x 值是否介于 $[x_m-\delta, x_m]$ 或 $[x_m, x_m+\delta]$，复杂度都为 $\Theta(n)$。
- 语句 13~18，for 循环语句，遍历 S_p 数组中的每个点，如果这个点属于 S_l' 部分，则计算和其前后相邻的并属于 S_r' 的 4 个点间的距离，总共做了 $O(n)$ 次循环，循环内的复杂度为 $\Theta(c)$，所以总的复杂度为 $O(n)$。

所以复杂度的递归式如式（4.1）所示，$T(n) = O(n \log n)$。即最近点对问题分治算法的复杂度 $T(n) = O(n \log n)$。

算法 31 ClosestPairDivide(S)

1: 初始化: $\delta_m \leftarrow \infty$;
2: **if** $|S| \leq 3$ **then**
3:     直接计算 δ^*, return δ^*;
4: **else**
5:     取 X 中间点的 x 坐标值: $x_m \leftarrow x(X[\lfloor |S|/2 \rfloor])$;
6:     $S_l \leftarrow X[1, \lfloor |S|/2 \rfloor], S_r \leftarrow X[\lceil |S|/2 \rceil, n]$;
7:     $\delta_l \leftarrow$ ClosestPairDivide(S_l);
8:     $\delta_r \leftarrow$ ClosestPairDivide(S_r);
9:     $\delta \leftarrow \min(\delta_l, \delta_r)$;
10:    $S_l' \leftarrow S_l$ 中 x 值介于 $[x_m-\delta, x_m]$ 的点;
11:    $S_r' \leftarrow S_r$ 中 x 值介于 $[x_m, x_m+\delta]$ 的点;
12:    $S_p \leftarrow$ 从 Y 中按顺序提取 S_r' 和 S_l' 中所有的点;
13:    **for** $i = 1$ to $|S_p|$ **do**
14:        **if** $S_p[i] \in S_l'$ **then**
15:            提取 $S_p[i]$ 前后属于 S_r' 的 4 个点(共 8 个点)，计算 $S_p[i]$ 和这些点的距离;
16:            得出最小的距离 δ_m;
17:        **end if**
18:    **end for**
19:    return $\min\{\delta_m, \delta\}$;
20: **end if**

4.5 棋盘覆盖问题

前面分析的问题都可看成是一维的，如果问题是二维的（多维的），那么分治是如何分解问题的？本节通过棋盘覆盖来分析二维问题的分治算法。棋盘覆盖问题是指用如图 4.6a 所示的四种 L 形骨牌来覆盖一个特殊的正方形的棋盘。

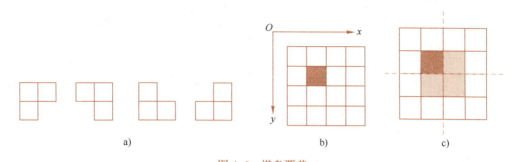

图 4.6　棋盘覆盖
a）四种 L 形骨牌　b）棋盘　c）骨牌填充

定义 4.3（棋盘覆盖问题）　在一个 $2^k \times 2^k$ 个方格组成的棋盘上，存在一个特殊的方格，如图 4.6b 棋盘中的红色方格，此方格不能被覆盖，要求用四种 L 形骨牌来覆盖除特殊方格外的整个棋盘，任意两个 L 形骨牌不能重叠。

可以直接用分治来求解这个问题。

（1）分解

显然对半分是不可行的，因为此时子问题为 $2^k \times 2^{k-1}$ 的棋盘，和原问题不一致，无法通过递归的方式进行子问题的求解。所以对于二维的问题，需要在两个维度都进行二分，这样原棋盘就被划分为四个 $2^{k-1} \times 2^{k-1}$ 的棋盘。

（2）解决

可否直接对子问题进行递归求解？答案是不可以，因为虽然此时子问题都是正方形，但四个子问题中只有一个有特殊方格，其他三个子问题没有特殊方格，也就是只有一个子问题可以递归求解。那其他三个子问题应该怎么求解？

思路 4.6　思路很简单，必须让其他三个子棋盘也拥有特殊方格。为了实现这个目的，找出没有特殊方格的三个子棋盘，它们位于中心点的方格必然会形成一个 L 形骨牌（如图 4.6c 所示），用一个相应的骨牌填充。

（3）合并

直接合并即可。

棋盘覆盖问题的边界条件是，当子问题是 2×2 棋盘时（有一个特殊方格），可直接用 L 形骨牌填充。棋盘覆盖问题的分治算法如算法 32 所示。棋盘的坐标如图 4.6b 所示，参数 top_x 和 top_y 表示棋盘的左上角格子的坐标，spc_x 和 spc_y 表示特殊格子的坐标，$size$ 表示棋盘的大小。for 循环（语句 6）遍历 4 个子问题，其中 (i,j) 用于不同子问题中左上角格子坐标和特殊格子坐标的调整。在 for 循环中，如果特殊格子在此子问题中，直接递归调用即可（语句 8）；否则该子棋盘位于中心点的方格是第 k 个 L 形骨牌的一个格子，也是该子棋盘的特殊格子（语句 10），之后，基于新的子问题和新的特殊格子进行递归调用（语句 11）。

算法的复杂度递归式为 $T(n)=4T\left(\dfrac{n}{4}\right)+\Theta(1)$（$n$ 为棋盘格子总数）。得出棋盘覆盖问题分治算法的复杂度为 $\Theta(n)$。

算法 32 ChessBoard(top_x, top_y, spc_x, spc_y, $size$)

1: **if** $size \leqslant 2$ **then**
2:     选择合适的 L 形骨牌填充，return；   /* 按照 spc_x 和 spc_y 判断特殊格子的位置 */
3: **end if**
4: $size \leftarrow size/2$；
5: $k \leftarrow k+1$；   /* 第 k 个骨牌 */
6: **for** $(i,j) \in \{(-1,-1),(0,-1),(-1,0),(0,0)\}$ **do**   /* 从上到下、从左到右遍历 4 个子问题 */
7:     **if** 特殊格子在此子问题中 **then**   /* 按照 spc_x 和 spc_y 判断特殊格子的位置 */
8:         ChessBoard($top_x+size+i*size$, $top_y+size+j*size$, spc_x, spc_y, $size$)；
9:     **else**
10:         Domino[$top_x+size+i$, $top_y+size+j$] $\leftarrow k$；
11:         ChessBoard($top_x+size+i*size$, $top_y+size+j*size$, $top_x+size+i$, $top_y+size+j$, $size$)；
12:     **end if**
13: **end for**

4.6 寻找第 k 小元素

扫码看视频

定义 4.4（寻找第 k 小元素） 给定一个无序数组 $S=[s_1,s_2,\cdots,s_{n-1},s_n]$，要求输出这个数组的第 k 小元素，也就是从小到大排序后的第 k 个元素。

显然一种简单的方法是先将数组 S 排序，再输出第 k 个元素，但这种方法取决于排序的复杂度，而比较排序最优的复杂度为 $\Theta(n\log n)$，所以这种方法的复杂度为 $\Theta(n\log n)$，是否有方法可以降到线性复杂度 ($O(n)$)？答案是用分治。

思路 4.7 分治的基本策略是将原数组分成两个子问题，然后递归地解决这两个子问题，但显然，这样做并不能降低算法的复杂度。而二分搜索之所以能降低复杂度，是因为在递归的过程中，每次都舍弃一个子问题。这里我们也采取相同的策略，舍弃一个子问题，再递归解决剩余的一个子问题。

（1）现在的问题是如何将原数组分成两个子问题？

一个较好的方案是将原数组分成两个大小基本相同的子问题，为此，我们需要在原数组中找一个大概处于中间位置的元素 m，然后将原数组划分为两个子数组（确切是 3 个），左边子数组 L 包含所有小于 m 的元素，右边子数组 R 包含所有大于 m 的元素，等于 m 的元素（可能存在多个元素等于 m）则单独放在数组 M 中，如图 4.7 所示。

图 4.7 数组划分

(2) 新的问题是如何找到这个大概处于中间位置的元素 m？

我们可以将 n 个元素划分成 k 个组，每组有常数个元素（如5个），这样分成了 $\lfloor \frac{n}{5} \rfloor$ 组。之后对每组元素排序，得到每组元素的中项（即第3个元素），这些中项组成了新的数组 S'，取这个新数组的中项作为元素 m。

(3) 下一个问题是哪个子问题需要被舍弃？

假设所有小于 m 的元素的个数是 l，所有大于 m 的元素的个数是 h，当 $k<l$ 时，显然第 k 小元素位于左边的子问题，对这个子问题进行递归解决，其他的舍去；当 $k>n-h$ 时，第 k 小元素位于右边的子问题，对这个子问题进行递归解决，其他的舍去；而当 $l<k<n-h$ 时，则第 k 小元素就是 m，找到第 k 小元素。

(4) 还有一个问题是怎么找到数据 S' 的中项？

这里还是不能排序后再找中项，因为这样复杂度又会是 $\Theta(n\log n)$。那如何找 S' 的中项？可以递归解决，因为中项实际上就是找第 $\lfloor \frac{n}{2} \rfloor$ 小元素，递归调用即可。

按照前面的分析，写成寻找第 k 小元素问题的分治算法如算法33。

算法33 Select(S, low, high, k)

1: 计算数组 S 中元素的个数 $n = high - low + 1$；
2: **if** $n < 44$ **then**
3:     对 S 直接排序，return $S[low+k-1]$；
4: **else**
5:     将 S 中的元素按顺序分成 5 个一组的子数组，共 $m = \lfloor \frac{n}{5} \rfloor$ 组；
6:     对所有的子数组进行排序，并提取所有子数组的中间元素，形成新的数组 S'；
7:     $m := \text{Select}\left(S', 1, m, \lceil \frac{m}{2} \rceil\right)$ （得到数组 S' 的中项）；
8:     将 S 分成三组：$L\{x : x<m\}, M\{x : x=m\}, R=\{x : x>m\}$；
9:     $l = |L|, g = |M|, h = |R|$；
10:     **if** $k<l$ **then**
11:         return select($L, 1, l, k$)；
12:     **else if** $k>n-h$ **then**
13:         return select($R, 1, h, k-l-g$)；
14:     **else**
15:         return m；
16:     **end if**
17: **end if**

下面分析一下算法：

- 语句2和3，当数组元素的个数小于44时（为什么是44，稍后分析），直接对数据进行排序，并返回第 k 个元素，复杂度为 $\Theta(1)$，否则对数组应用分治算法。
- 语句5将数组分成5个一组的子数组，共 $m = \lfloor \frac{n}{5} \rfloor$ 组，复杂度为 $\Theta(n)$。

- 语句 6 对所有的子数组进行排序，并形成新的数组 S'，因为子数组的元素个数为常数，所以排序的复杂度为 $\Theta(1)$，总复杂度为 $\Theta(n)$。
- 语句 7 递归调用得到数组 S' 的中项，复杂度为 $T\left(\left\lfloor\dfrac{n}{5}\right\rfloor\right)$。
- 语句 8 依据 m，将原数组分成三个子数组 L、M 和 R，复杂度为 $\Theta(n)$。
- 语句 10~16，判断第 k 小元素在哪个子数组，如果在 L 子数组，则通过递归调用在 L 子数组中寻找第 k 小元素；如果在 R 子数组，则通过递归调用在 R 子数组中寻找第 k 小元素，否则返回 m，m 即为第 k 小元素，复杂度为 $T(\max\{l,h\})$。

接下来，需要计算 $\max\{l,h\}$ 值是多少，为此作图 4.8，在此图中，每列表示 5 个一组的子数组，我们将这些子数组按照中项从左到右升序排列，中间的红色点表示中项的中项 m，而每个子数组也按照从下自上升序排列。因此，图中用浅灰色点画线框起来的元素集合 A 中的元素都小于或等于 m，数目 $|A|=3\left\lfloor\dfrac{\left\lfloor\frac{n}{5}\right\rfloor}{2}\right\rfloor$，而图中用红色虚线框起来的元素集合 B 中的元素都大于或等于 m，数目 $|B|=3\left\lfloor\dfrac{\left\lfloor\frac{n}{5}\right\rfloor}{2}\right\rfloor$（对称性）。

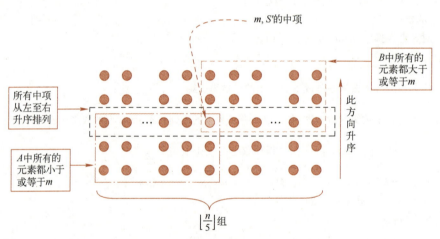

图 4.8　寻找第 k 小元素分治算法分析

数组 S 中所有大于或等于 m 的元素必然包含 B，大于或等于 m 的元素的个数 $\geqslant 3\left\lfloor\dfrac{\left\lfloor\frac{n}{5}\right\rfloor}{2}\right\rfloor\geqslant\dfrac{3}{2}\left\lfloor\dfrac{n}{5}\right\rfloor$。$S$ 中所有小于 m 的元素集合为 L，L 的元素数目为 l，则 $l\leqslant n-\dfrac{3}{2}\left\lfloor\dfrac{n}{5}\right\rfloor\leqslant n-\dfrac{3}{2}\cdot\dfrac{(n-4)}{5}=0.7n+1.2$。同理可得，$h\leqslant 0.7n+1.2$，所以 $\max\{l,h\}\leqslant 0.7n+1.2$。为了方便计算，需要把常数 1.2 去掉。设 $0.7n+1.2\leqslant\left\lfloor\dfrac{3}{4}n\right\rfloor$，那么当 $0.7n+1.2\leqslant\dfrac{3}{4}n-1$，即 $n\geqslant 44$

时，$0.7n + 1.2 \leq \lfloor \frac{3}{4}n \rfloor$ 成立。这就是算法33中语句2的判断条件是 $n \geq 44$ 的原因。

根据上面对算法复杂度的分析，我们得出

$$T(n) \leq \begin{cases} c & n < 44 \\ T(\lfloor \frac{n}{5} \rfloor) + T(\lfloor \frac{3n}{4} \rfloor) + cn & n \geq 44 \end{cases}$$

因为 $\frac{1}{5} + \frac{3}{4} < 1$，所以 $T(\lfloor \frac{n}{5} \rfloor) + T(\lfloor \frac{3n}{4} \rfloor) + cn = \Theta(n)$，推导出 $T(n) \leq \Theta(n)$，但显然 $T(n) \geq \Theta(n)$，所以有 $T(n) = \Theta(n)$。即寻找第 k 小元素的分治算法的复杂度为 $\Theta(n)$。

4.7 分治在傅里叶变换中的应用*

傅里叶变换不仅仅在实际中应用广泛，如信号处理、语音图像识别等，但更重要的是，它让人们从另外一个角度去理解事物，去发现事物更本质的东西。

傅里叶变换虽然具有广泛的应用，但是其复杂度较高（为 $O(n^2)$），而基于分治思想的快速傅里叶变换（Fast Fourier Transform，FFT），通常也称库里-图基（Cooley-Tukey）快速傅里叶变换算法，能够将复杂度大大降低。有人说算法分为两类，一类是非常实用的算法，这类算法处处用得到，比如排序算法图的遍历算法等；另一类是非常优美的算法，比如汉诺塔的递归算法，但实用性不强。而快速傅里叶变换是为数不多的既优美又实用的算法。

在自然界中，周期信号（周期函数）可以看成是不同频率、不同幅值的正、余弦信号的叠加。所以我们可以从两个域来理解信号，一个是我们平常捕捉到的信号，也就是时间域上的信号；另外一个是频域上的信号，即信号是由哪些正、余弦信号叠加的。傅里叶变换的本质就是将信号从时域到频域或从频域到时域进行转换。本节主要讨论离散傅里叶变换（Discrete Fourier Transform，DFT），也就是对信号的采样（离散）来代表时域信号，而从这些样本中分离出的频谱信号也是离散的。设样本为 $s[k], k \in \{1, \cdots, N\}$，频谱信号为 $X[k]$，$k \in \{1, \cdots, N\}$。则DFT有以下两个重要的公式。

$$X[k] = \sum_{n=0}^{N-1} s[n] e^{-i\frac{2\pi}{N}kn}, \quad k \in \{0, 1, \cdots, N-1\} \tag{4.2}$$

$$s[n] = \frac{1}{N} \sum_{k=0}^{N-1} X[k] e^{i\frac{2\pi}{N}kn}, \quad n \in \{0, 1, \cdots, N-1\} \tag{4.3}$$

其中，式（4.2）给出了信号从时域到频域的变换，式（4.3）给出了信号从频域到时域的变换。因为这两个公式在形式上是相似的，所以这里只讨论针对式（4.2）的优化。从式（4.2）可知，每个 X 元素需要做 N 次乘法计算，所以离散傅里叶变换的复杂度为 $O(N^2)$。

令 $W_N = e^{-i\frac{2\pi}{N}}$，称为单位根或旋转因子，则式（4.2）改写为（$X_N[k]$ 中的 N 表示样本数量）：

$$X_N[k] = \sum_{n=0}^{N-1} s[n] W_N^{kn}, \quad k \in \{0, 1, \cdots, N-1\} \tag{4.4}$$

那么怎么用分治的思想来降低复杂度？在具体分析怎么分之前，看一下 W_N^{kn} 和 $W_N^{(k+N)n}$ 的关系。

$$W_N^{(k+N)n} = e^{-i\frac{2\pi}{N}(k+N)n} = e^{-i\frac{2\pi}{N}kn} e^{-i2\pi n} = e^{-i\frac{2\pi}{N}kn} = W_N^{kn} \tag{4.5}$$

W_N^{kn} 是 N 的周期函数，可以得出 $W_{N/2}^{kn}$ 是 $N/2$ 的周期函数。为什么关注 $N/2$？因为分治就是将

N 分解为两个 $N/2$。此外,容易得出:

$$W_{N/2} = e^{-i\frac{2\pi}{N/2}} = e^{-i\frac{2\pi}{N}2} = (W_N)^2 \tag{4.6}$$

可得:

$$W_N^{kn} = (W_N^{k\frac{n}{2}})^2 = W_{N/2}^{k\frac{n}{2}} \tag{4.7}$$

也就是说,式(4.4)中的 W_N 可以用 $W_{N/2}$ 表示。

思路4.8 因为 W_N 可用 $W_{N/2}$ 表示,且 $W_{N/2}$ 是 $N/2$ 的周期函数,所以式(4.4)中 N 个 W_N 的值,可用 $N/2$ 个 $W_{N/2}$ 的值来表示,即实现计算量减半。根据分治算法的思想,我们需要将 n 划分两部分,而简单地划分为 $\{0, 1, \cdots, \frac{N}{2}-1\}$ 和 $\{\frac{N}{2}, \cdots, N-1\}$ 是不适合的。因为我们现在需要处理 $W_{N/2}^{k\frac{n}{2}}$,当 n 的取值不是2的倍数时,$\frac{n}{2}$ 就会出现不能被2整除的情况。为了方便 $\frac{n}{2}$ 的处理,我们将 N 分为偶数和奇数两部分⊖。

依据以上思路,将式(4.4)中的 n 划分为偶数和奇数两部分:

$$
\begin{aligned}
X_N[k] &= \sum_{n=0}^{\frac{N}{2}-1} s[2n] W_N^{k2n} + \sum_{n=0}^{\frac{N}{2}-1} s[2n+1] W_N^{k(2n+1)} \\
&= \sum_{n=0}^{\frac{N}{2}-1} s[2n] (W_N^{kn})^2 + W_N^k \sum_{n=0}^{\frac{N}{2}-1} s[2n+1] (W_N^{kn})^2 \\
&= \sum_{n=0}^{\frac{N}{2}-1} s[2n] W_{N/2}^{kn} + W_N^k \sum_{n=0}^{\frac{N}{2}-1} s[2n+1] W_{N/2}^{kn}
\end{aligned}
\tag{4.8}
$$

公式的第一项可以看成是 $X_{\frac{N}{2}}[k]$(系数 s 是样本中的偶数项)。同理,第二项可看成是 $W_N^k X_{\frac{N}{2}}[k]$(系数 s 是样本中的奇数项)。自此,我们已经实现了分治的目的,即将原问题分解为两个子问题,子问题可递归解决。但为了进一步简化算法,分析一下系数 W_N^k,因为上面式子中的 $W_{N/2}^{kn}$ 是以 $\frac{N}{2}$ 为周期,所以考查一下 $W_N^{k+N/2}$:

$$W_N^{k+N/2} = W_N^k W_N^{N/2} = W_N^k e^{-i\frac{2\pi}{N}\frac{N}{2}} = W_N^k e^{-i\frac{2\pi}{2}} = -W_N^k$$

所以式(4.8)写成:

$$
X_N[k] = \begin{cases}
\sum_{n=0}^{\frac{N}{2}-1} s[2n] W_{N/2}^{kn} + W_N^k \sum_{n=0}^{\frac{N}{2}-1} s[2n+1] W_{N/2}^{kn} & k < \frac{N}{2} \\
\sum_{n=0}^{\frac{N}{2}-1} s[2n] W_{N/2}^{kn} - W_N^k \sum_{n=0}^{\frac{N}{2}-1} s[2n+1] W_{N/2}^{kn} & k \geq \frac{N}{2}
\end{cases}
$$

$$
= \begin{cases}
X_{\frac{N}{2}}[k]_{even} + W_N^k X_{\frac{N}{2}}[k]_{odd} & k < \frac{N}{2} \\
X_{\frac{N}{2}}[k]_{even} - W_N^k X_{\frac{N}{2}}[k]_{odd} & k \geq \frac{N}{2}
\end{cases}
\tag{4.9}
$$

⊖ 我们也从这个例子中学到了分治均匀划分的另外一种方法,即划分为奇、偶两部分。

依据式（4.9），FFT 算法如算法 34 所示，容易得出算法复杂度的递归式为
$$T(N) = 2T(N/2) + O(N)$$
得出：$T(N) = N \log N$。

算法 34　FFT($\mathcal{S} = \{s_0, s_2, \cdots, s_{N-1}\}$)

1: **if** $N = 1$ **then**
2: 　　return s_0;
3: **else**
4: 　　$W_N \leftarrow \mathrm{e}^{-i\frac{2\pi}{N}}$;
5: 　　$W \leftarrow 1$;
6: 　　$\mathcal{S}_{even} \leftarrow \{s_0, s_2, \cdots, s_{N-2}\}$;
7: 　　$\mathcal{S}_{odd} \leftarrow \{s_1, s_3, \cdots, s_{N-1}\}$;
8: 　　$X_{even} \leftarrow$ FFT($\mathcal{S}_{even}$);
9: 　　$X_{odd} \leftarrow$ FFT($\mathcal{S}_{odd}$);
10: 　　**for** $i = 1$ to $\frac{N}{2} - 1$ **do**
11: 　　　　$X[i] \leftarrow X_{even}[i] + W X_{odd}[i]$;
12: 　　　　$X\left[i + \frac{N}{2}\right] \leftarrow X_{even}[i] - W X_{odd}[i]$;
13: 　　　　$W \leftarrow W \cdot W_N$;
14: 　　**end for**
15: **end if**

4.8　本章小结

分治就是分而治之，也就是将问题分解为更小的问题来解决。其主要 3 个步骤为：分解、解决和合并。其中，分解步骤通常是将问题对半分，比如最大子数组和最近点对问题，包括寻找第 k 小元素问题，也是尽量对半分，而如果问题是二维的，则需要在两个维度上都对半分，分成 4 个子问题，如棋盘覆盖问题。本章通过 6 个例子来讲解分治算法，其中 4 个例子为非优化问题的求解，另外两个例子（最大子数组问题和最近点对问题）为最优化问题求解。其中非优化问题求解通常只要对子问题独立求解即可（子问题的求解就是递归求解），但合并步骤会相对较复杂；而最优化问题除了对子问题进行递归求解外，还需求横跨子问题的解，而合并操作需要对三个最优解再次求最优解，如在最近点对问题中，需要对求得的子问题的最小值 δ_1、δ_2 和横跨子问题的最小值 δ_3，这三个解求最小值，$\delta = \min\{\delta_1, \delta_2, \delta_3\}$。

4.9　习题

1. 在第 2 章，我们讨论了归并排序，因为归并总是从最底层开始，所以称为自底向上的归并排序。实际上，归并排序可以通过分治的方法来实现，也就是将原数组分解成两个子数组，再对子数组进行递归解决，最后对排序后的子数组进行合并。这种基于分治的归并排

序也称为自顶向下的归并排序，请实现自顶向下的归并排序算法，并说明算法的复杂度。

2. 对 $A=\{3,1,4,0,2,5\}$，写出：①第一次 Partition 算法交换元素的过程。②快速排序每趟排序后得出的数组。

3. 给出一个长度为 6 的数组，如果对其使用 Partition，其交换次数最多。另外，在什么样的数组上，Partition 不需要交换任何元素？

4. 本章讨论的快速排序是稳定排序吗？如果不是，请举个例子说明，并请设计一个新的分解算法，实现排序稳定性。

5. 在最大子数组问题中，如果已知第 i 个元素作为最后一个元素的最大子数组，设其值为 A_i，第 $i+1$ 个元素作为最大子数组，设其值为 A_{i+1}，则 A_{i+1} 和 A_i 存在什么样的关系？

6. 在最近点对问题中，通过分治算法，n 个点被对半分，那么如果将这 n 个点分成 $\frac{1}{3}$ 和 $\frac{2}{3}$，对算法的复杂度有影响吗？请说明。

7. 最近点对分治算法的优化。在上面的分治算法中，在计算 δ_m 时，让 S'_l 中的点只和 S'_r 中的长方形区域内的点比较，从而得出最多只和 S'_r 中的 6 个点比较。有人提出了将 S'_r 中的区域设置成圆形（半圆），可以得出，实际上只要和 4 个点比较即可。试着分析一下，该方法是如何得出只要和 4 个点比较即可。

8. 设 $A[1,\cdots,100]$ 是一个未排序的 100 个整数的数组，用寻找第 k 小元素算法（边界条件是 44 个元素），找出 A 中的第 83 小元素，需要调用多少次递归？

9. 寻找第 k 小元素分治算法花费了很大的心思在数据 S 中寻找一个近似的中项元素 m，找 m 的目的是将 S 分成元素个数近似的两个子数组。但实现这个目的，其实不需要找 m，只需要对 S 中所有的元素求一个均值 $\bar{s}$，用这个均值对数组进行划分即可。请按照均值设计寻找第 k 小元素分治算法。

10. 请分析上面基于均值的寻找第 k 小元素的分治算法，其算法复杂度（最好复杂度、最差复杂度、平均复杂度）。

11. 在寻找第 k 小元素时，将原来的数组分为 5 个一组，为什么是 5 个一组？3、4、6、7 个一组可以吗？

12. 针对寻找第 k 小元素的问题，现在了解两种方案，一是书中讨论的"中项的中项"划分方案，二是上面习题通过平均数来划分的方案，实际上可以参考快速排序，即通过第一个元素或最后一个元素进行划分，对于第三种方案，请给出伪代码，并计算此方法的复杂度。

13. （代码实现）对上面三种寻找第 k 小元素的方法进行实现，并按照不同的输入规模，如输入规模为 10 万、100 万、500 万、1000 万等情况下，比较三种方法的实际运行时间（列出表格比较）。

14. 设 $A[1,\cdots,n]$ 是由 n 个不同数组成的无序数组，请用分治法求此数组所有元素之和，要求给出递归代码，并计算算法的时间复杂度。

15. 设 $A[1,\cdots,n]$ 是由 n 个不同数组成的无序数组，请用分治法求此数组的最大元素，要求给出递归代码，并计算算法的时间复杂度。如果要求找出第 2 大元素，算法应该做怎样的修改？

16. 用分治的方法求解一个数组中出现频率最高的元素（称为众数），并分析算法的复杂度。

17. 矩阵相乘：对于一个比较大的矩阵，可以通过分解成小的矩阵再进行相乘。如 $\boldsymbol{A} = \begin{pmatrix} A_{11} & A_{12} \\ A_{21} & A_{22} \end{pmatrix}$，$\boldsymbol{B} = \begin{pmatrix} B_{11} & B_{12} \\ B_{21} & B_{22} \end{pmatrix}$，则：

$$\boldsymbol{A} \times \boldsymbol{B} = \begin{pmatrix} A_{11}B_{11}+A_{12}B_{21} & A_{11}B_{12}+A_{12}B_{22} \\ A_{21}B_{11}+A_{22}B_{21} & A_{21}B_{12}+A_{22}B_{22} \end{pmatrix}$$

按照以上分解，通过分治方法实现矩阵相乘。这种分治算法可以降低矩阵相乘的计算复杂度吗？请说明。有兴趣的同学可以学习一下 Strassen 算法，这是一种可以降低矩阵计算复杂度的分治算法。

第 5 章
动态规划

动态规划是一种非常重要的算法，以至于在很多算法竞赛中，动态规划都是压轴题。上一章讨论的分治算法可用于最优化问题，也可用于非最优化问题，如排序、寻找第 k 小元素等。但动态规划主要是求解最优化问题，因为其能够在计算子问题时避免重复计算，所以在大多数情况下，动态规划的性能要远远好于分治算法。本章将从最大子数组、0-1 背包问题、旅行商问题、最长公共子序列问题、斯坦纳最小树等问题来讲解动态规划。之后，会讨论算法竞赛中常用的一个方法：状态压缩动态规划。最后，通过对贝尔曼方程的讨论，来进一步加深对动态规划的理解。

5.1 基本概念和步骤

分治算法的核心是将问题分割成子问题进行计算，而实际中，有一些问题采用分治算法会产生大量重复的子问题，重复计算会极大地增加算法的复杂度。在第 4 章讲解的快速排序、棋盘覆盖、寻找第 k 小元素是没有重复子问题的，但最大子数组问题和最近点对问题是有重复子问题的，但重复子问题量级比较小，所以用分治算法依然可以得到很好的复杂度，本章会采用动态规划的方法对最大子数组问题进行求解，因为避免了子问题的重复计算，其复杂度可以进一步降低。

和分治类似，动态规划也是将原问题分解为子问题求解，但不同的是，动态并不通过递归的方式求解子问题（因为这样会造成子问题的重复计算）[⊖]，而是从最小的子问题开始，依次对所有的子问题进行求解，并仅求解一次，直到最大的子问题为止，通常原问题本身被定义为最大子问题，既然所有的子问题都求得解了，自然原问题的解也被求出。我们用合并排序对分治算法和动态规划进行比较，分治采用递归的方式，逐步分解子问题，并对子问题进行求解，如图 5.1 所示，图 5.1a 和图 5.1b 共同组成了分治算法；而动态规划直接采用自底向上的方式进行求解，也就是从最小的子问题（单个元素的子数组）求解，再依次求解两个元素的子问题、四个元素的子问题等，直到最大的子问题（也就是原问题），单独的图 5.1b 表示动态规划。

上面类比的例子并不能体现动态规划的优势（它主要用来说明动态规划是如何计算子问题的），因子问题是独立的，无论是采用递归的方式，还是采用自底向上的直接求解子问题的方式，两者计算子问题的次数是一样的。下面通过机器人行走的例子来说明，在子问题重复的情况下，动态规划要远远优于分治。

⊖ 实际上可以通过递归求解，但在递归的过程中要避免子问题重复计算，这种方法称为备忘录方法，但这增加了递归代码的复杂性，所以通常并不采用递归的方法。

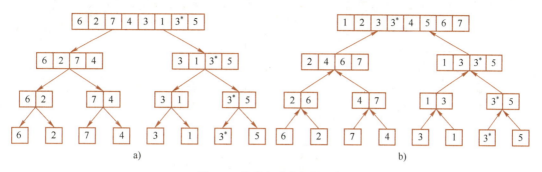

图 5.1 分治和动态规划比较

定义 5.1（机器人行走） 如图 5.2 所示，一个机器人位于一个 $m\times n$ 网格的左上角（图中标记为"Start"，坐标为 $(0,0)$），机器人每次只能向下或向右移动一步，问机器人从左上角到达网格的右下角（图中标记为"Finish"，坐标为 (m,n)）总共有多少条不同的路径？

图 5.2 机器人行走

设定 $path(i,j)$ 为从格子 $(0,0)$ 到格子 (i,j) 的不同路径的个数，容易得出 $path(0,0)=0$，且 $path(i,0)=1, path(0,j)=1, \forall i,j$，对于其他位置的格子 (i,j)，因为只有格子 $(i-1,j)$ 和格子 $(i,j-1)$ 能到达格子 (i,j)，所以

$$path(i,j)=\begin{cases}0 & i=0, j=0\\ 1 & i=0, j\neq 0 \text{ 或 } i\neq 0, j=0\\ path(i-1,j)+path(i,j-1) & \text{其他}\end{cases} \quad (5.1)$$

对于 7×3 的例子，按照上述递归式进行直接计算，总共需要计算 55 次；如果是 8×4 的例子，则需要计算 709 次，画出 7×3 递归树如图 5.3 所示，发现子问题存在重复计算（图中相同颜色的子问题）。而如果从最底层开始，按照图 5.4 中箭头所示的进行计算，只要计算 2×6=12 次（如果是 8×4 的例子，也只需要计算 21 次）。由此可知，对于存在子问题重复计算的问题，动态规划可以显著地降低计算量。同时，这个例子也再次说明子问题应该从最底层开始计算（边界格子），依次计算到最大的子问题（即原问题）。

动态规划主要应用在子问题重复的情况下，但动态规划的应用还需具有一个重要的性质，即求解的问题需要具备**最优子结构性质**。

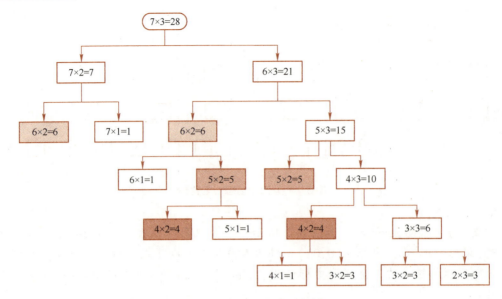

图 5.3 机器人行走递归树

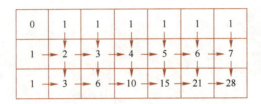

图 5.4 自底向上地计算机器人行走路径数

定义 5.2（最优子结构性质） 最优子结构性质指原问题的最优解一定包含了子问题的最优解。

我们通过最短路径问题来说明最优子结构性质，如图 5.5 所示，假设节点 u 和节点 v 之间的最短路径经过节点 w，则节点 u 和 w 之间的最短路径问题以及节点 w 和 v 之间的最短路径问题，都是节点 u 和 v 之间最短路径问题的子问题，那么可以肯定节点 u 和 v 之间的最短路径 p 一定包括节点 u 和 w 之间的最短路径 p_1 以及节点 w 和 v 之间的最短路径 p_2，即 $p = p_1 + p_2$，这就是最优子结构性质。

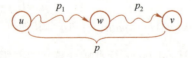

图 5.5 最短路径问题具有最优子结构性质

最优子结构性质通常通过**替换法**来证明，如上例的最短路径问题中，假设节点 u 和 v 之间的最短路径 p 并不包含节点 u 和 w 之间的最短路径 p_1，而是另外一条路径，记为 p_1'，则 $p = p_1' + p_2$，很显然，用 p_1 来替换 p_1'，得到 u 和 v 之间新的路径 $p' = p_1 + p_2$，因 $p_1 < p_1'$（p_1 是最短路径），所以 $p' < p$，这和 p 是最短路径矛盾。所以 p 必然包含 p_1，这也证明了最短路径问题具有最优子结构性质。

看上去最优化问题好像都具有最优子结构性质，但显然这并不正确。比如，和最短路径问题对应的最长路径问题就不具有最优子结构性质。比如图5.6所示的有向图中，节点 q 到节点 t 之间的最长路径是 $q \rightarrow r \rightarrow t$，而其子问题"节点 q 到节点 r 之间的最长路径"却是 $q \rightarrow s \rightarrow t \rightarrow r$。显然，节点 q 到节点 t 的最长路径并不包含其子问题节点 q 到 r 的最长路径，所以最长路径问题并不具有最优子结构性质。

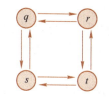

图5.6 最长路径问题不具有最优子结构性质

如同分治算法分解为三步：分解、解决和合并，动态规划算法也有固定的模式，动态规划的求解过程通常包含以下4个步骤。

1. 定义子问题，并分析最优解的结构特征

分治的第一步需要将原问题分解为子问题（分治通常是将原问题对半分，也就是分解为两个相等的子问题），动态规划同样也需要先定义子问题，在机器人行走的例子中，子问题是原问题（格子 (i,j)）之前的格子（格子 $(i-1,j)$ 或格子 $(i,j-1)$），这种子问题的划分主要从实际出发，不过通过对动态规划的学习会得出大多数动态规划的子问题是原问题 -1，也就是如果原问题是 n 规模的，则子问题就是 $n-1$ 规模的。实际上，机器人行走的例子就是服从这种规律的。

子问题定义后，就需要考查最优解符不符合最优子结构性质，也就是说原问题的最优解（设为 x_n^*）是不是一定包含子问题的最优解（设为 x_{n-1}^*）。只有符合最优子结构性质的问题，才会用动态规划算法。

2. 找出最优解对应的最优值，并递归地定义最优值

这一步是整个算法的难点。在这一步中，需要确定一个最优解对应的一个最优值，也就是 $f(x^*)$，当然这一步通常根据问题是可以直接得出的，如在机器人行走例子中的最优值和最优解是一样的，就是路径数（最多有多少条不同的路径，$f(x^*) = x^*$），如果将机器人行走的例子改成问"计算所有的路径"，那么最优解就是"所有不同的路径"，而最优值就可定义为"最大的路径数"。

确定了最优值后，就需要递归地定义最优值，也就是需要找出 $f(x_n^*)$ 和 $f(x_{n-1}^*)$ 之间的一个关系，在机器人行走的例子中就是式（5.1）。

3. 以自底向上的方式计算出最优值

因为一个最优值对应一个子问题，所以这一步需要计算所有子问题的最优值，这个计算是依据步骤2得出的递归式进行计算的。

在计算过程中，因为要避免子问题的重复计算，所以采用了自底向上的方式进行计算，也就是从边界条件开始，依次逐层向上计算，直到得出原问题的最优值。比如机器人行走的例子中，边界条件即 $i=0$ 或 $j=0$ 的格子；之后，依次逐层向上计算，也就是先计算 $i=1$ 的格子 $(1,1),(1,2),\cdots,(1,n)$，再计算 $i=2$ 的格子 $(2,1),(2,2),\cdots,(2,n)$，一直到 $i=m$ 的格子 $(m,1),(m,2),\cdots,(m,n)$，其中，最后一个最优值 (m,n) 就是原问题的最优值。

4. 根据计算最优值时得到的信息，构造最优解

算法最终不是为了得到最优值，而是得到最优解，所以需要构造最终的最优解，而最优解的构造通常是通过最优值得到的。再回到机器人行走的例子，如果问题是"计算所有的路径"，就需要依据计算出的最优值 $path(i,j)$ 找出所有的路径。假设 $path(m,n) = k_{m,n}$，$path(m-1,n) = k_{m-1,n}$，$path(m,n-1) = k_{m,n-1}$，就可以得出总路径数为 $k_{m,n}$，其中有 $k_{m-1,n}$ 条路径经格子 $(m-1,n)$ 过来，剩余的 $k_{m,n-1}$ 条路径经格子 $(m,n-1)$ 过来，接着依次考查 $path(m-1,n)$、$path(m,n-1)$ 的上游节点，最终可获取所有的路径。

机器人行走的例子在计算最优值的过程中无须保存任何信息，就可以得到最终的最优解，但在其他一些问题中，在计算最优值的过程中可能需要保存一些信息，以便用于最优解的计算，具体参考后面章节。

5.2 最大子数组问题

扫码看视频

在分治算法中，我们讲解了最大子数组问题，并得出其复杂度为 $\Theta(n\log n)$，动态规划可以求解最大子数组问题吗？一个简单的思路是参考分治的做法，但是从边界条件（最底层）开始依次计算最大子数组。如图5.7所示，最底层($i=0$)为数组的单个元素组成，最大子数组就是其自身；最底层的两两数组（分别设为数组 a 和数组 b）形成了 $i=1$ 层的数组（设为数组 c），则数组 c 的最大子数组由数组 a、数组 b 或者横跨数组 a 和 b 的最大子数组组成（参考分治）；依据相同的方式，形成了 $i=2$、$i=3$ 的最大子数组，如图5.7所示，其中左上角或右上角较小的数组代表了该数组的最大子数组。

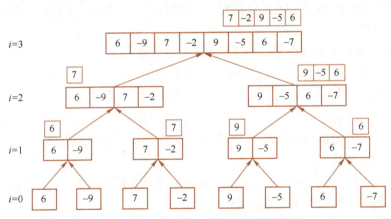

图 5.7 最大子数组自底向上的求法

设原数组 A 包含 n 个元素（$n=2^i$，i 为整数），$A[1,n]=\{x_1,x_2,\cdots,x_n\}$。令最优解为最大子数组，最优值为最大子数组的和（设为 $b(i,j)$，表示从元素 i 到元素 j 之间最大子数组的和），则 b 值的递归式可以写为

$$b((j-1)2^i+1,j2^i) = \begin{cases} x_j & i=0, \ 1 \leq j \leq n \\ \max\{b_1,b_2,cross(b_1,b_2)\} & i \in \{1,2,\cdots,\log n\}, \ 1 \leq j \leq \dfrac{n}{2^i} \end{cases} \quad (5.2)$$

其中，b_1 和 b_2 合并成 b，即 $b_1 = b((j-1)2^i+1, j2^{i-1})$，$b_2 = b(j2^{i-1}+1, j2^i)$，$cross$ 函数表示求横跨 b_1、b_2 数组的最大子数组。在计算 b 值时，需要保留 b 值是由哪些元素组成的，也就是最优解。此动态规划方法因完全照搬分治，其复杂度也为 $\Theta(n\log n)$。显然，这种动态规划方法并不能优化分治算法，反而增加了求解最优值这一步骤，使得算法的可读性大大降低。

实际上，分治在求解最大子数组时，在计算横跨左右子问题的最大子数组和独立计算子问题的最大子数组时存在重复计算。为了设计更好的动态规划算法，需要换一种思路。分治算法中，子问题是将原数组对半分，显然动态规划不能采用这种划分（否则就会落入分治的方法）。正如前面提出的，动态规划通常用 $n-1$ 个元素的数组作为 n 个元素的数组的子问题。如图 5.8 所示，其中图 5.8a 为原问题，图 5.8b 为子问题，下面分析一下这种子问题的划分是否可行。

思路 5.1 设原问题为数组 $A[n]=\{x_1,x_2,\cdots,x_{n-1},x_n\}$，则其子问题为 $A[n-1]=\{x_1,x_2,\cdots,x_{n-1}\}$，数组 $A[n]$ 的最大子数组为 $B[n]$，数组 $A[n-1]$ 的最大子数组为 $B[n-1]$，那么 $B[n]$ 和 $B[n-1]$ 存在什么样的关系？初步分析，会发现 $B[n]$ 和 $B[n-1]$ 可能是一致的，也可能 $B[n]$ 是 $B[n-1]$ 的扩展，或者 $B[n]$ 和 $B[n-1]$ 没有任何关系，所以这种划分很难建立 $B[n]$ 和 $B[n-1]$ 的递归关系，此路不通。

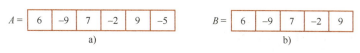

图 5.8 动态规划：最大子数组例子

那该如何划分子问题？

思路 5.2 实际上，子问题的划分还是一样的，$n-1$ 规模数组作为 n 规模数组的子数组，但是问题需要重新定义，问题改为**包含数组最后一个元素的最大子数组**。如对于 $A[n]$，只需要求包含 x_n 的最大子数组，对于 $A[n-1]$，只需要求包含 x_{n-1} 的最大子数组。这样定义的好处是容易得出 n 规模问题和 $n-1$ 规模问题的最优解（最优值）的一个递归关系（见下面分析）。但是，我们不得不提出疑问，这种对问题进行限制以后得出的解，还是原问题的最优解吗？

思路 5.3 其实回答这个问题也很容易，只要看限制范围后的解是不是囊括了原问题的所有解。因为最大子数组一定是以原问题的某个元素（设为 x_i）作为最后一个元素的，而这个以 x_i 为最后一个元素的最大子数组一定被包含在子问题 $A[i]=\{x_1,x_2,\cdots,x_i\}$ 的解中，所以限制问题范围后，得出的解依然是原问题的解。

基于以上分析，套用动态规划的 4 个步骤来分析最大子数组问题。

1. 最大子数组问题最优解的结构特征

上面定义了子问题和限制了问题的解。那么这种限制了范围的最大子数组（必须包含最后一个元素）是否具有最优子结构性质？设 $B[n]$ 是规模为 n 的数组 $A[n]$ 的最优解（$B[n]$ 的最后一个元素是 x_n），$B[n-1]$ 是规模为 $n-1$ 的数组的最优解（$B[n-1]$ 的最后一个元素是 x_{n-1}）。分析可知，当 $B[n-1]$ 中所有的元素之和大于 0 时，$B[n]$ 是包括 $B[n-1]$ 的，也就是在这种情况下，$B[n]=B[n-1]\cup x_n$（表示 $B[n-1]$ 数组再添加上元素 x_n），所以具有最优子结构性质。

2. 找出最优解对应的最优值，并递归地定义最优值

最大子数组问题的最优解是一个数组，显而易见，最优值为数组的所有元素之和。我们设最大子数组 $B[n]$ 对应的最优值为 $b[n]$，则最大子数组 $B[n-1]$ 对应的最优值为 $b[n-1]$。当 $b[n-1]>0$ 时，$B[n-1]$ 和 x_n 形成了以 x_n 作为最后一个元素的最大子数组，即 $B[n]$，此时 $b[n]=b[n-1]+x_n$；当 $b[n-1]\leq 0$ 时，如果再将 $B[n-1]$ 包含在 $B[n]$ 中，反而会使最大子数组变小，所以单独的元素 x_n 形成了最大子数组，此时 $b[n]=x_n$，所以最优值的递

归定义为

$$b[n] = \begin{cases} b[n-1]+x_n & b[n-1]>0 \\ x_n & b[n-1]\leq 0 \end{cases} \tag{5.3}$$

3. 自底向上地求解最优值

以图 5.8a 为例，根据上面的递归式，自底向上地依次求解递归式。

$$x_1=6, x_2=-9, x_3=7, x_4=-2, x_5=9, x_6=-5$$
$$b[1]=x_1=6;$$
$$b[1]>0 \Rightarrow b[2]=b[1]+x_2=6-9=-3;$$
$$b[2]<0 \Rightarrow b[3]=x_3=7;$$
$$b[3]>0 \Rightarrow b[4]=b[3]+x_4=7-2=5;$$
$$b[4]>0 \Rightarrow b[5]=b[4]+x_5=5+9=14;$$
$$b[5]>0 \Rightarrow b[6]=b[5]+x_6=14-5=9。$$

计算 b 值的算法也非常简单，如算法 35 所示。

算法 35 MaxSubArrayBvalue($A[n]$)

1: $sum \leftarrow x_1, b[1] \leftarrow x_1$;   /* x_i 为 A 中的第 i 个元素 */
2: **for** $i=1$ **to** $n-1$ **do**
3:     **if** $b[i] > 0$ **then**
4:         $b[i+1] = b[i] + x_{i+1}$;
5:     **else**
6:         $b[i+1] = x_{i+1}$;
7:     **end if**
8: **end for**
9: **return** $b[1, n]$;

4. 根据 b 值矩阵得出最优解

前面已经计算了以每个元素为结尾的最大子数组的值（b 值），只要对这些 b 值进行比较就可以得出最大 b 值，也就是最大子数组的和。现在的问题是如何根据最大的 b 值求出相应的最优解。通过对上述求解 b 值过程进行观察，容易得出一个元素是否被加入到最大子数组，取决于其上一个 b 值是否大于 0，如上例中，只要 $b[i]>0$，x_{i+1} 就会被放入最大子数组。所以，只要从最大的 b 值开始，依次考查其前面的 b 值，直到 b 值为负或所有的 b 值都考查完毕为止。最大子数组的最优解算法如算法 36 所示。

算法 36 MaxSubArray($A[n], b[n]$)

1: $p, q \leftarrow \arg\max_i b[i]$;
2: **repeat**
3:     $B[p] \leftarrow x_p$;
4:     $p \leftarrow p - 1$;
5: **until** $b[p] < 0$ **or** $p = 0$
6: **return** $B[p+1, \cdots, q]$;

算法 35 计算 n 个 b 值，复杂度为 $\Theta(n)$，算法 36 计算最优解，复杂度为 $O(n)$，所以最大子数组的动态规划求解的复杂度为 $O(n)$，比分治算法的复杂度低，原因在于分治求解的过程中，子问题有重复计算。

5.3　0-1背包问题

背包问题（Knapsack Problem）是一个非常经典的算法问题。问题可以简单描述为：给定一个背包，并且有一组物品，每种物品都有自己的重量和价格，如何往背包中装物品，使得装载物品的总价值最高。相似问题经常出现在商业、组合数学、计算复杂性理论、密码学和应用数学等领域中。背包问题是在 1978 年由 Merkle 和 Hellman 提出的。本节专注于 0-1 背包问题。

定义 5.3（0-1 背包问题）　给定 n 种物品和一个背包。物品 i 的重量是 w_i，其价值为 v_i，背包的容量为 C（也就是背包的总承重为 C）。问应如何选择装入背包的物品，使得装入背包中物品的总价值 V 最大化。

之所以称为 0-1 背包问题，是因为在装载物品的时候，只能放入整个物品，或者不放入物品。我们继续用动态规划的 4 个步骤来分析 0-1 背包问题。

1. 分析 0-1 背包问题最优解的结构特征

0-1 背包问题的解就是对物品的选取，令 $x_i=0$ 表示不放物品 i，$x_i=1$ 表示放物品 i。最优解具有最优子结构性质吗？假设 $x^*=(x_1,x_2,\cdots,x_{n-1},x_n)$ 是 n 个物品且背包容量为 C 情况下的最优解，需要考查这个解和剔除第 n 个物品下最优解的一个关系。这里需要分两种情况，第一种情况是第 n 个物品不包括在最优解 x^* 里（$x_n=0$），则 $(x_1,x_2,\cdots,x_{n-1})$ 必为 $n-1$ 个物品（剔除第 n 个物品）且背包容量为 C 情况下的最优解；否则假设 x' 是最优解，我们用 x' 替换 x^* 中 $(x_1,x_2,\cdots,x_{n-1})$ 部分，会得到一个比 x^* 更好的解 (x',x_n)，矛盾。

第二种情况是第 n 个物品包括在最优解里，则 $(x_1,x_2,\cdots,x_n-1)$ 必为 $n-1$ 个物品且背包容量为 $C-w_n$ 情况下的最优解。同样的道理，假设 x' 是 $n-1$ 个物品且背包容量为 $C-w_n$ 情况下的最优解，而不是 $(x_1,x_2,\cdots,x_{n-1})$（x' 优于 $(x_1,x_2,\cdots,x_{n-1})$），那么在 x' 中再加入物品 x_n，会形成物品个数为 n 个且背包容量为 C 情况下的一个解，而这个解要优于最优解 x^*，矛盾，所以可以得出 0-1 背包问题的最优解具有最优子结构性质。

2. 找出 0-1 背包问题最优解对应的最优值，并递归地定义最优值

最优值可以根据问题直接给出，即最优解情况下获得的总价值，这个总价值是在 n 个物品且背包容量为 C 情况下的总价值，我们用 $m(n,C)$ 表示最优值，需要得出此最优值的递归式。

首先，考查一下 $m(n,C)$ 和 $m(n-1,C)$ 有何关系？前面通过分析最优解的结构特征，实际上已经给出了最优值的递归关系，这里区分第 n 个物品的重量是否超过背包总容量的不同情况。

1) 当第 n 个物品的重量大于背包容量时，显然第 n 个物品不能被包括在最优解里，所以 n 个物品的最优解和 $n-1$ 个物品的最优解是一致的，即 $m(n,C)=m(n-1,C)$。

2) 当第 n 个物品的重量小于或等于背包总容量时，又可以分为两种情况。
- 第 n 个物品不包括在最优解里，即 $m(n,C)=m(n-1,C)$。
- 第 n 个物品包括在最优解里，先计算 $n-1$ 个物品在 $C-w_n$（$C-w_n>0$）容量下的最优

解，再放入第 n 个物品，也就是 $m(n,C)=m(n-1,C-w_n)+v_n$。

以上分析告诉我们，$m(n,C)$ 的递归式不仅仅取决于 $m(n-1,C)$，还取决于 $m(n-1,C-w_n)$，因为 $C-w_n$ 可为小于 C 的任意一个正整数，所以在计算 $m(n,C)$ 时，需要计算所有的 $m(n-1,x)$，$x≤C$ 且 x 为整数。

另外，最优值递归式的边界条件为：①当 $n=0$ 时，所有的 $m(0,x)(x≥0)$ 都为 0；②当 $C=0$ 时，所有的 $m(x,0)(x≥0)$ 都为 0。所以得出递归式如下。

$$m(n,C)=\begin{cases}0 & n=0 \text{ 或 } C=0\\ \max\{m(n-1,C),m(n-1,C-w_n)+v_n\} & w_n≤C\\ m(n-1,C) & w_n>C\end{cases} \quad (5.4)$$

3. 自底向上地求解最优值

下面通过一个例子说明 0-1 背包问题最优值的求解。

例 5.1 现有编号分别为 $\{a,b,c,d,e\}$ 的 5 件物品，它们的重量和价值见表 5.1。现有容量为 10 的背包，如何让背包里装入的物品具有最大的价值总和？

表 5.1 5 件物品的重量及价值

物品	a	b	c	d	e
重量	3	2	4	4	6
价值	5	4	4	7	5

解：

边界条件：当 $n=0$ 或 $C=0$ 时，$m(n,C)=0$。

当 $n=1$ 时，

- $m(1,1)$ 表示只有物品 a 且背包容量 $C=1$ 时的 m 值，此时 $w_1>C$，根据递归式，取 $m(1,1)=m(0,1)=0$。
- $m(1,2)$ 表示只有物品 a 且背包容量 $C=2$ 时的 m 值，此时 $w_1>C$，根据递归式，取 $m(1,2)=m(0,2)=0$。
- $m(1,3)$ 表示只有物品 a 且背包容量 $C=3$ 时的 m 值，此时 $w_1≤C$，根据递归式，取 $m(1,3)=\max\{m(0,3),m(0,0)+5\}=5$。

以此类推，最终得到的 m 值矩阵见表 5.2。其中，第 0 行表示没有任何物品，第 1 行表示只有一个物品 $\{a\}$，第 2 行表示有两个物品 $\{a,b\}$，……，第 5 行表示有 5 个物品 $\{a,b,c,d,e\}$；第 0 列表示背包容量为 0，第 1 列表示背包容量为 1，……，第 10 列表示背包容量为 10。

表 5.2 0-1 背包问题的 m 值矩阵

i \ j	0	1	2	3	4	5	6	7	8	9	10
0	0	0	0	0	0	0	0	0	0	0	0
1	0	0	0	5	5	5	5	5	5	5	5
2	0	0	4	5	5	9	9	9	9	9	9
3	0	0	4	5	5	9	9	9	9	13	13
4	0	0	4	5	7	9	11	12	12	16	16
5	0	0	4	5	7	9	11	12	12	16	16

注：$a:\{3,5\}$，$b:\{2,4\}$，$c:\{4,4\}$，$d:\{4,7\}$，$e:\{6,5\}$。

在计算这个表中的各个值时，看似需要每次都要套用得出的递归式，实际上熟悉以后，可以从表中已有的数据直接计算。比如计算 $m(2,5)$，$m(2,5)$ 值只可能来源于 $m(1,5)$ 和 $m(1,5-2)+4$ 中的较大值，所以可以得出 $m(2,5)=9$。

4. 根据 m 值矩阵得出最优解

因为 0-1 背包问题可以直接从 m 值矩阵得出最优解，所以无须在计算最优解的过程中建立一个额外的矩阵来记录相关信息。

- 原问题的最优值为 $m(5,10)$，根据 $m(5,10)=\max\{m(4,10),m(4,4)+5\}$ 可知，$m(5,10)\leftarrow m(4,10)$，也就是 5 个物品的最优值和 4 个物品（$\{a,b,c,d\}$）的最优值是一样的，说明物品 e 没有被包括在最优解中。
- 接着考查 $m(4,10)$，发现这个值和 $m(3,10)$ 是不同的，$m(4,10)\leftarrow m(3,6)+7$，也就是 $m(4,10)$ 是在物品有 $\{a,b,c\}$ 且背包容量为 6 的最优解下，将物品 d 放入背包得出的，可知物品 d 包含在最优解中。
- 继续考查 $m(3,6)$，发现这个值和 $m(2,6)$ 是一致的，也就是物品 c 没有被包括在最优解中。
- 继续考查 $m(2,6)$，发现这个值和 $m(1,6)$ 是不同的，所以 $m(2,6)\leftarrow m(1,4)+4$，可知物品 b 包含在最优解中。
- 继续考查 $m(1,4)$，发现这个值和 $m(0,4)$ 是不同的，所以 $m(1,4)\leftarrow m(0,3)+5$，可知物品 a 包含在最优解中。
- 所以最优解为 $\{a,b,d\}$，最优值为 16。

算法 37 给出了动态规划求解 m 矩阵和根据 m 矩阵得出最优解的算法，m 矩阵计算算法的复杂度为 $\Theta(nC)$。当背包容量 C 很大时，算法需要的计算时间较多。例如，当 $C>2^n$ 时，算法复杂度为 $(n2^n)$。下面分析 0-1 背包问题的优化方法。

接下来讨论 0-1 背包问题的优化。这里优化的主要目的是压缩 m 值矩阵，从而使得计算量变少。那么如何对矩阵进行压缩？

思路 5.4 通过对上面例子 m 值的矩阵分析可知，任一行中，m 存在很多重复的值，显然，如果能够直接得出每一行中那些不重复的 m 值（如表 5.2 第一行 m 值只有两种，0 和 5），可以很大限度地降低算法复杂度。为了表示每一行不同的 m 值（称之为跳跃点），我们需要两个参数，第一个是 m 值，第二个是这个 m 值第一次出现所在的列 j，用二维向量表示为 (j,m)。

算法 37 DP01Knapsack

1: **Input**：物品的重量 w 和价值 v，背包容量 C
2: **Output**：m 矩阵
3: 初始化：$m(0,*)\leftarrow 0, m(*,0)\leftarrow 0$
4: **for** $i=1$ **to** n **do**
5:     **for** $j=1$ **to** C **do**
6:         **if** $w[i]>j$ **then**
7:             $m(i,j)\leftarrow m(i-1,j)$
8:         **else**
9:             $m(i,j)\leftarrow \max\{m(i-1,j),m(i-1,j-w[i])+v[i]\}$

10:           end if
11:       end for
12: end for
13: return m

0-1 背包最优解

1: for $i = 1$ to n do
2:     if $m(i,c) = m(i-1,c)$ then
3:         $x[i] \leftarrow 0$
4:     else
5:         $x[i] \leftarrow 1$
6:         $c \leftarrow c - w[i]$
7:     end if
8: end for
9: return x

如表 5.2 中的第二行,所有的跳跃点为$\{(0,0),(2,4),(3,5),(5,9)\}$。我们用 Z_{i-1} 表示第 $i-1$ 行所有跳跃点的集合,现在关键的问题是,怎么由 Z_{i-1} 得出 Z_i,也就是怎么得出 Z_i 的递归式?

思路 5.5 分析可知:第 i 行所有跳跃点是由第 $i-1$ 行的跳跃点决定的。设第 i 行的任意跳跃点为 $(j,m(i,j))$,$m(i,j) = \max\{m(i-1,j), m(i-1,j-w_i)+v_i\}$。

1) 当 $m(i,j) = m(i-1,j)$ 时,$(j,m(i,j)) = (j,m(i-1,j))$,如表 5.2 中第 4 行的跳跃点 $(2,m(4,2))$(即 $(2,4)$),其来自于第 3 行的跳跃点 $(2,m(3,2))$(即 $(2,4)$)。

2) 当 $m(i,j) = m(i-1,j-w_i)+v_i$ 时,令 $j'=j-w_i$,$(j,m(i,j)) = (j'+w_i, m(i-1,j')+v_i)$,其中 $(j',m(i-1,j'))$ 是第 $i-1$ 行的跳跃点。如表 5.2 中第 4 行的跳跃点 $(6,m(4,6))$(即 $(6,11)$),其是第 3 行的跳跃点 $(2,m(3,2))$(即 $(2,4)$)的第一个元素 $+w_i$,第二个元素 $+v_i$,$(2+4,m(3,2)+7)$(即 $(6,11)$)得到的。

由上面分析可知,第 i 行的跳跃点 Z_i,要么来自第 $i-1$ 行的跳跃点 Z_{i-1}(第 1 点),要么来自 $(j'+w_i, m(i-1,j')+v_i)$(第 2 点,用 $\hat{Z}_{i-1}$ 表示这些跳跃点的集合),得出递归式为

$$Z_i \subseteq Z_{i-1} \cup \hat{Z}_{i-1} \tag{5.5}$$

其中,

$$\hat{Z}_{i-1} = \{(j'+w_i, m(i-1,j')+v_i) \mid \\ w_i \text{ 为第 } i \text{ 个物品的重量}, \\ v_i \text{ 为第 } i \text{ 个物品的价值}, \\ (j', m(i-1,j')) \in Z_{i-1}\}$$

为什么式(5.5)是包含于,而不是等于?这是因为 $Z_{i-1} \cup \hat{Z}_{i-1}$ 会产生一些非法点和不符合跳跃点规则的点,比如对第 i 行的跳跃点 (j,m),如果 j 增大,显然 m 值也增大,也就是对任意行 i,有两个跳跃点 (j_1,m_1) 和 (j_2,m_2),如果 $j_2>j_1$,则必然 $m_2>m_1$。有如下推理。

推理 5.1 如果 $Z_{i-1} \cup \hat{Z}_{i-1}$ 产生两个点 (j_1,m_1) 和 (j_2,m_2),$j_2 \leqslant j_1$,且 $m_2 \geqslant m_1$,则 (j_1,m_1) 受控于 (j_2,m_2),(j_1,m_1) 不属于 Z_i。

有了递归式的定义后,对上面的例子,按照自底向上的方式计算 Z 值。

- $Z_0 = \{(0,0)\}$,$\hat{Z}_0 = \{(3,5)\}$。
- $Z_1 = \{(0,0),(3,5)\}$,$\hat{Z}_1 = \{(2,4),(5,9)\}$。
- $Z_2 = \{(0,0),(2,4),(3,5),(5,9)\}$,$\hat{Z}_2 = \{(4,4),(6,8),(7,9),(9,13)\}$,其中$(4,4)$,$(6,8)$,$(7,9)$是受控点。
- $Z_3 = \{(0,0),(2,4),(3,5),(5,9),(9,13)\}$,$\hat{Z}_3 = \{(4,7),(6,11),(7,12),(9,16),(13,20)\}$,其中$(9,13)$是受控点,$(13,20)$是非法点。
- $Z_4 = \{(0,0),(2,4),(3,5),(4,7),(5,9),(6,11),(7,12),(9,16)\}$,

  $\hat{Z}_4 = \{(6,5),(8,9),(9,10),(10,12),(11,14),(12,16),(13,17),(19,22)\}$,

  其中$(6,5)$,$(8,9)$,$(9,10)$,$(10,12)$是受控点,$(12,16)$,$(13,17)$,$(19,22)$是非法点。
- $Z_5 = \{(0,0),(2,4),(3,5),(4,7),(5,9),(6,11),(7,12),(9,16)\}$。

计算得出 Z 值后,求解最优解同上面的方法:考查 Z_5 中最后一个元素$(9,16)$,Z_4 中有相同的元素,所以 e 物品不在最优解中;继续考查 Z_4 中的$(9,16)$,Z_3 中没有$(9,16)$,可知 Z_4 中的$(9,16)$来自 Z_3 中的$(5,9)$,所以 d 物品在最优解中;继续考查 Z_3 中的$(5,9)$,Z_2 中有$(5,9)$,所以 c 物品不在最优解中;继续考查 Z_2 中的$(5,9)$,Z_1 中没有$(5,9)$,可知 Z_2 中的$(5,9)$来自 Z_1 中的$(3,5)$,所以 b 物品在最优解中;继续考查 Z_1 中的$(3,5)$,其来自 Z_0 中的$(0,0)$,所以 a 物品在最优解中。同样得出最优解为$\{a,b,d\}$,最优值为 16。尽管我们通过压缩 m 值矩阵减少了计算量,但随着 0-1 背包问题规模的增长,Z 值计算量依然会变得异常庞大。

5.4 旅行商问题

扫码看视频

旅行商问题是算法中非常著名的问题,它虽然很早就由 Dantzig(1959 年)等人提出,但直到今天,依然有大量的研究工作是对旅行商问题开展的。而且目前有很多算法竞争就是专门针对旅行商问题的[⊖],我们也很容易在网上找到大规模的旅行商实例来测试设计的算法。旅行商问题是指一个商人需要访问 n 座城市一次且仅一次,最终回到出发城市,求访问的最小总代价。

定义 5.4(旅行商问题(Travelling Salesman Problem,TSP)) $G=(V,E)$ 是一个带权重的完全图,顶点个数 $|V|=n$(顶点代表城市 c),每条边 $e_{ij} \in E$ 赋予权重 d_{ij} 代表从顶点 c_i 到顶点 c_j 的距离或费用,令 π 为对所有的顶点的任一排列(排列代表访问城市的顺序),$f(\pi)$ 为排列 π 的总长度(或费用),则旅行商问题转化为求:

$$\min_{\pi} f(\pi) = \min_{\pi} \sum_{i=1}^{n-1} d_{\pi(i)\pi(i+1)} + d_{\pi(n)\pi(1)}$$

上面定义中的 d_{ij} 和 d_{ji} 可以是不一样的,如在实际中,从城市 c_i 到城市 c_j 的机票价格和从城市 c_j 到城市 c_i 的机票价格通常是不一致的。旅行商问题的实质是对一个完全图求最小哈密顿回路[⊖]。

对 n 个城市的旅行商问题,暴力求解的复杂度为 $O(n!)$。动态规划算法可以降低算法的复杂度,但首先要明确两个问题:一是旅行商问题是否具有最优子结构性质;二是旅行商

⊖ 随着人工智能的发展,用人工智能解决旅行商问题成为一个热点。https://tspcompetition.com/是人工智能解决旅行商问题的竞赛网站。

⊖ 旅行商问题也可以用于非完全图,此时可以将没有边连接的两个节点用一条边连接,并赋予权重无穷大。

问题的子问题是否重叠。

1. 旅行商问题最优解的结构特征

假设路径 $c_1c_2\cdots c_{n-1}c_nc_1$ 是城市 $\{c_1,c_2,\cdots,c_{n-1},c_n\}$ 的最短环路，取这个路径的任何一个子路径，如 $c_1c_2\cdots c_i$ 必然是子问题——城市 $\{c_1,c_2,\cdots,c_i\}$ 中从 c_1 到 c_i 经过其他城市一次且仅一次的最短路径。否则可以用 $\{c_1,c_2,\cdots,c_i\}$ 城市的一个更短路径来代替上面环路中的 $c_1c_2\cdots c_i$ 部分，使得 n 个城市的旅行商问题具有更短的环路，这个和假设矛盾，所以旅行商问题具有最优子结构性质。

旅行商问题的子问题是显然重叠的，如两个路径 $c_1c_2c_3c_4\cdots c_n$ 和 $c_1c_3c_2c_4\cdots c_n$ 都具有相同的子路径 $c_4\cdots c_{n-1}c_n$。也就是说暴力求解中，对这两个路径分别求长度是没有必要的，如果知道子路径 $c_4\cdots c_{n-1}c_n$ 的长度，只需要再分别加上这两个路径前面部分的长度即可求得两个路径的长度。

2. 最优解对应的最优值，并递归地定义最优值

旅行商问题的最优值就是最短路径长度，接下来建立旅行商问题的递归方程。定义 $TSP(c_1,C,c_i)$ 表示从 c_1 出发，经过集合 C 里的所有城市一次，最后到达 c_i 的最短路径（先求最短路径，再求环路），$c_i\in C$。这里为什么可以指定从 c_1 出发？这是因为旅行商问题一定走出了一个环路，所以可以随意指定一个出发点。

接着考查 n 个城市的 TSP 和 $n-1$ 个城市的 TSP 之间的关系，令 $C=\{c_2,\cdots,c_n\}$，且把 c_i 设定为第 n 个城市。假设已经知道从 c_1 出发，经过 $\{c_2,\cdots,c_{i-1},c_{i+1},\cdots,c_n\}$，并最终到达 c_j，这 $n-1$ 个城市的最短路径（即 $TSP(c_1,C\backslash c_i,c_j)$ 已知），那么从 c_1 出发，经过 $\{c_2,\cdots,c_n\}$，并最终到达 c_i，这 n 个城市的最短路径 $TSP(c_1,C,c_i)$ 的值为多少？

只需要将 c_i 作为最后一个节点添加到 $n-1$ 个城市最短路径上，形成的新的最短路径即为 $TSP(c_1,C,c_i)$ 的值。因为在 $TSP(c_1,C\backslash c_i,c_j)$ 中，c_j 可选择 $\{c_2,\cdots,c_{i-1},c_{i+1},\cdots,c_n\}$ 中的任意一个城市，所以最终需要将 c_i 和 c_j 所有组合形成的最短路径作为 $TSP(c_1,C,c_i)$ 的值，即

$$\min_{c_j\in C\backslash c_i} TSP(c_1,C\backslash c_i,c_j)+d_{ji}$$

此递归式的边界条件是集合 $|C|=1$，即 C 只包括 c_i，则 $TSP(c_1,C,c_i)=d_{1i}$。所以，可得递归方程为

$$TSP(c_1,C,c_i)=\begin{cases}d(c_1,c_i) & |C|=1,i\neq 1\\ \min_{c_j\in C\backslash c_i} TSP(c_1,C\backslash c_i,c_j)+d_{ji} & 其他\end{cases} \tag{5.6}$$

注意，以上得出的是从 c_1 出发经过所有的城市一次到达 c_i 的最短距离，最后，还要补上从 c_i 到 c_1 的长度才是旅行商问题的最终解，即

$$TSP^*=\min_{c_i\neq c_1}TSP(c_1,\{c_2,c_3,\cdots,c_{n-1},c_n\},c_i)+d_{i1} \tag{5.7}$$

3. 自底向上求解最优值

根据上述定义，通过图5.9所示的例子自底向上求解最优值 $TSP(c_1,C,c_i)$，为了计算方便，将图5.9所示节点间的距离通过矩阵的方式列出。

$$[d_{ij}]=\begin{array}{c}\\c_1\\c_2\\c_3\\c_4\end{array}\begin{pmatrix}c_1 & c_2 & c_3 & c_4\\0 & 10 & 15 & 20\\5 & 0 & 9 & 10\\6 & 13 & 0 & 12\\8 & 8 & 9 & 0\end{pmatrix}$$

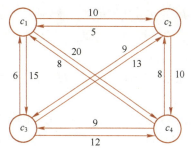

图 5.9 TSP 例子

按照自底向上的计算方法，依次计算：
- 最底层（C 只包含一个城市）：

$$TSP(c_1,\{c_2\},c_2) = d_{12} = 10$$
$$TSP(c_1,\{c_3\},c_3) = d_{13} = 15$$
$$TSP(c_1,\{c_4\},c_4) = d_{14} = 20$$

- 第二层（C 包含两个城市）：

$$TSP(c_1,\{c_2,c_3\},c_2) = TSP(c_1,\{c_3\},c_3) + d_{32} = 15+13 = 28$$
$$TSP(c_1,\{c_2,c_4\},c_2) = TSP(c_1,\{c_4\},c_4) + d_{42} = 20+8 = 28$$
$$TSP(c_1,\{c_2,c_3\},c_3) = TSP(c_1,\{c_2\},c_2) + d_{23} = 10+9 = 19$$
$$TSP(c_1,\{c_3,c_4\},c_3) = TSP(c_1,\{c_4\},c_4) + d_{43} = 20+9 = 29$$
$$TSP(c_1,\{c_2,c_4\},c_4) = TSP(c_1,\{c_2\},c_2) + d_{24} = 10+10 = 20$$
$$TSP(c_1,\{c_3,c_4\},c_4) = TSP(c_1,\{c_3\},c_3) + d_{34} = 15+12 = 27$$

- 第三层（C 包含三个城市）：

$$TSP(c_1,\{c_2,c_3,c_4\},c_2) = \min\begin{cases}TSP(c_1,\{c_3,c_4\},c_3)+d_{32}=29+13=42\\ TSP(c_1,\{c_3,c_4\},c_4)+d_{42}=27+8=35\end{cases}$$
$$=35$$

$$TSP(c_1,\{c_2,c_3,c_4\},c_3) = \min\begin{cases}TSP(c_1,\{c_2,c_4\},c_2)+d_{23}=28+9=37\\ TSP(c_1,\{c_2,c_4\},c_4)+d_{43}=20+9=29\end{cases}$$
$$=29$$

$$TSP(c_1,\{c_2,c_3,c_4\},c_4) = \min\begin{cases}TSP(c_1,\{c_2,c_3\},c_2)+d_{24}=28+10=38\\ TSP(c_1,\{c_2,c_3\},c_3)+d_{34}=19+12=31\end{cases}$$
$$=31$$

- 最上层：

$$TSP^* = \min\begin{cases}TSP(c_1,\{c_2,c_3,c_4\},c_2)+d_{21}=35+5=40\\ TSP(c_1,\{c_2,c_3,c_4\},c_3)+d_{31}=29+6=35\\ TSP(c_1,\{c_2,c_3,c_4\},c_4)+d_{41}=31+8=39\end{cases}$$
$$=35$$

所以图 5.9 的最短旅行商回路为 35。

最优值的求解算法如算法 38 所示，在此算法中，因 $TSP(c_1,C,c_i)$ 中的 c_1 可忽略，用一

个二维数组 $TP[C][c_i]$ 存储 $TSP(c_1, C, c_i)$ 的值①。最外层的 for 循环用于动态规划自底向上的计算（语句 4~17）；在每一层的计算中，需要生成包含 i 个城市的集合（语句 5），如 $i=1$ 表示生成 $\{\{c_2\}, \cdots, \{c_n\}\}$，$i=2$ 表示生成 $\{\{c_2, c_3\}, \{c_3, c_4\}, \cdots, \{c_{n-1}, c_n\}\}$；然后遍历生成的每个集合，并按照式（5.6）依次得出每一层的 TP 值（语句 6~16）；最后，得出最终的 TP^*（语句 18~19）。

此算法中，最外层的 for 循环共执行 $n-1$ 次，一共生成 2^{n-1} 个城市集合，所以需要对 $O(2^n)$ 个城市进行操作（外层 for 循环和 while 循环）；内部的 for 循环（语句 8~14）对每个城市集合中的所有城市进行遍历，所以复杂度为 $O(n)$；语句 12 求 TP 值，其复杂度也是 $O(n)$，所以算法总复杂度为 $O(n^2 2^n)$。

算法 38 旅行商回路动态规划

1: **Input**：完全图 $G=(V,E)$；
2: **Output**：所有的 TSP 值；
3: $n \leftarrow |V|$，构造距离矩阵 $[d_{ij}]$；
4: **for** $i = 1$ **to** $n-1$ **do**
5:     $\mathcal{C} \leftarrow$ 从集合 $\{c_2, \cdots, c_n\}$ 生成包含 i 个城市的所有集合；
6:     **while** $\mathcal{C}$ 不为空 **do**
7:         $C \leftarrow \mathcal{C}$ 取一个元素；
8:         **for** $\forall c \in C$ **do**
9:             **if** $i = 1$ **then**　　　　/* 边界条件 */
10:                 $TP[C][c] \leftarrow d_{1c}$；
11:             **else**
12:                 $TP[C][c] \leftarrow \min_{c' \in C \setminus c} TP[C \setminus c][c'] + d_{c'c}$；
13:             **end if**
14:         **end for**
15:         $\mathcal{C} \leftarrow \mathcal{C}/C$；
16:     **end while**
17: **end for**
18: $C \leftarrow \{c_2, \cdots, c_n\}$；
19: $TP^* \leftarrow \min_{c' \in C} TP[C][c'] + d_{c'c_1}$；
20: **return** 所有的 TP；

4. 构造最优解

在自底向上的求解过程中，如果设置一个额外的变量（数组）来记录 $TSP(c_1, C, c_i)$ 取得最小值那个 $TSP(c_1, C\setminus c_i, c_j)$，只要依次遍历这个数组即可找出最短回路。但是，因为算法在运行的过程中已经记录了所有的 $TSP(c_1, C, c_i)$ 值（数组 TP），所以可以根据这些值来得出最短回路，而无须设置额外的变量。

算法 39 用于求解最短旅行商回路 TSP^*，其中用 $\hat{c}$ 存储当前加入到最短回路的城市，$\hat{c}$ 初始化为 c_1 表示最短回路第一个被加入的城市是 c_1，C 用来存放还未访问的城市集合。

---

① C 这个集合是如何作为下标的，我们将在下一章节分析，这里只要看成下标即可。

while 循环（语句 4~18）依次往最短路径添加城市，每次添加实际上就是找出下一层哪一个 TSP 和当前城市 $\hat{c}$ 形成了最短回路，算法中的 for 循环（语句 5~12）即实现此功能。而这个 TSP 最后一个城市（存储在 temp 中）将更新为当前城市 $\hat{c}$（语句 14），同时还需要将此城市标记为已访问（语句 15），加入到最短路径 TSP^* 中（语句 16）并从集合 C 中删除（语句 17）。很容易得出算法的复杂度为 $O(n^2)$。

算法 39 旅行商回路最优解

1：**输入**：距离矩阵 $[d_{ij}]$，数组 TP；
2：**输出**：最短回路 TSP^*；
3：**初始化**：$min \leftarrow \infty, C \leftarrow \{c_2, \cdots, c_n\}, \hat{c} = c_1, TSP^* \leftarrow c_1$；
4：**while** C 非空 **do**
5：　　**for** $j = 2$ **to** n **do**
6：　　　**if** 城市 c_j 未被访问 **then**
7：　　　　**if** $min > TP[C][c_j] + d_{c_j \hat{c}}$ **then**
8：　　　　　$min \leftarrow TP[C][c_j] + d_{c_j \hat{c}}$；
9：　　　　　$temp \leftarrow c_j$；
10：　　　**end if**
11：　　**end if**
12：　**end for**
13：　$min \leftarrow \infty$；
14：　$\hat{c} \leftarrow temp$；
15：　城市 $\hat{c}$ 标记为已访问；
16：　$TSP^* \leftarrow TSP^* \cup \hat{c}$；
17：　$C \leftarrow C \backslash \hat{c}$；
18：**end while**
19：**return** TSP^*；

5.5 最长公共子序列

给定序列 $X = \{x_1, x_2, \cdots, x_m\}$，若另一序列 $Z = \{z_1, z_2, \cdots, z_k\}$ 是 X 的子序列，则存在一个严格递增下标序列 $\{i_1, i_2, \cdots, i_k\}$ 使得对于所有 $j = 1, \cdots, k$，有 $z_j = x_{i_j}$。例如，序列 $Z = \{a, c, d, b\}$ 是序列 $X = \{a, b, c, b, d, a, b\}$ 的子序列，相应的递增下标序列为 $\{1, 3, 5, 7\}$。

定义 5.5（最长公共子序列） 给定两个序列 X 和 Y，当序列 Z 既是 X 的子序列又是 Y 的子序列时，称 Z 是序列 X 和 Y 的公共子序列。最长公共子序列问题就是找出两个序列的最长的公共子序列。

比如 $X = \{a, b, a, b, d, a, b, e\}$，$Y = \{b, e, a, d, b, a, c\}$，可知 $Z_1 = \{b, e\}$、$Z_2 = \{a, b, a\}$、$Z_3 = \{b, a, d, b\}$ 都是 X 和 Y 的公共子序列，但是 Z_3 是最长公共子序列。当然最长公共子序列不唯一，此例中，$Z_3 = \{b, a, d, a\}$ 也是最长公共子序列。

1. 最长公共子序列最优解的结构特征

前面讨论的动态规划问题最优解只和一个问题相关，如最大子数组问题中，n 个元素的数组决定了最优解；在旅行商问题中，n 个城市决定了最优解。但最长公共子序列问题中，最优解 Z 同时取决于两个序列 X 和 Y，这造成了最长公共子序列的子问题并不唯一。

设 $X_m=\{x_1,x_2,\cdots,x_m\}$ 和 $Y_n=\{y_1,y_2,\cdots,y_n\}$，令 $Z_{m,n}=\{z_1,z_2,\cdots,z_k\}$ 为 X_m 和 Y_n 的最优解。X_m 的子问题是 X_{m-1}，Y_n 的子问题是 Y_{n-1}，它们的组合 X_{m-1} 和 Y_n、X_m 和 Y_{n-1}、X_{m-1} 和 Y_{n-1} 都可以形成 X_m 和 Y_n 的子问题。而问题和这些子问题的关系取决于 X_m 和 Y_n 的最后一个元素，即 x_m 和 y_n 的关系。

1) 如果 $x_m=y_n$，必然会有 $z_k=x_m=y_n$，此时，容易得出 $Z_{m-1,n-1}$ 是 X_{m-1} 和 Y_{n-1} 的最长公共子序列，或者说，$Z_{m,n}=Z_{m-1,n-1}\cup x_m$。

2) 如果 $x_m\neq y_n$，那么 x_m 或 y_n 必然会有一个和 z_k 不相等。

- 如果 $x_m\neq z_k$，则对 X_m 删去 x_m 不会影响最优解，也就是 X_{m-1} 和 Y_n 的最优解与 X_m 和 Y_n 的最优解是一致的，写成 $Z_{m,n}=Z_{m-1,n}$。
- 如果 $y_n\neq z_k$，则对 Y_n 删去 y_n 不会影响最优解，也就是 X_m 和 Y_{n-1} 的最优解与 X_m 和 Y_n 的最优解是一致的，写成 $Z_{m,n}=Z_{m,n-1}$。

通过上面的 $Z_{m,n}$ 的表达式，容易得出最长公共子序列具有最优子结构性质。

2. 递归地定义最长公共子序列的最优值

最长公共子序列中，最优解是个序列，因为是求最长序列，所以容易得出最优值是序列的长度。当 X 有 i 个元素，Y 有 j 个元素时，设最长公共子序列的长度为 $l[i,j]$，则按照前面最优解的分析，容易得出下面的递归式：

$$l[i,j]=\begin{cases}0 & i=0 \text{ 或 } j=0\\ l[i-1,j-1] & i,j>0 \text{ 且 } x_i=y_j\\ \max\{l[i-1,j],l[i,j-1]\} & i,j>0 \text{ 且 } x_i\neq y_j\end{cases} \quad (5.8)$$

3. 自底向上求解最优值

依然通过一个例子来讲解最优值的自底向上的求法。

例 5.2 设 $X=\{a,b,a,b,d,a,b,e\}$，$Y=\{b,e,a,d,b,a,c\}$，自底向上地求解 X 和 Y 的最长公共子序列的最优值。

解：

由递归式可得出以下结果（给出部分最优值计算过程）。

1) 边界条件：$l[0,j]=0$，$j\in[1,n]$ 或者 $l[i,0]=0$，$i\in[1,m]$。
2) 第 $i=1$ 层。
- $l[1,1]$：因为 $x_1\neq y_1$，$l[1,1]=\max\{l[0,1],l[1,0]\}=0$。
- $l[1,3]$：因为 $x_1=y_3$，$l[1,3]=l[0,2]+1=1$。
3) 第 $i=2$ 层。
- $l[2,4]$：因为 $x_2\neq y_4$，$l[2,4]=\max\{l[2,3],l[1,4]\}=1$。
- $l[2,5]$：因为 $x_2=y_5$，$l[2,5]=l[1,4]+1=2$。

按照上面的计算过程，最终所有的最优值见表 5.3，其中 $i=0$ 行表示 X 中没有元素，$i=1$ 行表示 $X=\{a\}$，$i=2$ 行表示 $X=\{a,b\}$，以此类推。同理，$j=0$ 行表示 Y 中没有元素，$j=1$ 行表示 $Y=\{b\}$，$j=2$ 行表示 $Y=\{b,e\}$，以此类推。总结 $l[i,j]$ 的计算过程如下：如果 $x_i=y_j$，则 $[i,j]$ 格子的值等于其左上角格子的值加 1；如果 $x_i\neq y_j$，则取左边格子和上面格子中较大的值作为 $[i,j]$ 格子的值。

表 5.3 最长公共子序列动态规划

i, j	$j=0$	$j=1$	$j=2$	$j=3$	$j=4$	$j=5$	$j=6$	$j=7$
$i=0$	$l[0,0]=0$	$l[0,1]=0$	$l[0,2]=0$	$l[0,3]=0$	$l[0,4]=0$	$l[0,5]=0$	$l[0,6]=0$	$l[0,7]=0$
$i=1$	$l[1,0]=0$	$l[1,1]=0$	$l[1,2]=0$	$l[1,3]=1$	$l[1,4]=1$	$l[1,5]=1$	$l[1,6]=1$	$l[1,7]=1$
$i=2$	$l[2,0]=0$	$l[2,1]=1$	$l[2,2]=1$	$l[2,3]=1$	$l[2,4]=1$	$l[2,5]=2$	$l[2,6]=2$	$l[2,7]=2$
$i=3$	$l[3,0]=0$	$l[3,1]=1$	$l[3,2]=1$	$l[3,3]=2$	$l[3,4]=2$	$l[3,5]=2$	$l[3,6]=3$	$l[3,7]=3$
$i=4$	$l[4,0]=0$	$l[4,1]=1$	$l[4,2]=1$	$l[4,3]=2$	$l[4,4]=2$	$l[4,5]=3$	$l[4,6]=3$	$l[4,7]=3$
$i=5$	$l[5,0]=0$	$l[5,1]=1$	$l[5,2]=1$	$l[5,3]=2$	$l[5,4]=3$	$l[5,5]=3$	$l[5,6]=3$	$l[5,7]=3$
$i=6$	$l[6,0]=0$	$l[6,1]=1$	$l[6,2]=1$	$l[6,3]=2$	$l[6,4]=3$	$l[6,5]=3$	$l[6,6]=4$	$l[6,7]=4$
$i=7$	$l[7,0]=0$	$l[7,1]=1$	$l[7,2]=1$	$l[7,3]=3$	$l[7,4]=3$	$l[7,5]=4$	$l[7,6]=4$	$l[7,7]=4$
$i=8$	$l[8,0]=0$	$l[8,1]=1$	$l[8,2]=2$	$l[8,3]=2$	$l[8,4]=3$	$l[8,5]=4$	$l[8,6]=4$	$l[8,7]=4$

按照上面的例子，得出最长公共子序列算法如算法 40 所示，从算法中很容易看出复杂度为 $\Theta(mn)$。

算法 40 最长公共子序列动态规划

1: **输入**：序列 X 和 Y；
2: **输出**：最优值数组 l；
3: $m \leftarrow |X|, n \leftarrow |Y|$；
4: $l[i,0] \leftarrow 0, \forall i \in [1,m]$；
5: $l[0,j] \leftarrow 0, \forall j \in [1,n]$；
6: **for** $i = 1$ **to** m **do**
7:     **for** $j = 1$ **to** n **do**
8:         **if** $x[i] = y[j]$ **then**
9:             $l[i,j] \leftarrow l[i,j]+1$；
10:        **else**
11:            **if** $l[i-1,j] \geq l[i,j-1]$ **then**
12:                $l[i,j] \leftarrow l[i-1,j]$；
13:            **else**
14:                $l[i,j] \leftarrow l[i,j-1]$；
15:            **end if**
16:        **end if**
17:     **end for**
18: **end for**

4. 计算最优解

如果在计算最优值时，记录了最优值是通过何种方式获取的，即是由左边格子、上面格子还是左上格子的值获取的，通过这些记录的信息可以很方便地得出最优解。但也可不记录信息（降低空间复杂度），只依据最优值直接得出最长公共子序列的最优解。如同大多数动态规划问题，最优解总是从最终的最优值开始求解。在上例中：

- 最终的最优值为 $l[8,7]=4$,因 $x_8 \neq y_7$,可知,$l[8,7]$ 的值来自 $l[7,7]$ 和 $l[8,6]$ 中比较大的值,在表 5.3 中,这两个值相等,可以取任意一个,本例中,取 $l[7,7]$(不同的取值,形成的最长公共子序列可能不同),代表 $x_8=e$ 这个元素不在最长公共子序列中。
- 继续考查 $l[7,7]=4$,因 $x_7 \neq y_7$,其值可来自 $l[6,7]$ 或 $l[7,6]$(因两者相等),取 $l[7,6]$,代表 $y_7=c$ 这个元素不在最长公共子序列中。
- 继续考查 $l[7,6]=4$,因 $x_7 \neq y_6$,其值可来自 $l[7,5]$ 或 $l[6,6]$(因两者相等),取 $l[6,6]$,代表 $x_7=b$ 这个元素不在最长公共子序列中。
- 继续考查 $l[6,6]=4$,因 $x_6=y_6=a$,其值只可来自 $l[5,5]=3$(加 1),且 a 这个元素在最长公共子序列中,目前最长公共子序列为 $Z=\{a\}$。
- 继续考查 $l[5,5]=3$,因 $x_5 \neq y_5$,其值可来自 $l[5,4]$ 或 $l[4,5]$(因两者相等),取 $l[5,4]$,代表 $y_5=b$ 这个元素不在最长公共子序列中。
- 继续考查 $l[5,4]=3$,因 $x_5=y_4=d$,其值只可来自 $l[4,3]=2$(加 1),且 d 这个元素在最长公共子序列中,目前最长公共子序列为 $Z=\{d,a\}$。
- 继续考查 $l[4,3]=2$,因 $x_4 \neq y_3$,其值来自 $l[3,3]$(因 $l[3,3]$ 比 $l[4,2]$ 大),代表 $x_4=b$ 这个元素不在最长公共子序列中。
- 继续考查 $l[3,3]=2$,因 $x_3=y_3=a$,其值只可来自 $l[2,2]=1$(加 1),且 a 这个元素在最长公共子序列中,目前最长公共子序列为 $Z=\{a,d,a\}$。
- 继续考查 $l[2,2]=1$,因 $x_2 \neq y_2$,其值来自 $l[2,1]$(因 $l[2,1]$ 比 $l[1,2]$ 大),代表 $y_2=e$ 这个元素不在最长公共子序列中。
- 继续考查 $l[2,1]=1$,因 $x_2=y_1=b$,其值只可来自 $l[1,0]=0$(加 1),且 b 这个元素在最长公共子序列中,目前最长公共子序列为 $Z=\{b,a,d,a\}$。
- 继续考查 $l[1,0]=0$,到达边界条件,算法结束。

按照例子,也容易得出最长公共子序列的最优解算法 41。

算法 41 最长公共子序列的最优解

1: **输入**:序列 X 和 Y,最优解数组 l;
2: **输出**:最小公共子序列 Z;
3: $i \leftarrow |X|, j \leftarrow |Y|$;
4: **while** $i \neq 0$ and $j \neq 0$ **do**
5:     **if** $x_i = y_j$ **then**
6:         $Z \leftarrow Z \cup \{x_i\}$;
7:         $i \leftarrow i - 1$;
8:         $j \leftarrow j - 1$;
9:     **else if** $l[i-1,j] \geq l[i,j-1]$ **then**
10:         $i \leftarrow i - 1$;
11:     **else**
12:         $j \leftarrow j - 1$;
13:     **end if**
14: **end while**

5.6 斯坦纳最小树*

斯坦纳树在现实生活中应用非常广泛,主要用来解决如何将给定的 n 个点进行连接,从而使得总连线的长度最短。注意,这里并不是求 n 个点完全图的最小生成树问题,因为在求解这个问题时,可以引入一些额外的点,也就是说最终生成的树,并非只有 n 个节点。通常斯坦纳树(大于或等于 n 个节点)的总长度要小于最小生成树(n 个节点)的总长度。例如网络部署时,需要将如下 $\{a,b,c,d\}$ 4 个点通过光缆连接起来,其最小生成树如图 5.10a 所示,最小生成树的总长度为 $e_{ab}+e_{ac}+e_{cd}$。如果添加两个额外的点 e 和 f(称之为斯坦纳点),构成了图 5.10b 所示的斯坦纳最小树,斯坦纳最小树的总长度为 $e_{ae}+e_{be}+e_{ef}+e_{fc}+e_{fd}<e_{ab}+e_{ac}+e_{cd}$。

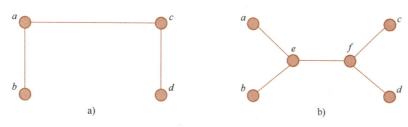

图 5.10 斯坦纳树
a) 最小生成树 b) 斯坦纳最小树

斯坦纳最小树是经典的组合优化问题,最早可以追溯到 17 世纪初,数学家费马提出这样一个问题,在欧式平面上有三个点,寻找一个点使得由该点连接这三个点的距离之和最小,后经多位数学家扩展补充,最后以瑞士数学家斯坦纳的名字命名为斯坦纳问题。斯坦纳问题的一个著名例子是:1967 年前,贝尔公司按照连接各分部的最小生成树的长度来收费。因最小生成树的长度往往要大于添加斯坦纳点的斯坦纳最小树的长度。1967 年,一家航空公司利用了贝尔公司这个漏洞,当时这家企业要求贝尔公司增加一些服务点,而这些服务点恰恰位于构造该公司各分支的斯坦纳最小树的斯坦纳点上。这使得贝尔公司不仅要拉新线,增加服务网点,而且还要减少收费。这一意外事件迫使贝尔公司自此以后便采用了斯坦纳最小树原则。

本节主要讨论图的斯坦纳最小树问题(Graphical Steiner Minimum Tree),问题定义如下。

定义 5.6(图的斯坦纳最小树) 给定无向连通图 $G=(V,E)$ 和边的权重 $w:E\to\mathbb{R}$。同时,给出集合 R 为 V 的子集,$R\subseteq V$,要求在图中寻找一棵子树 $T=(V',E')$,其中 $V'\subseteq V$,$E'\subseteq E$,使得 $R\subseteq V'$,且 $\sum_{e\in E'}w(e)$ 最小。树中不属于 R 的点称为斯坦纳点。

1. 斯坦纳最小树最优解的结构特征

相对其他问题,斯坦纳最小树最优子结构性质相对难于直接观察到。观察图 5.11a,节点 $\{a,b,c,d\}$ 的斯坦纳最小树如图 5.11b 所示。那么用虚线圈起来的部分是 $\{c,d\}$ 的斯坦纳最小树吗?显然不是,c 节点和 d 节点直接连接才是 $\{c,d\}$ 的最小树。这很容易让我们误认为斯坦纳最小树不具有最优子结构性质。

思路 5.6 如果将斯坦纳最小树按照节点 e 分成三部分(见图 5.11c),则每一部分都是斯坦纳最小树,即树 a-e 是节点 $\{a,e\}$ 的斯坦纳最小树,树 b-e 是节点 $\{b,e\}$ 的斯坦纳最小树，树 e-f-c-d 是节点 $\{e,c,d\}$ 的斯坦纳最小树（用反证法很容易证明这些结论）。

所以，按照上面的方法划分，斯坦纳树具有最优子结构性质。上面寻找最优子结构性质的难点在于，通常我们寻找最优子结构性质时，是直接寻找问题的子问题。但上面的斯坦纳最小树问题例子中，如果只考查节点 $\{a,b,c,d\}$ 的子集（比如 $\{c,d\}$），是无法发现最优子结构性质的，而是需要将原图中的其他节点一起考虑。在上面的例子中，是将节点 e 考虑进去，也就是 $\{a,b,c,d\}$ 的斯坦纳最小树的子问题分为：$\{a,e\}$ 形成的斯坦纳最小树、$\{b,e\}$ 形成的斯坦纳最小树和 $\{c,d,e\}$ 形成的斯坦纳最小树。

2. 递归地定义斯坦纳最小树的最优值

容易知道，最优值（用 STM 表示）就是斯坦纳最小树所有边的权重之和。现在，我们需要找出 n 个节点的最优值和 $n-1$ 个节点的最优值间的关系，如在图 5.11a 中，如果已经知道 $\{a,b,c\}$ 的斯坦纳最小树，那么如何得到 $\{a,b,c,d\}$ 的斯坦纳最小树？先分析下面这个比较直观的思路是否可行。

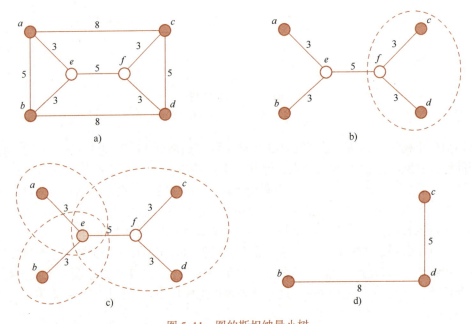

图 5.11　图的斯坦纳最小树

思路 5.7　如果已经知道 $n-1$ 个节点的斯坦纳最小树 SMT_{n-1}，那么第 n 个节点到 SMT_{n-1} 的最短路径和 SMT_{n-1} 是否就构成了 n 个节点的斯坦纳最小树 SMT_n？

可惜不可行（否则斯坦纳最小树问题就变得很容易了）。在上面的例子中，$\{b,c,d\}$ 的斯坦纳最小树如图 5.11d 所示，显然这棵树和节点 a 到这棵树的最短路径并不会形成图 5.11b 的斯坦纳最小树。那么如何递归地定义最优值？实际上还是基于最优解的结构特性来定义。

思路 5.8　当第 n 个节点接入到前面 $n-1$ 个节点形成斯坦纳最小树 SMT_n 时，其必然是通过 V 中的某个节点接入到斯坦纳树 SMT_n（这个节点可以是 R 中的点，也可以是斯坦纳点），在图 5.11c 中，设第 n 个加入的节点为 a，其是通过节点 e 和 $n-1$ 个节点（这里是节点 $\{b,c,d\}$）接入到斯坦纳最小树 SMT_n。而节点 e 的不同分支都是斯坦纳最小树，显然，可以形成递归式。

依据第 n 个节点类型的不同（第 n 个节点可以是斯坦纳最小树的叶子节点和非叶子节点）和接入点的不同（接入点具有不同的度[①]），我们通过三种不同的情况来讨论。

1) 第 n 个节点是斯坦纳最小树的叶子节点，而接入点的度大于或等于3。

图5.11c所示的正是这种情况，节点 a 的接入点 e 的度等于3。即节点 e 存在3个分支。其中一个分支是 a 到 e 的最短路径，另外两个分支分别是节点 b 和 e，以及节点 $\{c,d\}$ 和 e 形成的分支。而这两个分支前面已经讨论过，都是斯坦纳最小树。所以可得：

$$SMT(\{a,b,c,d\}) = SMT(\{b,c,d\} \cup a) = d_{a,e} + SMT(\{b,e\}) + SMT(\{c,d,e\})$$

基于这个具体例子，设 X 为集合 R 的子集，则斯坦纳最小树的通用递归式为

$$SMT(X \cup v) = \min_{u \in V}\{d_{v,u} + SMT(X' \cup u) + SMT(X'' \cup u)\} \tag{5.9}$$

其中，$X = X' \cup X''$，且 $X' \neq \varnothing$，$X'' \neq \varnothing$，$X' \cap X'' = \varnothing$。这个式子表明，求 $\{X \cup v\}$ 节点的斯坦纳最小树时，需要遍历所有度大于或等于3的节点，找到一个节点 $u \in V$，使得节点 v 到节点 u 的距离 $d_{v,u}$，以及集合 X 的两个分割 X'、X'' 和 u 形成的斯坦纳树（$SMT(X' \cup u)$ 和 $SMT(X'' \cup u)$），这三项的和最小化，那么得出的树就是斯坦纳最小树。

2) 第 n 个节点是斯坦纳最小树的叶子节点，且是通过一个度等于2的节点接入到树中的。

如图5.12a所示，节点 v 通过节点 u 接入到斯坦纳最小树，而节点 u 的度为2。这种情况实际上比第一种情况简单，按照最优子结构性质，子树 $\{v,u\}$ 和子树 $\{u,a,b\}$（即 $X \cup u$）都是斯坦纳最小树，所以只要将这两个子树相加，就能得出 $X \cup v$ 的斯坦纳最小树。但为了和上面得出的斯坦纳最小树式（5.9）相一致，令 $X' = \varnothing$，则 $X'' = X$，这样实现了公式一致性，同时实现了只有子树 $\{v,u\}$ 和子树 $X \cup u$ 相加。

3) 第 n 个节点是斯坦纳最小树的非叶子节点。

如图5.12b所示，第 n 个节点 u 在斯坦纳树中是非叶子节点，此时，可以将 u 看作是通过自己连入到斯坦纳最小树中，也就是说式（5.9）依然适合这种情况，只是此时 $d_{uv} = d_{uu} = 0$。

也许我们会有这样的问题：递归式（5.9）中包含两个子斯坦纳最小树（$SMT(X' \cup u)$ 和 $SMT(X'' \cup u)$），为什么不是"一个"或者"三个"子斯坦纳最小树？先分析一个子斯坦纳树的情况，一个子斯坦纳树的递归式写成：

$$SMT(X \cup v) = \min_{u \in V}\{d_{v,u} + SMT(X \cup u)\}$$

递归式通常是表述 n 个节点和小于 n 个节点之间的一个关系，而上面的递归式中，$X \cup v$ 和 $X \cup u$ 是两个规模相等的集合，无法形成递归式。对于三个子斯坦纳树，递归式写成：

$$SMT(X \cup v) = \min_{u \in V}\{d_{v,u} + SMT(X' \cup u) + SMT(X'' \cup u) + SMT(X''' \cup u)\}$$

这个递归式对于度等于3的接入节点，必须将一个分割（X'、X''或X'''）设置为空集。对于度大于或等于4的接入节点是成立的，但显然没有必要分成三个来增加计算量。最后，对斯坦纳最小树式（5.9）给出边界条件为

$$SMT(X \cup v) = \begin{cases} 0 & |X| = 0 \\ d_{X,u} & |X| = 1 \end{cases} \tag{5.10}$$

3. 自底向上求解最优值

上面递归式的分析对自底向上求解最优值步骤提出了挑战，因为：①需要判断第 n 个

[①] 节点的度是指和该节点相关联的边的条数。

节点是否是叶子节点；②需要判断接入节点的度；③如何分割 X' 和 X''。但实际上，通过式（5.9）计算最优值时（不考虑优化的情况下），如果遍历所有的节点（作为接入点），以及计算所有可能的分割，可无须考虑上述 3 种情况，原因如下。

1）按照上面的分析，区分第 n 个节点是否为叶子节点，是通过其自身是否是接入节点来判断的，在自底向上求解最优值的过程中，因为会遍历所有的节点作为接入点，当遍历到自身节点时，则第 n 个节点为非叶子节点；当遍历到其他节点时，则第 n 个节点为叶子节点。

2）对所有的接入节点，算法都默认节点的度大于或等于 3，从而避免了对接入节点的度的判断。

3）因为算法考虑了所有可能的分割，自然无须去计算如何分割。那么，这样做会不会出错？

对于第 1 点是没有问题的，对于第 2 点，如果全部采用值为 3 的节点度，那如果节点是通过度为 2 的节点接入的，怎么办？

思路 5.9 观察图 5.12a 可知，当 v 接到节点数目大于或等于 3 的斯坦纳最小树（除去 v 外，节点数大于或等于 2）时，如果存在度为 2 的接入节点（图中的节点 u），也必然存在度为 3 的接入节点（图中的节点 u'），因为算法会遍历每一个节点，当 u' 作为接入节点时，可得出正确的斯坦纳最小树（即使算法在计算的过程中，以 u 作为接入节点得出非正确的解也不会产生影响，见下面分析）。另外一种情况，当 v 接入到节点数目等于 2 的斯坦纳最小树（除去 v 外，节点数等于 1）时，此时退化为边界条件，可直接得出斯坦纳最小树。

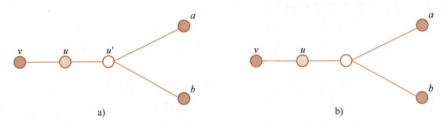

图 5.12 不同度的接入节点

对于第 3 点，因为算法遍历所有的节点和遍历所有的分割可能，有些情况得出的可能并不是正确的解（这些解并不代表一棵树），会影响计算结果吗？继续分析图 5.12a，当节点 v 以 u 为接入节点接入到斯坦纳树，且将 $X = \{a, b\}$ 分割成 $X' = \{a\}$ 和 $X'' = \{b\}$ 时，递归式为

$$SMT_u(\{a,b\} \cup v) = d_{v,u} + SMT(\{a\} \cup u) + SMT(\{b\} \cup u) \tag{5.11}$$

显然 $SMT_u(\{a,b\} \cup v)$ 计算出的并不是节点 $\{a, b, v\}$ 形成的斯坦纳最小树，但这个值一定会大于以 u' 为接入节点，$X = \{a, b\}$ 分割成 $X' = \{a\}$ 和 $X'' = \{b\}$ 的递归式：

$$SMT_{u'}(\{a,b\} \cup v) = d_{v,u'} + SMT(\{a\} \cup u') + SMT(\{b\} \cup u')$$

而 $\{a, b, v\}$ 的斯坦纳最小树的值是所有这些值中的最小值，所以可以回答上面的问题：算法在遍历所有的节点和遍历所有的分割时，确实存在并不正确的解，但这些解不会影响计算结果，因为这些解会大于斯坦纳最小树的解。

下面以图 5.11a 为例，求 $\{a, b, c, d\}$ 的斯坦纳最小树。将图 5.11a 所示节点间的距离通过矩阵的方式列出：

$$[d_{ij}] = \begin{matrix} & a & b & c & d & e & f \\ a \\ b \\ c \\ d \\ e \\ f \end{matrix} \begin{pmatrix} 0 & 5 & 8 & 11 & 3 & 8 \\ 5 & 0 & 11 & 8 & 3 & 8 \\ 8 & 11 & 0 & 5 & 8 & 3 \\ 11 & 8 & 5 & 0 & 8 & 3 \\ 3 & 3 & 8 & 8 & 0 & 5 \\ 8 & 8 & 3 & 3 & 5 & 0 \end{pmatrix}$$

接着，我们依次自底向上地求解最优值（因篇幅关系，会省略部分最优值的求解过程）。

（1）求两个元素的最小值

$$SMT(\{a,b\}) = SMT(\{a\} \cup b) = d_{a,b} = 5$$

$$\vdots$$

$$SMT(\{e,f\}) = SMT(\{e\} \cup f) = d_{e,f} = 5$$

所有两个元素的最小值见表5.4。

表 5.4 两个元素的斯坦纳树最小值

$SMT(\{a,b\})=5$	$SMT(\{a,c\})=8$	$SMT(\{a,d\})=11$	$SMT(\{a,e\})=3$	$SMT(\{a,f\})=8$
	$SMT(\{b,c\})=11$	$SMT(\{b,d\})=8$	$SMT(\{b,e\})=3$	$SMT(\{b,f\})=8$
		$SMT(\{c,d\})=5$	$SMT(\{c,e\})=8$	$SMT(\{c,f\})=3$
			$SMT(\{d,e\})=8$	$SMT(\{d,f\})=3$
				$SMT(\{e,f\})=5$

（2）求三个元素的最小值

$SMT(\{a,b,c\}) = SMT(\{a,b\} \cup c)$

$$= \min \begin{cases} d_{c,a}+SMT(\{a\} \cup a)+SMT(\{b\} \cup a) = 8+0+5 = 13 \\ d_{c,b}+SMT(\{a\} \cup b)+SMT(\{b\} \cup b) = 11+5+0 = 16 \\ d_{c,c}+SMT(\{a\} \cup c)+SMT(\{b\} \cup c) = 0+8+11 = 19 \\ d_{c,d}+SMT(\{a\} \cup d)+SMT(\{b\} \cup d) = 5+11+8 = 24 \\ d_{c,e}+SMT(\{a\} \cup e)+SMT(\{b\} \cup e) = 8+3+3 = 14 \\ d_{c,f}+SMT(\{a\} \cup f)+SMT(\{b\} \cup f) = 3+8+8 = 19 \end{cases}$$

$= 13$

$SMT(\{a,b,e\}) = SMT(\{a,b\} \cup e)$

$$= d_{e,e}+SMT(\{a\} \cup e)+SMT(\{b\} \cup e) = 0+3+3 = 6$$

这里 $SMT(\{a,b,e\})$ 最优值就是通过节点 e 自身作为接入节点得出的，可知在 $\{a,b,e\}$ 的斯坦纳最小树中，节点 e 是非叶子节点。

$SMT(\{a,c,e\}) = SMT(\{a,c\} \cup e)$

$$= \begin{cases} d_{e,a}+SMT(\{a\} \cup a)+SMT(\{c\} \cup a) = 3+0+8 = 11 \\ d_{e,e}+SMT(\{a\} \cup e)+SMT(\{c\} \cup e) = 0+3+8 = 11 \end{cases}$$

此时，$\{a,c,e\}$的斯坦纳最小树可由两种不同的树构成，一种是可看成以a节点作为根节点，另一种可看成是以e节点作为根节点。所有三个元素的最小值见表5.5。

表 5.5 三个元素的斯坦纳树最小值

$SMT(\{a,b,c\}) = 13$	$SMT(\{a,b,d\}) = 13$	$SMT(\{a,b,e\}) = 6$	$SMT(\{a,b,f\}) = 11$	$SMT(\{a,c,d\}) = 13$
$SMT(\{a,c,e\}) = 11$	$SMT(\{a,c,f\}) = 11$	$SMT(\{a,d,e\}) = 11$	$SMT(\{a,d,f\}) = 11$	$SMT(\{a,e,f\}) = 8$
$SMT(\{b,c,d\}) = 13$	$SMT(\{b,c,e\}) = 11$	$SMT(\{b,c,f\}) = 11$	$SMT(\{b,d,e\}) = 11$	$SMT(\{b,d,f\}) = 11$
$SMT(\{b,e,f\}) = 8$	$SMT(\{c,d,e\}) = 11$	$SMT(\{c,d,f\}) = 6$	$SMT(\{c,e,f\}) = 8$	$SMT(\{d,e,f\}) = 8$

（3）求四个元素的最小值

$SMT(\{a,b,c,d\}) = SMT(\{a,b,c\} \cup d)$

$$= \begin{cases} d_{d,a} + SMT(\{a\} \cup a) + SMT(\{b,c\} \cup a) = 11+0+13 = 24 \\ d_{d,a} + SMT(\{a,b\} \cup a) + SMT(\{c\} \cup a) = 11+5+8 = 24 \\ d_{d,b} + SMT(\{a\} \cup b) + SMT(\{b,c\} \cup b) = 8+5+11 = 24 \\ d_{d,b} + SMT(\{a,b\} \cup b) + SMT(\{c\} \cup b) = 8+5+11 = 24 \\ d_{d,c} + SMT(\{a\} \cup c) + SMT(\{b,c\} \cup c) = 5+8+11 = 24 \\ d_{d,c} + SMT(\{a,b\} \cup c) + SMT(\{c\} \cup c) = 5+13+0 = 18 \\ d_{d,d} + SMT(\{a\} \cup d) + SMT(\{b,c\} \cup d) = 0+11+13 = 24 \\ d_{d,d} + SMT(\{a,b\} \cup d) + SMT(\{c\} \cup d) = 0+13+5 = 18 \\ d_{d,e} + SMT(\{a\} \cup e) + SMT(\{b,c\} \cup e) = 8+3+11 = 22 \\ d_{d,e} + SMT(\{a,b\} \cup e) + SMT(\{c\} \cup e) = 8+6+8 = 20 \\ d_{d,f} + SMT(\{a\} \cup f) + SMT(\{b,c\} \cup f) = 3+8+11 = 22 \\ d_{d,f} + SMT(\{a,b\} \cup f) + SMT(\{c\} \cup f) = 3+11+3 = 17 \end{cases}$$

可知四个元素的最优值是17。

为了计算最优解，我们需要在计算最优值的过程中保留两个信息，一个是接入节点的信息，另一个是X'和X''的信息。

上述求解过程中，为了计算上的方便，算法采用了遍历所有的节点（作为接入点）以及计算X所有可能分割的方式，显然这种方法增加了计算量，而在我们分析最优解和最优值的过程中，实际上只要对X的各个分支进行分割即可，因为其他分割并不会形成树（不能形成正确解），其他分割形成非树图的原因是不同的分割存在重合的边（参考式（5.11））。所以，我们无须去计算这些分割，而只需要计算基于分支的分割即可。如图5.13所示，当接入节点u的度为4时，u的三个分支共可以形成三种不同的分割，分别是$X'=\{a,b\}$和$X''=\{c,d,e\}$，$X'=\{c\}$和$X''=\{a,b,d,e\}$，以及$X'=\{d,e\}$和$X''=\{a,b,c\}$，而所有的分割总共有10种可能，所以，基于分支的分割可显著降低复杂度。

斯坦纳最小树如算法42所示。算法定义变量SMT和TMP，其中SMT存储所有的最优值，而TMP存储最优值对应的接入点和分割（用于最优解的生成）。算法的最外层循环自底向上地计算最优值，即依次计算1个节点、2个节点、……、n个节点的最优值。其中边界条件为1个节点和2个节点的最优值，其值分别是0（语句6）和d_{ij}（语句7）。当节点集合X的数目大于或等于3时，按照式（5.9）计算最优值。为此，我们将X的最后一个节点

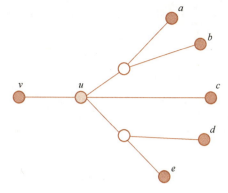

图 5.13 基于分支的分割

v 作为第 n 个节点（语句 11，注：任意一个节点都可作为第 n 个节点），并依次遍历 V 中的所有节点作为接入节点 u（语句 12），以及基于节点 u 分支，遍历 $X-\{v\}$ 的分割（语句 13），找到一个最小的 SMT 值，并记录此时形成斯坦纳最小树的接入点 u（语句 16）和分割（$\{X', X''\}$）。算法的复杂度直接计算迭代次数即可，最外层的 for 循环（语句 4）执行 $O(k)$，while 循环（语句 8）遍历 i 个节点的所有可能组合，即 $\binom{n}{i}$，for 循环（语句 12）的复杂度为 $O(n)$，最里面的 for 循环的复杂度为 $O(2^i)$，总复杂度为 $O\left(n\sum_{i=1}^{k}\binom{n}{k}2^i\right) = O(n3^k)$。

算法 42 斯坦纳最小树动态规划

1: **Input**：图 $G=(V,E)$，点集 R；
2: **Output**：R 的斯坦纳最小树；
3: $n \leftarrow |V|, k \leftarrow |R|$，构造距离矩阵 $[d_{ij}]$；
4: **for** $i = 1$ **to** $k-1$ **do**
5:     $\mathcal{S} \leftarrow$ 从集合 V 生成包含 i 个城市的所有集合；
6:     **if** $i = 1$ **then** $SMT(X \in \mathcal{S}) \leftarrow 0$; continue；
7:     **if** $i = 2$ **then** $SMT(X \in \mathcal{S}) \leftarrow$ 两个节点的距离; continue；
8:     **while** $\mathcal{S}$ 不为空 **do**
9:         $X \leftarrow \mathcal{S}$ 取一个元素；
10:        $SMT(X) \leftarrow \infty$；
11:        $v \leftarrow X$ 中的最后一个元素；
12:        **for** $u \in V$ **do**
13:           **for** $\{X', X''\} \leftarrow$ 基于 u 的分支的 $X-\{v\}$ 的分割 **do**
14:              **if** $SMT(X) > d_{v,u} + SMT(X' \cup u) + SMT(X'' \cup u)$ **then**
15:                $SMT(X) = d_{v,u} + SMT(X' \cup u) + SMT(X'' \cup u)$；
16:                $TMP(X).node \leftarrow u$；
17:                $TMP(X).\{X', X''\} \leftarrow \{X', X''\}$；
18:             **end if**
19:           **end for**
20:        **end for**

21:　　　end while
22:　end for
23:　$SMT(X) \leftarrow \min_{u,\{X',X''\}} d_{v,u} + SMT(X' \cup u) + SMT(X'' \cup u)$；
24:　$TMP(X).node \leftarrow \arg\min_u d_{v,u} + SMT(X' \cup u) + SMT(X'' \cup u)$；
25:　$TMP(X).\{X',X''\} \leftarrow \arg\min_{\{X',X''\}} d_{v,u} + SMT(X' \cup u) + SMT(X'' \cup u)$；
26:　return 所有的 SMT 和 TMP；

4. 计算最优解

最优解可根据计算最优值过程中保留的信息得出。

- 节点 $\{a,b,c,d\}$ 的最优值为 17，依据保留的信息，可知其是由节点 d 到接入点 f 最短路径、$\{a,b,f\}$ 的斯坦纳最小树以及 $\{c,f\}$ 的斯坦纳最小树（即节点 c 到节点 f 的最短路径）三部分组成。
- 接着计算 $\{a,b,f\}$ 的斯坦纳最小树，根据计算 $SMT(\{a,b,f\})$ 过程中保留的信息，可知是由节点 f 到接入点 e 最短路径、$\{a,e\}$ 的斯坦纳最小树（即节点 a 到节点 e 的最短路径）以及 $\{b,e\}$ 的斯坦纳最小树（即节点 b 到节点 e 的最短路径）三部分组成。

结合以上信息，可得出基于图 5.11a，节点 $\{a,b,c,d\}$ 的斯坦纳最优树如图 5.11b 所示。最优解的计算如算法 43 所示，这里设置一个队列 Q，用于存放需要访问的斯坦纳集合的子集（也就是 X' 和 X''）。算法首先将 R 入队列（语句 3），当队列不为空时，出队列得出子集 X（语句 5），取 X 的最后一个元素（也就是第 n 个加入的节点），将此节点放入斯坦纳最小树中（语句 7），并将此节点到接入节点最短路径上所有的边放入斯坦纳最小树中（语句 8），最后将 X 所对应的两个分割 X' 和 X'' 入队列。

算法 43　斯坦纳最小树

1:　**Input**：集合 TMP，斯坦纳集合 R；
2:　**Output**：斯坦纳最小树 $T_{SMT} = \{V,E\}$；
3:　$\{V,E\} \leftarrow \varnothing, Q \leftarrow R$；
4:　while $Q \neq \varnothing$ do
5:　　　$X \leftarrow Q.dequeue()$；
6:　　　$v \leftarrow X$ 的最后一个元素；
7:　　　$V \leftarrow V \cup TMP(X).node$；
8:　　　$E \leftarrow E \cup \{v$ 到 $TMP(X).node$ 的最短路径上的所有边$\}$；
9:　　　$Q.enqueue.(TMP(X).\{X',X''\})$；
10:　end while

5.7　状态压缩动态规划

在 5.4 节（与斯坦纳最小树问题类似）中，我们用数据 $TP[C][c_i]$ 来存储 $TSP(c_1,C,c_i)$，但这里 C 是 $\{c_2,\cdots,c_n\}$ 的任意子集，如 $C = \{c_2,c_4\}$，$C = \{c_3,c_5\,c_6\}$，为了更好地描述 C（C 通常被称为状态数据），用二进制来表示，也就是说状态数据的每个元素都用 0 或 1 来描述，0 代表这个元素不出现，1 代表这个元素出现。例如在旅行商问题中，假设总共有 6 个城市（5 个元素，c_1 城市不需要考虑），我们用二进制的第 1 个比特（最低位比特）代表 c_2 城市，第 2 个比特代表 c_3 城市，以此类推，这样 $C=\{c_2,c_4\}$ 就可以用 00101 表示，而 $C=\{c_3,c_5,c_6\}$ 可以用 11010 表示。这样就很好地描述了 C，但新的问题是为状态的每个元素都设置一个一维数组来存储显然是行不通的，如在上面只有 5 个元素的例子中，$TP[C][c_i]$ 就需要用六维数组来存储，维度空间太大。为此，就需要用一种简单的方式来操作元素的状态，方法是通过一个基本的数据类型（通常是整型）来存储（压缩）状态数据，如 11010 就用其对应的十进制数 26 来表示，则可实现 TP 数组的二维表示。因为这种状态压缩是针对集合类型的数据，称之为<u>集合状态压缩</u>。

此外，还有一种状态压缩是指在通过自底向上的方法求解最优值的过程中，压缩最优值的存储空间，如在机器人行走的例子中，动态规划算法需要保存 $path(i,j)$ 值，对于一个 $n×n$ 的网格，则总共需要保存 $O(n^2)$ 个存储空间，但因前期计算的 $path(i,j)$ 值并不需要保存，所以可以对前面的 $path(i,j)$ 变量进行覆盖，只需要保存 $O(n)$ 个存储空间，称之为<u>空间状态压缩</u>。

5.7.1 集合状态压缩

因为集合状态压缩涉及位操作，我们先熟悉一下整数（用 D 代表一个整数）是如何实现一些基本的位操作的。

- 判断第 i 比特是否为 0：$D\&(1<<i)==0$，若真，则为 0；若假，则为 1，其中 $1<<i$ 表示将 1 左移 i 位。
- 将第 i 比特设置为 1：$D|(1<<i)$。
- 将第 i 比特设置为 0：$D\&(\sim(1<<i))$。
- 将第 i 比特取反：$D \oplus (1<<i)$。
- 取出第 i 比特：$D\&(1<<i)$。

下面还是以旅行商问题为例，通过集合状态压缩实现动态规划。对于 $G=(V,E)$，令 $n=|V|$，则可以用 $n-1$ 个比特代表 C。原来的 $TP[C][c_i]$ 数组通过状态压缩可以用二维数组 $TP[m][n-1]$ 表示，其中 $m=2^{n-1}-1$。对于图 5.9 所示的例子，其状态压缩 TP 表见表 5.6，其中行代表 C，列代表 c_i。我们需要做的就是依次计算这个表的值，而 $TP[7][3]$ 就是最短回路的长度。那么如何依次计算这个 TP 表？

表 5.6　旅行商问题状态压缩 TP 表

		1	2	3
		c_2	c_3	c_4
1	001	<u>10</u>	null	null
2	010	null	<u>15</u>	null
3	011	28	19	null
4	100	null	null	<u>20</u>
5	101	28	null	20
6	110	null	29	27
7	111	35	29	31

思路 5.10 在前面的旅行商问题的动态规划中，我们通过自底向上的方法来计算 TP 值，其最底层是指 C 只有一个城市的情况，即表 5.6 中的 $TP[1][1]$、$TP[2][2]$、$TP[4][3]$（表中用下画线标出），显然在状态压缩中难以按照此顺序来计算。一个比较直观的方法是按行依次计算，也就是先从左到右计算第一行，再从左到右计算第二行，以此类推。

对于上面的思路，读者可能会存在疑惑，如果按行计算，那么在计算第 3 行时，其是代表两个城市的集合，但这时并未完成对所有一个城市集合的计算（第 4 行是计算一个城市的集合），这样会不会造成计算问题？答案是不会，因为在计算第 3 行时，即计算 $TP[3][1]$（$TP[\{c_2,c_3\}][c_2]$）和 $TP[3][2]$（$TP[\{c_2,c_3\}][c_3]$），只用到了 $TP[1][1]$（$TP[c_2][c_2]$）和 $TP[2][2]$（$TP[\{c_3\}][c_3]$），并没有用到第 4 行的 $TP[4][3]$（$TP[c_4][c_4]$）。

在依次遍历每一行时，如果列所代表的城市 c_i 并不包含在行所代表的城市集合中，显然，无须计算这个 TP 值（见表 5.6 中所列出的所有 null 值）。如果包含城市 c_i，则需要将城市集合中的相应比特置 0，相当于进行 $C\backslash c_i$ 操作。具体算法如算法 44 所示，在此算法中依次遍历行（for 循环，语句 4）和列（for 循环，语句 5）；在遍历求解每个 $TP[j][i]$ 值时，需要判断一下 j 所代表的城市集合 C 是否包含了 i 所代表的城市 c_i（语句 7）。如果不包含，就无须做任何处理；如果包含，则依次比较 j 集合所有下一层的 TP 值，为此，先得出下一层的城市集合 $j'=j\backslash i$（语句 8）；之后依次比较所有的 $TP[j'][k]+d_{ki}$（k 属于 j' 包含的城市）值，得出最大的值作为 $TP[j][i]$ 的值（语句 9~13）。注意：状态压缩并没有降低复杂度，旅行商回路的复杂度依然为 $O(n^2 2^n)$，集合状态压缩只是通过一维的整数来处理集合数据，也就是用一维数据来表示多维数据，它甚至都没有降低数据的空间复杂度。

算法 44 旅行商回路状态压缩动态规划

1: **Input**：完全图 $G=(V,E)$；
2: **Output**：所有的 TSP 值；
3: $n \leftarrow |V|, m \leftarrow 2^{n-1}-1$，构造距离矩阵 $[d_{ij}]$；
4: **for** $j=1$ **to** m **do** /* 遍历行 */
5:    **for** $i=1$ **to** $n-1$ **do** /* 遍历列 */
6:       $TP[j][i] \leftarrow \infty$；
7:       **if** $(j\&(1<<(i-1)))!=0$ **then**
8:          $j' \leftarrow j\&(\sim(1<<(i-1)))$；
9:          **for** $k=1$ **to** $n-1$ **do**
10:            **if** $(j'\&(1<<(k-1)))!=0$ **and** $TP[j][i] > TP[j'][k]+d_{ki}$ **then**
11:               $TP[j][i] \leftarrow TP[j'][k]+d_{ki}$；
12:            **end if**
13:          **end for**
14:       **end if**
15:    **end for**
16: **end for**
17: **return** 所有的 TP；

5.7.2 空间状态压缩

在动态规划自底向上的计算过程中,需要计算每个最优值,如在机器人行走的例子中,假设网格为 $m×n$,需要计算每个格子的 $path(i,j)$ 值,则总共需要开辟 $m×n$ 个存储单元用于存放 $path$ 值。但实际上,这些 $path$ 值在计算过程中只使用一次,并没有必要保存起来,所以动态规划的过程中是否可以采用一种维度更低的数据结构来存储高维度的数据结构,以便降低算法空间复杂度?这就是空间状态压缩的基本思想,如在机器人行走的例子中,可以采用一维数组来存储 $path$ 值从而降低空间复杂度。

下面通过二维数组的例子分析一下如何进行状态压缩,设图 5.14 所示的二维数组是动态规划自底向上计算过程中最优值的二维数组。如图所示,可以将这个二维数组沿着行压缩(沿 i 方向压缩)或者沿着列压缩(沿 j 方向压缩),也就是说,在计算最优值的过程中,只需要保留一行(沿着行压缩)或者一列(沿着列压缩)。那么实际中应该采用哪种压缩方式?实际上这个问题比较直观,当最优值的计算是按行计算时,也就是先计算第 0 行,再计算第 1 行,以此类推,就沿着行压缩;相反,当最优值的计算是按列计算时,就沿着列压缩。

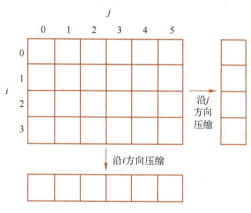

图 5.14 二维数组状态压缩

以机器人行走的例子来说明如何将一个二维数组压缩成一维数组。未进行压缩的 $path$ 递归式为

$$path(i,j) = path(i-1,j) + path(i,j-1) \qquad (5.12)$$

图 5.15a 展示了这个递归过程。设机器人行走按行依次计算,所以按行进行压缩(如果按列计算,就按列进行压缩)。从图中观察可知,在计算 $path(i,j)$ 时,需要 $path(i-1,j)$ 的值,但之后将不再使用 $path(i-1,j)$,所以可以用 $path(i,j)$ 覆盖 $path(i-1,j)$ 值,也就是每一列只要保留一个 $path$ 值即可,这就是为什么可以压缩成一行,我们用一维数组 $path(j)$ 存储当前的 $path(i,j), i \in 1,\cdots,m$(可以看成一行 j 列)。这样可以将上面的递归式改写为

$$path(j) = path(j) + path(j-1) \qquad (5.13)$$

根据以上分析,计算 $path$ 的状态压缩算法如算法 45 所示。这里需要注意的一点是,尽管 $path$ 值被压缩成一维,但算法依然需要两个 for 循环,因为实际上还是需要计算二维的 $path$ 值,只是在计算的过程中前面的 $path$ 值被覆盖了,也就是前面说的,空间状态压缩并没有降低时间复杂度,但降低了空间复杂度。

算法 45 机器人行走状态压缩最优值计算

```
1: for i = 1 to m do /* m 行 */
2:     for j = 1 to n do /* n 列 */
3:         path[j] ← path[j-1] + path[j];
4:     end for
5: end for
6: return path[j];
```

上面我们讨论了图 5.15a 相对简单的状态压缩，在这种情形下，因每一列在任何时候只需保留一个状态值，所以可以如式（5.13）那样直接覆盖。如果动态规划的递归式如图 5.15b 所示，(i,j) 时刻的状态值（用 $state$ 表示）不仅取决于 $(i-1,j)$ 和 $(i,j-1)$ 时刻，同时也取决于 $(i-1,j-1)$ 时刻。如有一动态规划的递归式为（这里只是举一个例子，无须考虑实际情况）：

$$state(i,j) = state(i-1,j) + state(i,j-1) + state(i-1,j-1) \tag{5.14}$$

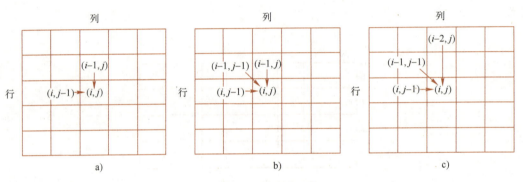

图 5.15　空间状态压缩

此时，该如何做状态压缩？在这种情况下，并不是任何时刻、任何列都只保留一个状态值，如在计算 $state(i,j)$ 时，同时需要第 $j-1$ 列的 $i-1$ 行和 i 行的状态值，所以，此时必须使用额外的变量来临时存储 $(i-1,j-1)$ 的状态值。算法 46 是针对图 5.15b 情形（见式（5.14））的状态压缩算法。此算法中，用变量 st_{pre} 来存储 $state(i-1,j-1)$，但注意，这里并没有给出完整的代码，只是简单地给出了如何进行状态值的更新。

算法 46 复杂状态压缩算法 1

```
1: for i = 1 to m do /* m 行 */
2:     for j = 1 to n do /* n 列 */
3:         st_cur ← state[j];
4:         state[j] ← state(i-1, j) + state(i, j-1) + state(i-1, j-1);
5:         st_pre ← st_cur;
6:     end for
7: end for
8: return state[j];
```

再分析一下图 5.15c 的状态压缩,此图中,(i,j) 时刻的状态值取决于 $(i,j-1)$、$(i-1,j-1)$ 和 $(i-2,j)$,动态规划的递归式为

$$state(i,j) = \begin{cases} \max\{state(i,j-1), state(i-1,j-1)\} & state(i,j-1) \geq 0 \\ \max\{state(i,j-1), state(i-2,j)\} & 其他 \end{cases} \quad (5.15)$$

有读者会觉得图 5.15c 和图 5.15b 类似,增加一个变量来存储 $(i-1,j-1)$ 的状态值即可。但观察可知,第 i 行的状态值是覆盖第 $i-2$ 行的状态值,而非第 $i-1$ 行的状态值,这就需要算法必须保存两行的状态值。比如,算法在得出所有 $i-1$ 行的状态值后,此时开始计算第 i 行的状态值,因第 i 行的状态值和第 $i-2$ 行的状态值相关,所以算法在计算第 i 行的值时,也必须保存第 $i-2$ 行的值。这就造成了按行压缩,算法必须保存两行的状态值。怎么解决这个问题?

思路 5.11 按照上面的分析,产生这个问题的原因是当前状态值 (i,j) 不是和上一行(第 $i-1$ 行)相关,而是和前一行(第 $i-2$ 行)相关,为了解决这个问题,就必须让当前值的计算只和前一行或者前一列相关。容易发现,图 5.15c 所示的动态规划问题,如果按列压缩(也就是最优值按列计算),那么当前值的计算只和前一列相关,可以压缩成一列。

按照上面的思路,针对图 5.15c 所示的动态规划问题(见式 (5.15)),基于状态压缩的最优值计算如算法 47 所示,算法除了必须采用按列压缩外,也使用了变量 st_{pre} 来临时存储 $state(i-1,j-1)$ 的状态值。

算法 47 复杂状态压缩算法 2

1: **for** $j = 1$ to n **do** /* n 列 */
2:     **for** $i = 1$ to m **do** /* m 行 */
3:         $st_{cur} \leftarrow state[i]$;
4:         **if** $state[i] \geq 0$ **then**
5:             $state[i] \leftarrow \max\{state[i], st_{pre}\}$;
6:         **else**
7:             $state[i] \leftarrow \max\{state[i], state[i-2]\}$;
8:         **end if**
9:         $st_{pre} \leftarrow st_{cur}$;
10:     **end for**
11: **end for**
12: **return** $state[i]$;

5.8 动态规划和贝尔曼方程*

如果读者对 AlphaGo 在围棋上战胜人类还记忆犹新的话,那么对强化学习会很感兴趣。而强化学习的数学理论就是马尔科夫决策过程(Markov Decision Prcess,MDP),贝尔曼方程正是 MDP 最重要的一个公式。有人说,任意一个动态规划问题都可以建模成 MDP。但 MDP 是一个复杂的模型,作者会尽量将 MDP 描述得简单一些,使读者对其有个大概的了解,以帮助读者后续进一步学习 MDP。

当描述现实问题时,MDP 用**状态**(s)表示问题(即系统)处于不同的阶段,而 MDP 需要根据系统所处的状态,做出好的**动作**(也称决策,通常用 a 表示)。比如在旅行商问题

中，已经访问的城市和旅行商当前所处的城市构成的系统的状态，下一个要访问的城市构成了系统的动作，一旦访问了下个城市，则系统的状态发生了改变；再比如在围棋中，当需要落子时，棋盘上棋子的不同摆放表示不同的状态，而系统需要决策出在这些状态下，如何下一个棋子（动作），每下一个棋子会改变系统状态，但系统的下一状态还取决于对方如何落子。

MDP 还有一个非常重要的概念就是**状态转移概率**，这个概率取决于当前状态 s_i 和转移过去的状态 s_j，但也同时取决于在当前状态 s_i 下执行的动作 a，写成 $p_a(j|i)$。此外，还需要理解**策略 π**，所谓策略就是在某个状态下执行什么动作。如果我们假定在状态 $\{s_1, s_2, \cdots, s_n\}$ 下，系统执行的动作是 $\{a_1, a_2, \cdots, a_n\}$，那么这些动作就构成了一个策略，也就是 $\pi = \{a_1, a_2, \cdots, a_n\}$。显然，在某个策略下，我们很容易得出某一状态 s 对应的动作，即 $a = \pi(s)$。而 MDP 的最终目的就是寻找一个最好的策略 π^*。

为了找到最好的策略，我们需要评估在某个状态 s 下，做出动作 a 时系统的**收益**（或代价）是多少，收益（或代价）就是衡量动作好坏的标准。那么怎么去确定收益（或代价）？回到旅行商问题，假设当前已经访问城市集合 C_1，且在城市 c_1，做出的动作是去 c_2，则旅行商路径长度增加了城市 c_1 到城市 c_2 的长度，即 $d_{1,2}$，这就是代价。但注意，这个代价只是增加的代价，称为**即时代价**，用 $cost(s = \{C_1, c_1\}, a = c_2)$ 表示（$cost(\{C_1, c_1\}, c_2) = d_{1,2}$）。因为在某个状态下做出的动作会影响后续的状态，所以其代价不仅包含即时代价，还包含后续代价。我们用 $v^\pi(s)$ 表示在状态 s 下执行策略 π 的代价。令 $s_1 = \{\varnothing, c_1\}$，$s_2 = \{\{c_1\}, c_2\}$，$\cdots$，$s_n = \{\{c_1, \cdots, c_{n-1}\}, c_n\}$，可得：

$$v^\pi(s_1) = cost(s_1, a_1) + cost(s_2, a_2) + cost(s_3, a_3) + \cdots + cost(s_n, a_n) \tag{5.16}$$

其中，$a_1 = \pi(s_1)$，$\cdots$，$a_n = \pi(s_n)$。式（5.13）可写为

$$v^\pi(s_1) = cost(s_1, a_1) + (cost(s_2, a_2) + cost(s_3, a_3) + \cdots + cost(s_n, a_n))$$
$$= cost(s_1, a_1) + v^\pi(s_2) \tag{5.17}$$

为了最优化策略 π（用 * 表示最优化策略），也就是对于每个状态 s_i，其代价都是最小的，得：

$$v^*(s_i) = \min_{a_i} \{cost(s_i, a_i) + v^*(s_j)\} \tag{5.18}$$

其中 s_j 是 s_i 的下一状态。我们将这个式子推广到更一般的情况，比如在围棋例子中，我们希望收益最大化，所以用即时收益 $r_a(s_i)$ 代替即时代价 $cost(s_i, a_i)$，且围棋的下一状态不仅取决于系统做出的落子，同时也取决于对方的落子，而对方的落子，系统是无法知道的，系统只能用概率来预测，即当前状态为 s_i，执行动作 a 后，则系统进入下一状态 s_j 的概率为 $p_a(s_j|s_i)$，式（5.18）写为

$$v^*(s_i) = \max_a \{r_a(s_i) + \lambda \sum_j p_a(s_j|s_i) v^*(s_j)\} \tag{5.19}$$

λ 称为折扣因子，是一个介于 $(0,1)$ 的系数，之所以加上 λ，是让当前的即时代价对当前状态的总代价贡献最高，越往后，贡献越低。这个就是贝尔曼方程，也是动态规划的基本方程。在围棋中，落一个子，并不能立即判断这个落子是否下得好，那怎么去定义即时收益？因为此时无法判断，所以即时收益是 0，而最后一步导致赢棋或输棋的即时收益为 +1 或 -1。

我们再回头看一下式（5.18），$v^*(s_i)$ 表示目前已经访问了城市集合 C_i，现从城市 c_i 从发回到起始城市 c_1 的路径长度为 $TSP(C_i, c_i)$，则式子改写为

$$TSP(C_i, c_i) = \min_{c_j \in \{C - C_i\}} \{TSP(C_j, c_j) + d_{i,j}\} \tag{5.20}$$

其中，$C-C_i$ 表示剩余城市。这个式子和 5.4 节中的旅行商问题动态规划方程基本上是一致的，区别是旅行商动态规划方程中的 $TSP(c_1,C,c_i)$ 表示的是从 c_1 出发经过城市集合 C 到达 c_i 的路径长度。从这个例子可知，人们为什么把贝尔曼方程称为动态规划方程。

如果贝尔曼方程是有限的（n 是有限的），且存在边界条件（在围棋的例子中，最后一步赢或输可以看成是边界条件），显然可以通过本节讲解的自底向上的方法求解。但是，实际中的问题很多是无限的问题，所以不存在边界条件，因而不能用自底向上的方法求解，而围棋问题虽然是有限问题，但是其庞大的状态量也已经无法通过自底向上的方法求解。实际上，对于具有庞大状态量的决策问题，我们寻求的是一种近似解。贝尔曼方程有两种主要的动态规划算法，一种是值迭代算法，另一种是策略迭代算法。因篇幅关系，这里主要讨论值迭代算法。

值迭代算法的基本思想是：给系统的每个状态初始化一个随机值 v_0（v 表示 $v(s_i)$ 状态向量），然后通过迭代使得系统的状态值收敛，最后最大化贝尔曼方程选取每个状态的最优动作，形成最优策略。步骤如下。

1）初始化：为每个状态选取一个随机初始值 v_0（也可初始为 0），并设置 ϵ 用于退出迭代。

2）计算第 $i+1$ 步状态收益：此状态收益为在第 i 步的基础上的最大状态收益，即在第 i 步的基础上，寻找一个动作使得新的状态收益最大化：

$$v_{i+1} = \max_a \{r_a + \lambda P v_i\} \tag{5.21}$$

注：此为向量等式，v_{i+1} 为状态向量，r_a 为收益向量，P 为转移矩阵。

3）判断是否收敛：

$$\|v_{i+1}-v_i\| < \epsilon(1-\lambda)/2\lambda \tag{5.22}$$

不等式成立，表示收敛，转到步骤4），否则转到步骤2）。

4）对于每个状态 s_i，依据贝尔曼方程，选择一个最优动作 a，所有的最优动作形成最优决策 π^*。

$$\pi^*(s_i) = \arg\max_a \left\{r_a(s_i) + \lambda \sum_j p(s_j|s_i,a)v(s_j)\right\} \tag{5.23}$$

5.9 本章小结

需用动态规划算法的问题主要有两个特点，一是子问题重复，二是具有最优子结构性质。第一点是因为动态规划的计算过程是自底向上的，所以可以避免子问题的重复计算；而第二点是列出最优值递归式的充要条件，因为只有原问题的最优解包含了子问题的最优解，才能得出 n 规模问题和子问题（通常是 $n-1$ 规模问题）最优值（最优解）间的递归关系。

动态规划经常会和分治比较，这里总结一下两者的异同点。动态规划通常是求解最优解问题，比如本章的 0-1 背包问题、旅行商问题等；而分治可用于最优化问题求解，如最近点对问题、最大子数组问题等，也可用于非最优化问题，如排序、寻找第 k 小元素问题等。

动态规划和分治算法的共同点是两者都通过将问题转化为子问题求解，从这个角度来说，能用动态规划求解的问题，通常也可以用分治解决，如最大子数组、矩阵连乘问题

(这也是一个经典的动态规划问题,有兴趣的读者可以参考相关书籍)。不过,因为分治会对子问题进行大量的重复计算,效率较低。用分治求解的问题(通常是最优化问题),也能用动态规划解决,如前面描述的最大子数组的第一种动态规划算法(未经优化),但这种方法并没有提高算法的效率。正如上面指出,动态规划主要适合于求解那些子问题重复的问题,因此一些人认为动态规划的实质是分治和消除冗余。另外,通过对动态规划和分治在问题分解上的比较分析,可以得出以下结论。分治通常将一个问题(设规模为 n)分解成为规模大致相等的两个子问题(规模为 $n/2$),如寻找第 k 小元素问题、最近点对问题、最大子数组问题等;而动态规划通常是将问题分解为少一个元素的子问题(规模为 $n-1$),如旅行商问题、最大子数组问题、0-1 背包问题等。

本章中,我们接触到了算法中的一些经典问题,如 0-1 背包问题、旅行商问题、斯坦纳最小树问题等,而这些问题实际上是非常难的问题,这里的难不是说问题很难,没有求解思路,而是说当问题的规模很大时(n 很大时),无法设计一个算法来得出精确解,因为计算量太大,目前的计算机可能需要运行很长的时间才能得出结果。所以本章的动态规划算法只能求解规模较小的困难问题。

5.10 习题

1. 设序列 $X=\{x_1,x_2,\cdots,x_m\}$ 和 $Y=\{y_1,y_2,\cdots,y_n\}$ 的最长公共子序列为 $Z=\{z_1,z_2,\cdots,z_k\}$,则下列说法错误的是(   )。

   a) 若 $x_m=y_n$,则 $z_k=x_m=y_n$,且 Z_{k-1} 是 X_{m-1} 和 Y_{n-1} 的最长公共子序列

   b) 若 $x_m\neq y_n$,则 $z_k\neq x_m$,且 Z_k 是 X_{m-1} 和 Y_n 的最长公共子序列

   c) 若 $x_m\neq y_n$,则 $z_k\neq y_n$,且 Z_k 是 X_m 和 Y_{n-1} 的最长公共子序列

   d) 若 $x_m=y_n$,则 $z_k=x_m=y_n$,且 Z_k 是 X_{m-1} 和 Y_{n-1} 的最长公共子序列

2. 假如有一数组 [-2 11 -4 13 -5 -2],用动态规划求解此数组的最大子数组时,针对每个子问题的 b 值分别为多少?

3. 最长公共子序列的空间复杂度可以降到 $O(\min\{m,n\})$ 吗?如果可以,说明修改思路;如果不可以,说明理由。

4. 在书中,我们用动态规划解决机器人行走的问题。现将问题稍作修改:在 $m\times n$ 的网格中,存在一些障碍格子,如下图中灰色格子为障碍格子。

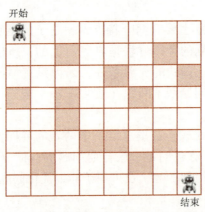

机器人无法穿越这些格子。同样机器人每次只能向右或向下走,求解机器人从入口

（图中标记为"开始"）到出口（图中标记为"结束"）的路径总数，要求：

1) 重新定义最优值的递归式。

2) 按照图（共8行8列，也就是结束格子的坐标为(8,8)），自底向上地计算所有的最优值。

3) 写出伪代码，求出所有不同的路径数，分析算法的运行时间。

5. 现有一辆卡车，总载重量为10吨（t），可以运送的货品有$A(1,1)$、$B(2,3)$、$C(4,6)$、$D(5,8)$、$E(8,10)$，(m,n)表示重量为mt、价值为n万元。选取哪些物品能让一次运送的价值最大？请给出自底向上的计算过程。

6. 在实际中，经常会碰到旅行商问题的一种变化，要访问的n个城市，一些城市只要访问其中一个即可，这个问题称为广义旅行商问题。如某采购员需要采购$m(m<n)$件物品，每个城市刚好提供一件物品，存在某些城市提供相同的物品，所以只要访问这些城市中的一个即可。如采购员需要购买$m=4$件物品$\{w_1,w_2,w_3,w_4\}$，有$n=6$个城市$\{c_1,c_2,c_3,c_4,c_5,c_6\}$，其中$c_1$可购买$w_1$，$c_2$可购买$w_2$，$c_3$或$c_4$可购买$w_3$，$c_5$或$c_6$可购买$w_4$。要求采购员通过最短路径来购买所有4件物品。请写出针对广义旅行商问题的最优值递归式。

7. 完成广义旅行商问题的最优解求解，要求写出伪代码，并求上题中的最优解。

8. 编写伪代码，求书中最小公共子序列的例子$X=\{a,b,a,b,d,a,b,e\}$，$Y=\{b,e,a,d,b,a,c\}$所有的最小公共子序列（最优值已经通过书中的动态规划表格得出）。

9. 完成书中图5.11a中所有最优值的计算（按照递归式的方式完成计算）。

10. 对数组$A[1\cdots n]$，设计一种算法找出其中最长连续非降序序列。如对$A=\{2,1,3,4,4,3,5,7\}$，其最长连续非降序序列为$\{1,3,4,4\}$。

11. 钱币兑换问题：有一个货币系统，假设它有n种硬币，$v_1,v_2,\cdots,v_n$现要求用这些硬币兑换面值为Y的纸币，且硬币数量最少，请用动态规划求解此问题。要求：

1) 列出递归式（M代表最少的硬币数量值，即用递归的方式表示M_Y）。

2) 现假设有3种面值分别为$v_1=1$、$v_2=2$、$v_3=5$的硬币，我们需要兑换价值为17的纸币，自底向上地计算1~17的每个M值，并且指出每个M是由之前的哪个M值得出的。

3) 给出问题2) 实例中的最优解和最优值。

12. 假设有家公司，每个月在上海或北京办公。月份i，在上海办公会有一个办公费用SH_i；而在北京办公则有办公费用BJ_i。但是如果月份i在一个城市办公，月份$i+1$搬到另外一个城市办公，会产生一个迁移费用C。给定n个月和迁移成本C以及上海办公成本$\{SH_1,SH_2,\cdots,SH_n\}$和北京办公成本$\{BJ_1,BJ_2,\cdots,BJ_n\}$。制订一个办公计划，使得办公成本最小。比如：$n=4$，$C=10$，两个城市的办公成本见下表。

城　　市	1月份	2月份	3月份	4月份
上海	1	3	20	30
北京	50	20	2	4

最小成本的办公计划为［上海，上海，北京，北京］，成本为1+3+2+4+10=20。

1) 设n个月的最优办公费用为$OPT(n)$，请给出$OPT(n)$的递归式。

2) 给出求解$OPT(n)$和最优办公计划的伪代码，并分析算法复杂度。

13. 现有一项工作，该工作每日报酬不同且每日单独结算。由于工作强度较大，最多每连续工作两天就需要休息一天才可继续参与工作。在给定一段时间内每日报酬的前提下，要求最大化此时间段内的总收益。例如，在一个连续4天的时间段上，每日报酬分别为100、

400、200 和 350，如选择工作第 1、3、4 天可获得 650，而选择第 2、3、4 天工作则不可行，因为连续工作超过了 2 天。

1) 给出上述 4 天工作的例子中最大化总收益的工作安排以及相应的最大收益。
2) 找出该问题的最优子结构性质，并给出子问题最优解的递推关系式。
3) 给出一个时间复杂度为 $O(n)$ 的动态规划算法。

14. 在一个 n 行 n 列的棋盘上，每个格子放有价值不等的若干枚硬币，一枚棋子从棋盘的最下方一行出发，每次可向上、左上或右上（不能超出棋盘边界）移动一格，到达最上方一行停止。从出发点开始途经的格子上的硬币将被收集起来，请设计一个动态规划算法给出收集到硬币的最大总价值。

1) 找出该问题的最优子结构性质，并给出子问题最优值的递推关系式。
2) 给出动态规划算法的伪代码。
3) 以下 4×4 的棋盘中给出了每个格子上的硬币的价值，要求自底向上地计算所有的最优值，并给出最终的最优解（一个完整路径即可）。

3	1	4	1
5	9	2	6
5	3	5	8
9	7	9	3

15. 装配线调度问题：设一个汽车需要经过装配线完成 n 个部件的安装，现有两个装配线，每一个装配线上有 n 个装配点，可分别安装汽车需要的 n 个部件，我们用 $s_{1,i}(s_{2,i})$ 表示第 1 条（第 2 条）装配线第 i 个装配点安装第 i 个部件所需的时间。汽车进行部件安装时，可选择两条装配线中的任意一个装配点进行装配。当汽车从同一装配线的一个装配点移到下一个装配点时，不需要额外的时间，但从一条装配线的第 i 个装配点，移到另一条装配线时（当然必然是第 $i+1$ 个装配点），需要增加额外时间，我们用 $t_{1,i}(t_{2,i})$ 表示从第 1 条（第 2 条）装配线的第 i 个装配点转移到另一条装配线所需的时间。图 5.16 表示了装配线调度问题，现在要求确定应如何调度一个汽车，即从哪条流水线进入，分别依次选择哪些装配点，使得总安装时间最小化。

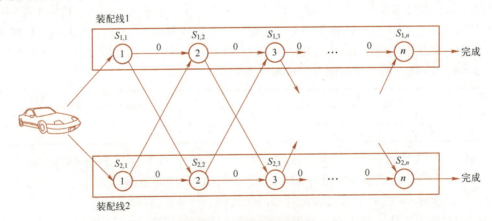

图 5.16 装配线调度问题

16. 流水线问题：设有 n 个作业 $\{j_1, j_2, \cdots, j_n\}$，流水线上有 m 个机器 $\{m_1, \cdots, m_m\}$，每个作业有 m 道工序，需要依次在这 m 台机器上完成，机器任意时间只能执行单个作业（如果一个作业在第 j 个机器上完成了，而第 $j+1$ 机器还被占用，则需要等待）。流水线上的作业是按照 $\{j_1, j_2, \cdots, j_n\}$ 顺序执行的，第 i 个作业在第 j 个机器上的作业时间为 $t_{i,j}$，用动态规划算法求所有作业在流水线上的最少作业时间。

1）分析问题是否具有最优子结构性质？
2）得出最优值的递归式。
3）自底向上的方法计算如下例子（3个作业和3个机器）所有的最优值。

$$[t_{ij}] = \begin{matrix} & j_1 & j_2 & j_3 \\ m_1 \\ m_2 \\ m_3 \end{matrix} \begin{pmatrix} 15 & 9 & 10 \\ 2 & 5 & 8 \\ 7 & 16 & 6 \end{pmatrix}$$

第 6 章 贪心

贪心算法也许是人们最喜欢的算法，因为它简单而高效。但因贪心算法只是从局部出发寻找一个最优解，并不一定会得到全局最优解。因而，设计出一个贪心算法后，需要证明设计的算法是否可以达到全局最优解。而这个证明通常并不容易，为此，本章一开始就分析了贪心算法得出全局最优解的条件，并总结如何去证明贪心算法是否可以得出全局最优解。之后，通过小数背包和 0-1 背包问题给出贪心算法的两个例子，一个可以得出全局最优解，另一个不能。接着，讨论贪心算法的两个著名的应用：最小生成树和霍夫曼编码。最后，在本章的应用单元，我们会讨论一个非常有意思的问题——稳定匹配。

6.1 基本概念

所谓"贪心"，是指算法每次做选择的时候是"贪心"的，也就是尽量选择从目前看来**是最好的**，如旅行商问题中，设目前处于城市 c_i，那么就选择一条从 c_i 到其他城市（还没有的城市）最短的边。显然这种局部最优选择，并不一定能达到全局最优。所以，贪心算法对某些问题可以得到全局最优解，但对另外一些问题是无法获得全局最优解的，因而，判断（或证明）贪心算法是否能够达到全局最优解是一个算法的重要组成部分。

尽管贪心算法在某些情况下是不能达到全局最优解的（如旅行商问题），但因为贪心算法相对简单、时间复杂度低（如旅行商问题贪心算法的复杂度为 $O(n)$，n 为城市数目），且其通常能够得到问题的近似最优解，在实际中得到了广泛的应用。

例 6.1 钱币兑换问题：某一货币系统有不同面值的硬币 n 种，面值从小到大分别为 $(v_1, v_2, \cdots, v_n)$，其中 $v_1=1$，另有一面值为 y 的纸币，先需要将这一纸币兑换成硬币，问如何兑换使得硬币的数目是最少的？设解向量 $\boldsymbol{x}=(x_1, x_2, \cdots, x_n)$，其中 x_i 对应面值为 v_i 的硬币兑换数量，即 $x_i \in \{0, 1, \cdots, y\}$，钱币兑换问题需要：

$$\min \sum_{i=1}^{n} x_i \tag{6.1}$$

$$\text{s.t.} \sum_{i=1}^{n} x_i v_i = y \tag{6.2}$$

1. 动态规划法

先用动态规划求解这个问题，步骤如下。

- 首先要判断一下这个问题的解是否具有最优子结构性质。设 X 是面值为 y 纸币的最优解，我们从 X 中取走一个面值为 v_i 的硬币，即 $X'.x_i \leftarrow X.x_i - 1$，则新的解 X' 必然是面值为 $y-v_i$ 纸币的最优解（用反证法很容易证明这个结论），所以钱币兑换问题具有最优子结构性质。

- 最优值的定义，令最优值（用变量 $N[y]$）为硬币的数量，按照上面最优子结构的分析，递归地定义最优值：

$$N[y] = \begin{cases} 0 & y=0 \\ \min_i \{N[y-v_i]+1\} & y>0 \text{ 且 } y-v_i \geq 0 \end{cases}$$

- 自底向上地计算最优值。比如现有面值为 17 的纸币，硬币有 3 种，面值分别为 $v_1=1$，$v_2=2$，$v_3=5$，则 N 值依次计算如下：

  $N[0]=0$，$N[1]=1$ $(N[0]+1)$，$N[2]=1$ $(N[0]+1)$，$N[3]=2$ $(N[1]+1)$，$N[4]=2$ $(N[2]+1)$，$N[5]=1$ $(N[0]+1)$，$N[6]=2$ $(N[5]+1)$，$N[7]=2$ $(N[5]+1)$，$N[8]=3$ $(N[7]+1)$，$N[9]=3$ $(N[7]+1)$，$N[10]=2$ $(N[5]+1)$，$N[11]=3$ $(N[10]+1)$，$N[12]=3$ $(N[10]+1)$，$N[13]=4$ $(N[12]+1)$，$N[14]=4$ $(N[12]+1)$，$N[15]=3$ $(N[10]+1)$，

  $N[16]=4$ $(N[15]+1)$，$N[17]=4$ $(N[15]+1)$

- 构造最优解，依据最优值括号中的信息，构造的最优解为 $X=\{5,5,5,2\}$。

2. 贪心算法

因为问题是需要兑换最少的硬币，所以针对钱币兑换问题的贪心选择很简单，无非就是先兑换大面额的硬币，只有在大面额的硬币无法兑换时，才兑换小面额的硬币，贪心算法如算法 48 所示。

算法 48　钱币兑换问题贪心算法

1：**Input**：纸币面值 y，从小到大排序的硬币面值 $(v_1,v_2,\cdots,v_n)$；
2：**Output**：硬币的兑换结果 X；
3：初始化：$i=n$；
4：**for** $i=n$ downto 1 **do**
5：　　**while** $y \geq v_i$ **do**
6：　　　　$X \leftarrow v_i \cup X$；
7：　　　　$y \leftarrow y - v_i$；
8：　　**end while**
9：**end for**
10：return X；

对上述钱币兑换问题的例子，贪心算法的计算流程为：先用面值最大的硬币 5 兑换，还剩 12；再用硬币 5 兑换，还剩 7；再用硬币 5 兑换，还剩 2；硬币 5 已经不能兑换，用硬币 2 兑换，完成。贪心解 $X=\{5,5,5,2\}$，同最优解㊀。

通过钱币兑换问题，我们发现贪心算法和动态规划对子问题的定义是不一致的，动态规划的子问题有 n 个，$y-v_i$，$\forall i \in \{1,2,\cdots,n\}$。而贪心算法的子问题就非常简单，$y=y-v_i$，$v_i$ 是贪心选择得出的解。

如果设 $\hat{X}_n$ 为 n 规模问题的贪心解，x 为 n 规模问题（纸币面值 y）的当前贪心选择，$\hat{X}_{n-1}$ 为子问题（纸币面值 $y-x$）的贪心解，那么，有以下等式：

㊀　并不是对所有的兑换问题，贪心算法都会得出最优解。

$$\hat{X}_n = x \cup \hat{X}_{n-1} \tag{6.3}$$

根据前面的描述，贪心算法是通过每次都选取一个局部最优解来实现对问题的求解，这种方法不一定能够达到全局最优解。那么，当设计了一个贪心算法后，如何去证明这个贪心算法得出的解是全局最优解？我们需要证明：**贪心算法每次选出的解都属于最优解集合**。为了实现上述目的，可以通过两种方法来实现。

(1) 替换法

替换法就是用贪心算法得出的解$(x_1, x_2, \cdots, x_n)$与最优解$(y_1, y_2, \cdots, y_n)$（注意：在替换法中，通常贪心解的个数和最优解的个数会被设置为一样）中的元素依次进行比较，如果元素x_i和y_i相同，则将最优解中的y_i替换成x_i，显然替换后的解还是最优解；如果不同，还是将y_i替换成x_i，但这时，还需要证明替换后的解依然是最优解。这样，将最优解中所有的元素替换为贪心解的元素后，如果替换后的解依然是最优解，显然贪心算法每次选出的解都属于最优解集合，也就是贪心算法得出的解（贪心解）是最优解。我们将会在下面的小数背包问题（6.2节）中采用这种方法。

也许读者会问，最优解显然是未知的，那怎么去和贪心解比较。实际上，我们不需要知道具体的最优解，只需要假设一个解是最优解。重要的是，要去证明当x_i和y_i不相同时，被替换后的解不比最优解差（依然是最优解）。

(2) 归纳法

如果能够证明贪心算法具有以下两个性质。

1) 贪心选择是正确的（贪心选择是最优选择）。

2) 问题具有最优子结构性质。

那么贪心解也是最优解。结合式（6.3），"贪心选择是正确的"指出了等式中x是属于最优解集合的，即$x = x^*$；"问题最优子结构性质"指出了：

$$X_n^* = x^* \cup X_{n-1}^*$$

其中，X_n^*是原问题的最优解，其必然包含子问题的最优解X_{n-1}^*。下面通过数学归纳法证明具有这两个性质的贪心算法能够得出最优解。

当原问题的规模为1时，因为$\hat{X}_1 = x$，且$x = x^*$（由性质1得出），所以$\hat{X}_1 = X_1^*$，成立。

设问题的规模为$n-1$时成立，即

$$\hat{X}_{n-1} = X_{n-1}^*$$

则当问题的规模为n时，

$$\begin{aligned}
\hat{X}_n &= x \cup \hat{X}_{n-1} \\
&= x^* \cup \hat{X}_{n-1} \text{（性质1）} \\
&= x^* \cup X_{n-1}^* \text{（假设条件）} \\
&= X_n^*
\end{aligned}$$

得证。我们将在最小生成树和霍夫曼编码中应用此方法来证明贪心解是最优解。

6.2 小数背包和0-1背包

扫码看视频

我们在第5章学习了0-1背包，小数背包和0-1背包相似，唯一不同的是，在小数背包问题中，可以选择物品的一部分，而不是全部装入背包。

定义 6.1（小数背包问题） 给定 n 种物品和一个背包。物品 i 的重量是 w_i，其价值为 v_i，背包的承重为 C。要求把物品装满背包，且使背包内的物品价值最大，在选择某物品时，可以只选择物品的一部分（如四分之一）装入背包。

在钱币兑换问题中，贪心选择是比较简单的，就是在可兑换的情况下，选择面值最大的硬币进行兑换。但在小数背包中，存在多种贪心选择，如选择价值最高的物品、选择最轻的物品及选择性价比（价值/重量）最高的物品。像这种存在多种贪心选择的，就需要确定一种最好的贪心。下面通过一个例子来确定应该选择哪种贪心。

例 6.2 某背包的承重是 100，现有 5 个物品，下面的表格列出了这 5 个物品的重量、价值和性价比。按照价值贪心选择、重量贪心选择和性价比贪心选择，给出相应的解和总价值。

物品	1	2	3	4	5
重量	10	20	30	40	50
价值	20	30	65	40	60
性价比	2	1.5	2.1	1	1.2

解：

（1）价值贪心

按照价值从高到低依次选择物品：3，5，4，2，1。

总重量 = 30+50+20 = 100（物品 4 只能取一半）。

总价值 = 65+60+20 = 145。

（2）重量贪心

按照重量从轻到重依次选择物品：1，2，3，4，5。

总重量 = 10+20+30+40 = 100。

总价值 = 20+30+65+40 = 155。

（3）性价比贪心

按照性价比从高到低依次选择物品：3，1，2，5，4。

总重量 = 30+10+20+40 = 100（物品取 4/5）。

总价值 = 65+20+30+48 = 163。

所以性价比贪心是最优贪心，性价比贪心如算法 49 所示。

算法 49 小数背包贪心算法

1: **Input**：背包承重 C，n 个按性价比排序好的物品，重量向量为 w，价值向量为 v；
2: **Output**：解向量 x，总价值 p；
3: 初始化：$x \leftarrow 0$，$p \leftarrow 0$；
4: **for** $i = 1$ **to** n **do**
5:     **if** $w[i] \leq C$ **then**
6:         $x[i] \leftarrow 1$；
7:         $C \leftarrow C - w[i]$；
8:         $p \leftarrow p + v[i]$；
9:     **else**

10:                exit;   /* 跳出 for 循环
11:         end if
12: end for
13: if $i \leq n$ then
14:         $x[i] \leftarrow \dfrac{C}{w[i]}$;
15:         $p \leftarrow p + v[i]\dfrac{C}{w[i]}$;
16: end if
17: return x, p;

6.2.1 小数背包贪心算法的正确性证明

前面指出了证明贪心算法得出的解是最优解有两种方法，小数背包贪心算法的正确性证明采用了第一种方法：替换法。

设物品都已经按照性价比排序好，并设 $X=(x_1,x_2,\cdots,x_k,x_{k+1},\cdots,x_n)$ 是贪心算法得出的解，其中 $0 \leq x_i \leq 1$ 表示物品 i 被放入背包的比例，$x_i=0$ 表示物品 i 没有被放入背包，$x_i=1$ 表示整个物品 i 都被放入背包，如果 x_i 介于 0 和 1 之间，表示只有部分被放入背包。按照贪心算法，容易得出贪心解 X 前面的元素为 1，后面的元素为 0，假设 x_{k+1} 是第一个为 0 的元素，则 $0 < x_k \leq 1$，且 $x_i=1$，$\forall i<k$。

设最优解 $Y=(y_1,y_2,\cdots,y_n)$，其中 $0 \leq y_i \leq 1$。依次比较贪心解 X 和最优解 Y，即 x_1 和 y_1 比较，x_2 和 y_2 比较，……。找到第一个不相同的元素 j，即 $x_j \neq y_j$，而前面所有的元素都相等。下面分析 x_j 和 y_j 的关系是什么（根据替换法，我们需要将 y_j 替换为 x_j，所以得出它们间的关系很重要）。

(1) $j<k$

因为当 $j<k$ 时，$x_j=1$，所以很容易得出 $y_j<x_j$。

(2) $j=k$

同样有 $y_j<x_j$。假设 $y_j>x_j$，因为前面的元素都是相等的，很容易得出最优解放入的物品的重量超出了贪心解放入的物品的重量，而贪心解放入物品的重量等于背包的重量，所以这是矛盾的。

(3) $j>k$

不存在这种情况，原因同上。

所以得出第一个不同的元素，必然有 $y_j<x_j$。接着，需要将最优解 Y 中 j 元素和之前的元素都替换成贪心解 X 中相应的元素，替换后 $Y'=(x_1,x_2,\cdots,x_j,y_{j+1},\cdots,y_n)$。替换后的解 Y' 和最优解 Y 唯一不同的是第 j 个元素，相对于最优解 Y，Y' 在背包中增加第 j 个物品，增加的重量为 x_j-y_jⓧ，增加的价值为 $(x_j-y_j)\dfrac{v_j}{w_j}$。为了满足背包的承重，必然需要从后面的物品中减去相同的重量，不管减少后面哪个物品（或哪些物品）的重量，其减去的价值为 $(x_j-y_j)\dfrac{v_{\bar{j}}}{w_{\bar{j}}}$，

ⓧ 实际重量为 $(x_j-y_j) \cdot w_i$，但用 x_j-y_j 表示重量不影响推导过程。

其中 $\dfrac{v_j^-}{w_j^-}$ 代表减去的物品的价值，因为第 j 个物品的性价比一定不小于那些减去重量的物品（物品是按性价比排序的），所以有 $\dfrac{v_j}{w_j} \geqslant \dfrac{v_j^-}{w_j^-}$，得出：

$$(x_j - y_j)\dfrac{v_j}{w_j} \geqslant (x_j - y_j)\dfrac{v_j^-}{w_j^-}$$

也就是放入物品的价值要大于减去物品的价值，更新后的 $Y' = (x_1, x_2, \cdots, x_j, y'_{j+1}, \cdots, y'_n)$ 要优于最优解 Y，得出替换后的解 Y' 也是最优解。重复上述过程，也就是将贪心解 X 继续和 Y' 比较，找到第一个不同的元素，继续替换成 Y''，同样，需要在 Y'' 减去相应的重量，依然可以得出更新后 Y'' 是最优解，重复这个过程，直到所有的元素都被替换为贪心解。因为在这个过程中，始终保持替换的解是最优解，最终可以得出贪心解是最优解。

6.2.2　0-1 背包贪心算法

贪心算法可以得出小数背包的最优解，那么 0-1 背包呢？答案是贪心算法不一定能够得出 0-1 背包的最优解。

例 6.3　比如背包重量为 9，现有 3 个物品，其重量、价值和性价比分别为 $\left(3, 4, \dfrac{4}{3}\right)$、$\left(4, 5, \dfrac{5}{4}\right)$、$\left(5, 6, \dfrac{6}{5}\right)$。

最优解为放入物品 2 和物品 3，总价值为 11。但如果按照贪心算法，会放入物品 1 和物品 2，总价值为 9。显然贪心解不是最优解。实际上，0-1 背包问题是非常复杂的问题，所谓复杂问题是指不存在一个时间复杂度比较低（比如多项式时间复杂度）的算法，其能够得出问题的最优解。因为贪心算法是从局部做出最优选择，复杂度较低。显然，用一个复杂度较低的算法去解决 0-1 背包问题，通常是无法得到最优解的。

6.3　最小生成树

我们之前已经接触过树，如二叉树。树是一种特殊的图，不存在回路的连通图称之为树，而图的最小生成树的定义如下。

定义 6.2（最小生成树）　设 $G = (V, E)$ 是无向连通带权图。E 中每条边 e_{ij} 的权为 $w(i,j)$。如果 G 的子图 G' 是一棵包含 G 的所有顶点的树，则称 G' 为 G 的生成树，在 G 的所有生成树中，各边权重总和最小的生成树称为最小生成树。

如图 6.1a 所示的无向连通带权图，其最小生成树如图 6.1b 所示（最小生成树不唯一，但最小生成树的权重总和唯一）。最小生成树有两个非常著名的算法，分别是 Kruskal 算法和 Prim 算法，这两个算法都是基于贪心算法。

6.3.1　Kruskal 算法

Kruskal 算法的流程如下。

1) 初始化：将图 $G = (V, E)$ 初始化为只有 n 个独立顶点的图，并将所有的边按权从小到大排序。

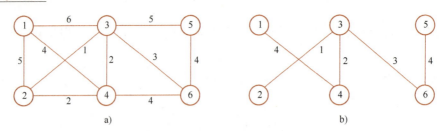

图 6.1 最小生成树

2)依次遍历排序好的边,如果边 e_{ij} 的两个顶点 v_i 和 v_j 属于不同的连通分支,则将此边加入到图中,否则忽略此边。

通过 Kruskal 算法生成最小生成树的过程如图 6.2 所示。首先将图中的节点看成独立的节点,将边按照从小到大排序如下:$\{e_{23}, e_{34}, e_{24}, e_{36}, e_{14}, e_{46}, e_{56}, e_{12}, e_{35}, e_{13}\}$。

① 添加 e_{23}。
② 添加 e_{34}。
③ 因 e_{24} 的两个顶点 v_2 和 v_4 属于同一连通分支,舍弃。
④ 添加 e_{36}。
⑤ 添加 e_{14}。
⑥ 因 e_{46} 的两个顶点 v_4 和 v_6 属于同一连通分支,舍弃。
⑦ 添加 e_{56}。
⑧ 因剩余边的顶点都属于同一连通分支,舍弃。

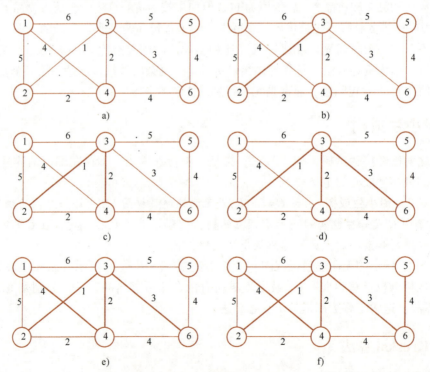

图 6.2 Kruskal 算法最小生成树

上述流程中,为了判断两个顶点是否属于同一连通分支,需要引入不相交集这个数据结构。如算法 50 所示,设输入的图 G 顶点的个数为 n,边的条数为 m。此算法中,第一个 for 循环(语句 4~6)为每个节点设置一个不相交集,复杂度为 $O(n)$;对边排序(语句 7)复杂度为 $O(m \log m)$;第二个 for 循环(语句 8~13)执行 m 次,循环体内的 FIND 语句(语句 9)的复杂度为 $O(\log n)$,即第二个 for 循环的复杂度为 $O(m \log n)$,所以算法总复杂度为 $O(m \log m + m \log n) = O(m \log m)$。

算法 50 Kruskal 算法

1: **Input**:图 $G = (V, E)$;
2: **Output**:最小生成树;
3: 初始化:$T \leftarrow \varnothing$;
4: **for** each $v \in V$ **do**
5:      DisjointSet(v);
6: **end for**
7: $E' \leftarrow$ 对 $|E|$ 按照权重进行排列;
8: **for** each $e_{ij} \in E'$ **do**
9:      **if** $FIND(v_i) \neq FIND(v_j)$ **then**
10:         $T \leftarrow T \cup \{e_{ij}\}$;
11:         UNION(v_i, v_j);
12:     **end if**
13: **end for**
14: **return** T;

在 Kruskal 算法中,每次总是从剩余的边里选择权重最小的边加入到树中,所以 Kruskal 算法是贪心算法,那么 Kruskal 算法生成的树是最小生成树吗?为了回答这个问题,需要引入图的割性质(Cut Property,也称为最小生成树性质)。

定理 6.1(割性质) 设 $G = (V, E)$ 是连通带权图,U 是 V 的真子集。如果边 $e_{ij} \in E$,$v_i \in U$,$v_j \in V - U$,且在所有连接 U 和 $V - U$ 的边中,e_{ij} 的权重 w_{ij} 最小,那么边 e_{ij} 一定在 G 的一棵最小生成树中。

因为所有连接 U 和 $V - U$ 的边被称为 U 的"割",所以此性质称为割性质。割性质说明只要往树中添加的边是属于某个割的最小边,那么添加的边属于最小生成树。

证明:

设 e 为图 G 的某个割 C(连接 U 和 $V - U$ 的边)的最小边,且此边不在图 G 的最小生成树 T 上。将此边添加到树 T 上形成图 G',因为在树上添加了一条边,所以 G' 必然存在一个包含边 e 的环路 R。可知,此环路的另一条边 e' 也必然连接 U 和 $V - U$,所以也属于割 C。将此边从 G' 删除形成 T',则 T' 必然是一棵树,T' 的权重为

$$W(T') = W(T) + w_e - w_{e'}$$

因为 e 和 e' 都属于割 C,且 e 是最小边,所以 $w_e \leq w_{e'}$,可得 $W(T') \leq W(T)$,因为 T 是最小生成树,所以 T' 也是最小生成树,定理得证。

引理 6.1 最小生成树具有最优子结构性质:Kruskal 算法每次选择一条边 e 将两个不连通的图 T_1 和 T_2 连成一棵树 T,设 T 是最小生成树,则 T_1 和 T_2 也是最小生成树。

证明：

最优子结构通过反证法很容易得证。设 T_1'（或 T_2'）是 T_1（或 T_2）节点集合的最小生成树，则用边 e 将这两个不连通的图 T_1' 和 T_2' 连成一棵树 T' 时，

$$W(T') = W(T_1') + W(T_2') + w_e < W(T_1) + W(T_2) + w_e = W(T)$$

这与 T 是最小生成树矛盾，引理得证。

定理 6.2 在有权无向连通图 $G=(V,E)$ 中，Kruskal 算法得出的生成树为最小生成树。

证明：

通过归纳法来证明，为此，需要证明：

1) Kruskal 算法每次选择的边都是正确的。

2) 最小生成树具有最优子结构性质。

Kruskal 算法每次添加的边都是将两个不连通的分支进行连接，设这两个不连通的分支为 T_1 和 T_2，添加的边为 e，因为 e 是剩余边中不会形成环路的最小边，则 e 必然为 T_1（或 T_2）和 $V-T_1$（或 $V-T_2$）割的最小边。依据割性质，此边必然属于最小生成树，第 1）点的证明完毕。第 2）点由引理 6.1 可得。定理得证。

6.3.2 Prim 算法

Prim 算法对任意节点 v 设置两个属性：$v.weight$ 表示 v 和已形成树所有相连边中最小边的权重；$v.prev$ 表示和 v 的最小边相连的那个节点（可看成 v 的前驱节点），显然这个节点是在已经形成的树中。算法流程如下。

1) 初始化：所有节点的 $weight$ 值置为 ∞，$prev$ 值置为 $null$，选择任意节点作为根节点，根节点的 $weight$ 置为 0，$prev$ 值为自身，并将根节点放入 T 中（最终的 T 为最小生成树），并将根节点设为当前节点。

2) 将所有和当前节点相连节点的 $weight$ 值进行更新，即如果和当前节点相连的边的权重小于节点的 $weight$ 值，则 $weight$ 值更新为边的权重，且将 $prev$ 值设为当前节点，否则，不进行任何更新。

3) 在剩余的节点（未加入到树中的节点）中，选择一个 $weight$ 值最小的节点加入到 T 中，并将此节点作为当前节点。

4) 重复步骤 2) 和 3)，直到所有的节点加入到 T 中。

对图 6.2a 应用 Prim 算法，其生成树的过程如图 6.3 所示。

图 6.3 中每个节点标注了 (x,y)，其中 x 表示 $weight$ 值，y 表示 $prev$ 值。算法首先将所有节点的 $weight$ 值和 $prev$ 值分别设置为 ∞ 和 $null$（因篇幅原因，此图没有画出）。

1) 选择节点 v_1 作为根节点，加入到 T 中，并作为当前节点，更新所有和当前节点相连节点的 $weight$ 值和 $prev$ 值，因与节点 v_1 相连，节点 v_2、v_3、v_4 的 $weight$ 值会变小，所以更新这三个节点的 $weight$ 值和 $prev$ 值，如图 6.3a 所示。

2) 从还没有加入到 T 的节点中选择一个 $weight$ 值最小的，即节点 v_4，加入到 T 中，并作为当前节点，随后更新所有和节点 v_4 相连节点的 $weight$ 值和 $prev$ 值，如图 6.3b 所示。

3) 此时，因节点 v_2 和 v_3 的 $weight$ 值都为 2，可以随机选择 v_2 和 v_3 中的一个节点，这里选择节点 v_3 加入到 T 中，并作为当前节点，随后更新所有和节点 v_3 相连节点的 $weight$ 值和 $prev$ 值，如图 6.3c 所示。

4) 此流程重复执行，直到所有的节点都被加入到 T 中，如图 6.3d~f 所示。最后生成

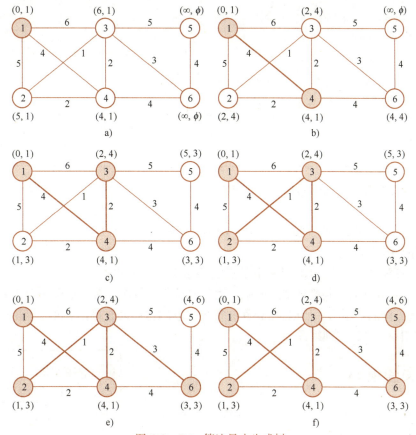

图 6.3 Prim 算法最小生成树

的最小生成树和 Kruskal 算法一致。

在 Prim 算法中，需要每次从剩余的节点中提取 weight 值最小的节点，为了提高算法的效率，采用最小堆来存储剩余节点，如算法 51 所示。算法中，while 语句（语句 8）共执行 n 次（n 为节点的个数），执行堆顶元素删除语句（语句 9）的复杂度为 $O(\log n)$，所以语句 9 总复杂度为 $O(n \log n)$；while 语句和 for 循环（语句 11）两个语句一起遍历每个节点的邻节点，所以总共执行 $2m$ 次（m 为图边的条数）；执行 SiftUp 语句（语句 14）的复杂度为 $O(\log n)$，所以语句 14 的总复杂度为 $O(m \log n)$；算法总复杂度为 $O(n \log n + m \log n) = O(m \log n)$。

算法 51 Prim 算法

1: **Input**：图 $G = (V, E)$；
2: **Output**：最小生成树；
3: **for** each $v \in V$ **do**
4:    $v.weight = \infty$，$v.prev = null$；
5: **end for**
6: 随机选择一个顶点 v，$v.weight = 0$；
7: $H \leftarrow makeheap(V)$；   /* 按照节点的 weight 值建堆 */
8: **while** $H \neq \emptyset$ **do**
9:    $v \leftarrow delete(H)$；
10:    $T \leftarrow T \cup \{v\}$；

11:    **for** each $u \in neighbor(v)$ 且 $u \in V-T$ **do**
12:        **if** $u.weight > w_{uv}$ **then**
13:            $u.weight \leftarrow w_{uv}, u.prev \leftarrow v$;
14:            $SiftUp(u, H)$
15:        **end if**
16:    **end for**
17: **end while**
18: **return** T;

定理 6.3 在有权无向连通图 $G=(V,E)$ 中，Prim 算法得出的生成树为最小生成树。

证明：

同样通过归纳法来证明，需要证明：①Prim 算法每次选择的边都是正确的；②最小生成树具有最优子结构性质。

在 Prim 算法中，已经加入到树中节点的集合为 T，算法每次从集合 $V-T$ 中选择一个 $weight$ 值最小的节点加入到集合 T，实际上就是选择了一条连接集合 T 和集合 $V-T$ 的最小边 e，显然 e 是 T 割的最小边，所以 Prim 算法每次选取的边都是正确的，第①点得证。第②点的证明参考引理 6.1。定理得证。

6.4 霍夫曼编码

扫码看视频

在信息论中，需要用二进制来存储和传输数据。比如现有一个字符集合 $A=\{a,b,c,d,e\}$ 五个字符，每个字符出现的频率分别为 $\{0.1,0.15,0.3,0.16,0.29\}$。现在需要对这些字符进行编码，一种简单的编码是基于固定长度的二进制，因为字符有 5 个，所以需要 3 比特的编码，比如 $C=\{000,001,010,011,100\}$。用频率×编码长度来表示一个字符的编码代价，则字符集合中每个字符的代价 $W=\{0.3,0.45,0.9,0.48,0.87\}$，则等长编码的总代价为

$$L(C) = \sum_{a \in A} W_a = 0.3 + 0.45 + 0.9 + 0.48 + 0.87 = 3$$

这样，对于总共 1 万个字符，共需要 3 万个比特来存储。但如果让那些频率高的字符采用更短一点的编码，而频率低的字符采用更长一点的编码，是否可以减少存储量？比如对上面的字符集合采用编码 $C'=\{010,011,11,00,10\}$，则每个字符的代价为 $W'=\{0.3,0.45,0.6,0.32,0.58\}$，此变长编码的总代价为

$$L(C') = \sum_{a \in A} W'_a = 0.3 + 0.45 + 0.6 + 0.32 + 0.58 = 2.25$$

也就是对于 1 万个字符，只需要 2.25 万个比特存储，节省了 25% 的存储。

在二进制的编码系统中，采用了二叉树来表示编码，称之为编码树。在编码树中，左子节点代表 0，右子节点代表 1，叶子节点代表了某一字符的编码。在等长编码系统中，所有的字符具有相同的编码长度，所以编码树的叶子节点都处于相同的深度，图 6.4a 表示对 A 的等长编码，其中每个叶子节点的右上标出相应字符的频率，而非叶子节点的频率为其子节点的频率和。对 A 的变长编码如图 6.4b 所示，在变长编码树中，每个非叶子节点都有两个

子节点[一]。因为我们可以设计出很多种变长的编码，不同编码的代价不同，而在所有的编码中，代价最小的编码称为**最优编码**，那么在最优编码树中，是不是节点都有两个子节点？答案是肯定的，假设在最优编码树中，①某个节点 x 只有一个叶子节点 a（见图 6.5a），显然，将叶子节点 a 删除，并将节点 x 作为 a 的字符编码，可以得到一个更优的编码树。②假设节点 x 只有一个非叶子节点（见图 6.5b），则可以将此节点下最深的叶子节点 a 作为节点 x 的另一个子节点，再把另一个叶子节点 b 删除，其父节点作为 b 的字符编码（同第一种情况），显然也可以得到一个更优的编码树。所以，最优编码树的每个非叶子节点都有两个子节点。

基于编码树，可以直接计算编码系统 C 的代价：

$$L(C) = \sum_{a \in A} a.fq * d_T(a)$$

其中，$a.fq$ 表示字符 a 的频率，而 $d_T(a)$ 表示字符 a 在树中的深度。

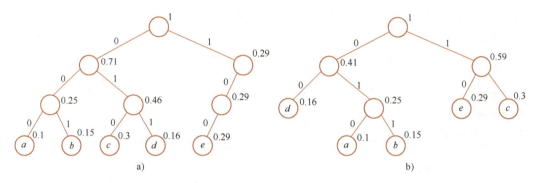

图 6.4　等长、变长编码树

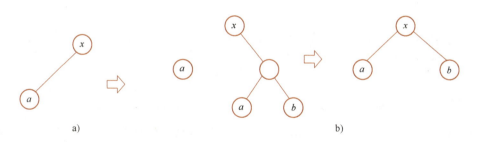

图 6.5　最优编码树的每个节点都有两个节点

对于变长编码，如果出现一个短的码字是另一个更长码字的前缀，则系统无法正确地解码（即从二进制中解析出字符），比如 $a = 01$，$b = 011$，当接收一个编码为 011110 时，系统无法确定第一个字符是 a 还是 b。为此，对于变长编码，任意一个码字不能是其他码字的前缀，这种编码称为**前缀码**，前面的编码例子 C' 就是前缀码，显然前缀码的解码是不会出现歧义的。比如对于编码 01101000，很容易解码出为单词 "bad"。当用编码树来表示编码系统时，如果所有的字符都是叶子，则该编码树代表的编码系统一定是前缀码。

霍夫曼编码是一种变长的前缀码。如上所述，一种设计良好的变长编码可以节省存储空间，也就是实现了数据压缩。同时，霍夫曼编码可以完全还原出被压缩的数据，所以霍夫曼编码也是一种无损压缩编码。设 $A = \{a_1, a_2, \cdots, a_n\}$ 是有 n 个元素的字符集合，**霍夫曼编码**

[一]　有些书中也将每个节点都具有两个子节点的树称为满二叉树。

通过如下的步骤构造霍夫曼编码树。

1) 从字符集合 A 中选取两个频率最低的字符 a_i 和 a_j。

2) 将 a_i 和 a_j 合并为 a_k，即 a_i 节点和 a_j 节点分别作为 a_k 节点的左右子节点，且 a_k 的频率为 a_i 和 a_j 的频率之和（$a_k.fq=a_i.fq+a_j.fq$）。

3) 如果 A 中已经没有元素，停止算法，返回生成的编码树；否则，将 a_k 插入到 A 中，并重复以上步骤。

为了实现从 A 中选取两个频率最小的字符，我们可以对 A 中所有的元素按照其频率从小到大进行排序，但因步骤 3) 要重复 $n-1$ 次，每次都需要排序，复杂度为 $O(n^2 \log n)$。即使按照二分搜索后，对合并的元素 a_k 进行插入，其复杂度也为 $O(n)$（虽然二分搜索的复杂度为 $\log n$，但插入需要平均移动元素 $\frac{n}{2}$ 个元素），总体复杂度依然达到 $O(n^2)$。如果将 A 中的元素按照频率组织成最小堆，则取两个频率最低元素的复杂度为 $\log n$，插入一个合并后元素的复杂度也是 $\log n$，所以总体复杂度降到了 $O(n \log n)$。算法 52 给出了霍夫曼编码树的构造算法。

算法 52 霍夫曼编码树

1: **Input**：字符集合 C；
2: **Output**：字符编码树；
3: $T \leftarrow$ 生成 C 的堆；
4: $n \leftarrow |C|$；
5: **for** $i = 1$ to $n-1$ **do**
6:     生成节点 z；
7:     $z.leftson \leftarrow delete(T)$；
8:     $z.rightson \leftarrow delete(T)$；
9:     $z.freq \leftarrow z.leftson.freq + z.rightson.freq$；
10:     $insert(T, z)$；
11: **end for**
12: **return** T；

例 6.4 对于频率为 $\{0.1, 0.15, 0.3, 0.16, 0.29\}$ 的字符集合 $A=\{a,b,c,d,e\}$，生成霍夫曼编码树。

解：

霍夫曼编码树的生成过程如图 6.6 所示。

- 初始时，A 中的 5 个元素组织成堆如图 6.6a 所示。
- 算法选取了两个频率最小的元素 a 和 b 后，堆如图 6.6b 所示，同时 a 和 b 形成了新的元素 f（部分编码树）。
- 将 f 插入到堆中，形成如图 6.6c 所示的新堆。
- 选取了两个频率最小的元素 d 和 f 后，堆如图 6.6d 所示，d 和 f 形成了新的元素 g，更新编码树。
- 将 g 插入到堆中，形成的新堆如图 6.6e 所示。
- 继续选取两个频率最小的元素 e 和 c 后，堆如图 6.6f 所示，e 和 c 形成了新的元素 h，更新编码树。
- 将 h 插入到堆中，形成的新堆如图 6.6g 所示。

- 选取两个频率最小的元素 g 和 h 后，堆中已经没有元素，并生成了最终的编码树，如图 6.6h 所示。

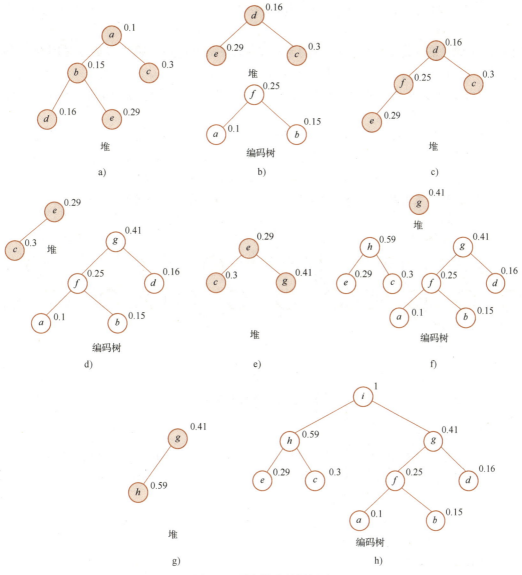

图 6.6 霍夫曼编码树例子

霍夫曼编码是最优前缀码吗？答案是肯定的，这里依然通过归纳法来证明霍夫曼编码是最优前缀码，为此，先证明两个引理。

引理 6.2 最低频的两个字符在最优前缀码树中，一定是深度最深的两个叶子（码字长度相同，且只有最后一个比特不同）。

证明：

在字符集 A 中，频率最低的两个字符为 a_1 和 a_2，假设这两个字符并不在最优前缀码树的最深层，令树最深层的两个字符分别为 a_i 和 a_j（注意，因为是最优编码树，树中所有非叶子节点必然有两个子节点），编码树 T_1 如图 6.7a 所示。现将 T_1 中的节点 a_1 和 a_i 互换，形成如图 6.7b 所示的编码树 T_2，T_2 编码树的代价为

$$L(T_2) = L(T_1) - a_1.fq * d_{T_1}(a_1) + a_1.fq * d_{T_2}(a_1) - a_i.fq * d_{T_1}(a_i) + a_i.fq * d_{T_2}(a_i)$$
$$= L(T_1) - a_1.fq * (d_{T_1}(a_1) - d_{T_2}(a_1)) - a_i.fq * (d_{T_1}(a_i) - d_{T_2}(a_i))$$
$$= L(T_1) - (a_1.fq - a_i.fq) * (d_{T_1}(a_1) - d_{T_2}(a_1))$$
$$\leq L(T_1)$$

式子第 3 步成立是因为 $d_{T_1}(a_1) - d_{T_2}(a_1) = -(d_{T_1}(a_i) - d_{T_2}(a_i))$，第 4 步成立是因为 $a_1.fq - a_i.fq \leq 0$，$d_{T_1}(a_1) - d_{T_2}(a_1) \leq 0$，所以 $(a_1.fq - a_i.fq) * (d_{T_1}(a_1) - d_{T_2}(a_1))$ 是一个正数。之后，将 T_2 的节点 a_2 和 a_j 互换，形成图 6.7c 所示的编码树 T_3，同理可得 $L(T_3) \leq L(T_2)$，所以 $L(T_3) \leq L(T_1)$，引理得证。

引理 6.3 最优前缀码具有最优子结构性质：设字符集合 $\{a_1, a_2, a_3, \cdots, a_n\}$ 的最优编码树为 T_n，不失一般性，令 a_1 和 a_2 为字符集中频率最小的两个字符，令 a_{12} 为 a_1 和 a_2 合并后的字符，其频率为 a_1 和 a_2 频率之和。如果删除了 T_n 中的 a_1 和 a_2，并以 a_1 和 a_2 的父节点 a_{12} 作为叶子节点，则形成的树 T_{n-1} 必然为集合 $\{a_{12}, a_3, \cdots, a_n\}$ 的最优编码树。

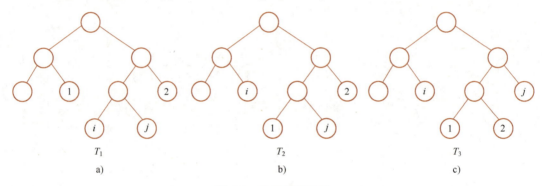

图 6.7 最优前缀码树

证明（反证法）：

设 T_{n-1} 不是最优编码树，令 T'_{n-1} 为集合 $\{a_{12}, a_3, \cdots, a_n\}$ 的最优编码树，即 $L(T'_{n-1}) < L(T_{n-1})$。将 T'_{n-1} 中的节点 a_{12}（叶子节点）展开成节点 a_1 和 a_2，形成的树为 T'_n，则树为 T'_n 的代价为

$$L(T'_n) = L(T'_{n-1}) + a_1.fq + a_2.fq < L(T_{n-1}) + a_1.freq + a_2.freq = L(T_n)$$

即 T_n 不是最优编码树，矛盾。引理得证。

定理 6.4 霍夫曼编码生成的树是最优编码树。

证明：

依旧证明两点：①霍夫曼编码的选择是正确的；②最优前缀码具有最优子结构性质。因霍夫曼编码每次选择两个频率最低的字符进行合并，所以这两个字符一定是剩余元素编码树中深度最深的叶子节点，依据引理 6.2，可得霍夫曼编码的选择是正确的。第②点由引理 6.3 直接可得。定理得证。

6.5 贪心算法在稳定匹配中的应用*

每年研究生考试后，考研学生面临学校选择问题，而一些学校为了能够录取到优质生源，会在很短的时间内就发布录取信息，同时要求被录取的学生尽快做出决定是否就读该校。而一些并不以这些学校作为第一志愿的学生就需要尽快做出选择。那有没有可能找出一种大家都满意的匹配？实际上，是很难找到一个让所有的人都满意的解决方案。但我们可以找出一个稳定的解决方案，也就是不存在不稳定的学校和学生匹配。那么什么是不稳定匹配？我们从另外一个更容易理解的例子——男女生配对来讨论。假设现有 n 个男生和 n 个女生进行配对，设有配对 (m_i, f_i) 和 (m_j, f_j)，其中 m 代表男生，f 代表女生。对 m_i 来说，比起 f_i，他更喜欢 f_j；而对 f_j 来说，比起 m_j，她更喜欢 m_i。显然，这种配对并不稳定，因为容易形成新的配对 (m_i, f_j)。

定义 6.3（不稳定匹配） 在匹配问题中，存在一方（用 m 表示）和另一方（用 f 表示）并没有匹配在一起，但它们更希望彼此匹配在一起，也就是 m 比起它目前的匹配，更希望和 f 匹配；同样，f 比起它目前的匹配，更希望和 m 匹配。这种匹配称为不稳定匹配。

我们希望能通过一种贪心算法得出稳定匹配。

思路 6.1 一种简单的方法是让能匹配的先匹配掉，剩余的再匹配。如在男女配对的例子中，让女孩把自己最中意的男孩列出来，然后让这些男孩在可选择的女孩中选最中意的进行匹配。匹配未成功的继续执行相同的操作，直到所有人都匹配。

可惜，这种方法并不能达到稳定匹配。举个例子，有 3 男 $\{m_1, m_2, m_3\}$，3 女 $\{f_1, f_2, f_3\}$，其中意对象的排序为

$$
\begin{matrix} m_1: \begin{pmatrix} f_3 & f_2 & f_1 \\ f_1 & f_3 & f_2 \\ f_1 & f_2 & f_3 \end{pmatrix} & f_1: \begin{pmatrix} m_1 & m_3 & m_2 \\ m_1 & m_2 & m_3 \\ m_3 & m_2 & m_1 \end{pmatrix} \\ m_2: & f_2: \\ m_3: & f_3: \end{matrix}
\tag{6.4}
$$

按照上面的算法，

- 第一轮：f_1 希望和 m_1 配对，f_2 也希望和 m_1 配对，f_3 希望和 m_3 配对；则 m_1 会选择 f_2，而 m_3 会选择 f_3。
- 第二轮：f_1 在剩余的男生中选择最中意的男生 m_2（实际上，只剩下 m_2 未匹配，没得选择），m_2 没有其他选项，只能选择和 f_1 配对。

但匹配 $\{(m_1, f_2), (m_2, f_1), (m_3, f_3)\}$ 并不是一个稳定匹配，因为 m_3 和 f_1 比起他们目前匹配的对象更喜欢和对方在一起。

思路 6.2 出现不稳定匹配的原因是，男生做了选择后，就无法再改变，即使后来出现他更希望在一起的对象，所以消除不稳定匹配的手段是让男生重新选择。

因为现在男生可以重新选择，所以匹配时，无须所有的女生都同时提出配对，依次提出即可，也就是 f_1 先提，再 f_2，然后 f_3，以此类推（注意：女生提出配对的顺序是不重要的，并不会影响算法最终的结果）。而男生有接受、不接受（已经有更好的了）以及取消原有配对并和该女生形成新匹配这 3 种动作。当一轮执行完毕后，未匹配的女生执行下一轮，直到找到所有的配对。依照此方法，对上面的例子重新配对。

1) f_1 希望和 m_1 配对，形成 (m_1, f_1)。
2) f_2 希望和 m_1 配对，m_1 更中意 f_2，取消配对 (m_1, f_1)，形成新的配对 (m_1, f_2)。
3) f_3 希望和 m_3 配对，形成 (m_3, f_3)。
4) f_1（因被 m_1 取消过配对）希望和 m_3 配对，m_3 更中意 f_1，取消配对 (m_3, f_3)，形成新的配对 (m_3, f_1)。
5) f_3（因被 m_3 取消过配对）希望和 m_2 配对，形成 (m_2, f_3)。

最终形成匹配$\{(m_1,f_2),(m_2,f_3),(m_3,f_1)\}$，此匹配为稳定匹配。以上算法为 Gale-Shapley 算法①的应用，依据此应用，给出 Gale-Shapley 算法匹配(m,f)的规则，具体如下。

- 任一未匹配f，对另一方提出匹配请求，设请求对象为m，如果m还没有匹配，则匹配成功；如果已经匹配，则m将当前的匹配和f比较，如果f更合适，则取消当前匹配，形成匹配(m,f)，否则拒绝f的匹配。
- 当f提出匹配而无法形成（因为m已经有更好的匹配），或者之前的匹配被取消了（m找到了更好的匹配），需要在下一轮中再次提出匹配请求，请求对象为列表中未拒绝f的最中意对象。

因f每次提出匹配请求总是其列表中未拒绝对象中选择最好的，且m也总是在所有可选择的对象中选取最好的，所以，Gale-Shapley 算法显然是一种贪心算法。分析一下 Gale-Shapley 算法得出的匹配一定是稳定匹配吗？为了方便分析，还是以男女配对为例。先说明 Gale-Shapley 算法得出的匹配一定是完美匹配，这是因为，当男生收到一个配对请求时，那么他一定会配对成功（也许他最终并不一定会和这个配对请求匹配），而每个男生一定会收到配对请求，因为男女生的数目是一致的。

接着，用反证法证明稳定性，假设算法是不稳定匹配，即存在一对男女，设为$\{m_i,f_i\}$，他们虽然更希望在一起，但是算法没有将他们配对在一起，算法得出的配对设为(m_i,f_j)和(m_j,f_i)，也就是说，m_i相对于f_j更希望和f_i在一起，而f_i相对于m_j更希望和m_i在一起。m_i没有和f_i在一起，说明f_i从来没有向m_i提出过配对请求，或者说明f_i只向比m_i更中意的男生提出过配对请求，也就是说f_i从来没有向m_j提出过配对请求，这和最终m_j和f_i配对成功矛盾。

定理 6.5 Gale-Shapley 算法得出的匹配是稳定匹配。

最后，分析一下 Gale-Shapley 算法到底是对男生（配对接受方）有利，还是对女生（配对提出方）有利。对某女生f_i来说，所有和其配对构成稳定匹配的男生都称为**可行 (feasible) 对象**，有以下引理。

引理 6.4 在 Gale-Shapley 算法运行过程中，任一女生只被其不可行对象拒绝或取消过配对。

证明：

用归纳法证明，假设在前 $n-1$ 步配对，所有配对都是被不可行对象拒绝（或取消）。在第 n 步，某女生f_j提出对男生m_i的配对请求，而男生取消了原先的配对(m_i,f_i)，形成了新的配对(m_i,f_j)，现需要证明m_i必然是f_i的不可行对象，也就是配对(m_i,f_i)是不稳定匹配。由第 n 步可知，比起m_i，那些让f_j更中意的男生已经取消了和f_j的配对，由归纳假设可得，那些更中意的男生和f_j都是不可行对象。

再假设某算法得出了配对(m_i,f_i)和(m_j,f_j)。因为m_i为f_j取消了配对(m_i,f_i)，说明比起f_i，m_i更中意f_j。而对f_j来说，存在两种情况：①比起m_j，f_j更中意m_i，显然，此时算法得出的是不稳定匹配，因为会形成新的匹配(m_i,f_j)；②f_j更中意m_j，但按照前面得出的条件，所有让f_j更中意的男生和f_j都是不稳定匹配，即(m_j,f_j)也是不稳定匹配。所以，我们证明了任何算法只要得出配对(m_i,f_i)，都是不稳定匹配。也就是证明了归纳法第 n 步的拒绝也是由不可行对象提出的。

---

① 该算法由 David Gale 和 Lloyd Shapley 联合提出，Lloyd Shapley 因其在静态匹配中的卓越研究，于 2012 年获得了诺贝尔经济学奖，遗憾的是 David Gale 已于 2008 年逝世，并未分享这一奖项。

定义 $best(f)$ 为女生 f 所有可行对象中的最中意的男生（对象），则有以下推理。

推理 6.1　对于任一女生 f，与其配对的总是 $best(f)$，即 Gale-Shapley 算法总是配对 $(best(f), f)$。

证明：

设对某一女生 f，Gale-Shapley 算法得出的配对是 (m, f)，即 f 的中意对象列表中，m 之前的男生都已经拒绝过 f，则由引理 6.4 得出，所有拒绝 f 的男生都是不可行对象，直接得出 $m = best(f)$。定义 $worst(m)$ 为男生 m 所有可行对象中最不中意对象，则有以下推理。

推理 6.2　对于任一男生 m，与其配对的总是 $worst(f)$，即 Gale-Shapley 算法总是配对 $(m, worst(m))$。

证明：

设对某一男生 m，Gale-Shapley 算法得出的配对是 (m, f)，由推理 6.1 可知，$m = best(f)$。再假设存在另一稳定匹配算法得出配对 (m, f') 和 (m', f)。首先，由 $m = best(f)$ 可知，比起 m'，f 更中意 m；其次，因这个算法也是稳定算法，所以比起 f，m 更中意 f'（否则就是不稳定算法）。因为假设的稳定匹配是任意的，也就是对于任一稳定对象 f'，都使 m 更中意（相比于 f），即 $f = worst(m)$。

本节都在讨论男女生配对问题，我们好像从来没有讨论过一开始提出的学生择校问题，其实这是同一类问题，所以在择校过程中，如果采用 Gale-Shapley 算法，会得出稳定匹配。但同样的，如果是学校提出录取，而学生做出选择，则总是学校得到最好的稳定匹配学生，而学生确实选择了最差的稳定匹配学校。为了让学生选择最好的稳定匹配学校，应该让学生提出意愿学校，而学校做出选择。最后提一下，本节讨论的是稳定匹配问题，而最优匹配问题（这两个问题是完全不同的问题）会在第 9 章详细分析。

6.6　本章小结

本章讨论了贪心算法，贪心算法总是从局部出发，选择一个从当前看来最优的解，这种性质使得贪心算法的复杂度不会很高（所以本章并没有分析算法复杂度），但同时也会造成贪心算法不一定能够得出最优解。尽管本章主要讲解了贪心算法得出最优解的情况，但是实际中，贪心算法经常会被用来求解一些复杂问题，如旅行商问题，低复杂度的贪心算法通常并不能得出最优解。但人们还是喜欢用贪心算法来解决这类复杂问题，因为贪心算法得出的解可以作为最优解的近似解。

对于贪心算法最优解的证明，我们给出了两种方法，替换法和归纳法。但贪心算法能够得出最优解的本质还是因为：①问题具有最优子结构性质；②贪心选择得到的解是正确的（属于最优解）。所以，尽管我们是用替换法来求证小数背包的贪心算法，但实质上，其依然具有上面两方面的性质：小数背包显然具有最优子结构性质；小数背包每次贪心选择的物品必然是属于最优解的。最后，我们再讨论一下最优子结构性质。动态规划利用了最优子结构性质来得出最优值的递归式，而贪心算法能得出最优解的前提条件之一是问题具有最优子结构性质。我们通常会有一个疑惑，到底是"问题"具有最优子结构性质，还是"算法"具有最优子结构性质？在我们日常的表述中会说"问题"具有最优子结构性质，但是最优子结构性质的定义是"问题的最优解包含了子问题的最优解"，所以最优子结构性质也是和"解"（即"算法"）相关的。例如，同是最小生成树，在 Prim 算法中，指的是 n 个节点的最小生成树必然包含了 $n-1$ 个节点最小生成树；而在

Kruskal 算法中，n 个节点的最小生成树(T) 必然包含了 m 个节点的最小生成树(T_1) 和 $n-m$ 个节点的最小生成树(T_2)（引理 6.1）。所以，最优子结构性质是针对问题的，但是设计不同算法时，子问题的定义并不相同。

6.7 习题

1. 通过 Kruskal 算法和 Prim 算法求解下图的最小生成树。

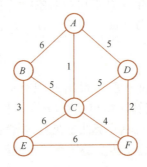

2. 为五个使用频率不同的字符设计霍夫曼编码，下列方案中哪个不可能是霍夫曼编码？
   a) 00, 100, 101, 110, 111
   b) 000, 001, 01, 10, 11
   c) 0000, 0001, 001, 01, 1
   d) 000, 001, 010, 011, 1

3. 某段文本中只有 $\{a,b,c,d,e,f\}$ 六个字母，其出现的相对频次分别是 $a:7, b:2, c:3, d:4, e:10, f:4$。

   1) 请用霍夫曼算法找出最优编码，要求画出编码树。
   2) 假设该文本共有 100 个字符，使用霍夫曼编码比使用等长编码减少了多少个比特？

4. 在钱币兑换问题中，当硬币的面值如何设置时用贪心算法可以实现最优解？请证明贪心算法在这种情况下得到的解是最优解。

5. 给定一个整数集合和一个整数 k，将该数组划分为 k 个子集，请找到一种划分方式使得所有子集的极差之和最大（子集的极差是指子集中最大元素和最小元素的差）。例如给定集合$\{1,2,3,4,5\}$ 和整数 $k=3$，分为 $\{1,5\}$、$\{2,4\}$、$\{3\}$ 时可获得最大极差 $4+2+0=6$。请设计贪心算法解决该问题，并判断贪心算法得出的解是否是最优解。

6. 设平面上分布着 n 个白点和 n 个黑点，白点的坐标用 $v_w=(x_w,y_w)(1 \leq w \leq n)$ 表示，黑点的坐标用 $v_b=(x_b,y_b)(1 \leq b \leq n)$ 表示，一个黑点 v_b 支配白点一个 v_w，当且仅当 $x_b \geq x_w$ 且 $y_b \geq y_w$。若黑点 v_b 支配白点 v_w，则称黑点 v_b 和白点 v_w 可匹配，即称为一个匹配对。在一个黑点最多只能与一个白点匹配，一个白点最多只能与一个黑点匹配的前提下，设计一个复杂度为 $O(n \log n)$ 的贪心算法求 n 个白点和 n 个黑点的最大匹配对数。这个算法有可能是最优算法吗？请说明。

7. 对上面的问题有如下贪心算法，请问这个贪心算法是否能够得出最优解？如果可以，请证明。如果不可以，请举一个反例。

   1) 对每一个黑点，找出所有能支配的白点；复杂度 $O(n^2)$。
   2) 对所有的黑点按 x 进行排序形成数组 B；复杂度 $O(n \log n)$。
   3) 依次取 B 中的元素（设为 b），并在该元素所有能支配的白点中选取一个未匹配且 y

值最大的节点（设为 w），b 和 w 形成一个匹配，并标注 w 已经匹配；复杂度 $O(n^2)$。

8. 活动安排问题：给出 n 个活动 $S=\{a_1,a_2,\cdots,a_n\}$，每个活动的起始时间和结束时间分别为 (s_i,f_i)，$1\leq i\leq n$，选出最大的相容活动子集（同一时间内只有一个活动能使用某资源，即 $[s_i,f_i)$ 与区间 $[s_j,f_j)$ 不相交），证明此问题具有最优子结构性质，并设计一个贪心算法能够得出最优解，并证明。

9. 对上面的活动安排问题稍加变化：假设我们有一个教室每天 24 小时开放。活动可以安排在这个教室里。每个活动 a_i 有开始时间 s_i 和结束时间 f_i。活动一旦在教室里开始，不能被打断，但活动可以跨 2 天，即在第一天夜里 12 点之前开始，在第二天的凌晨结束。给定 n 个活动和它们的起止时间 (s_i,f_i)，设计一个贪心算法，输出 24 小时以内可以安排活动的最大相容子集（在一个教室最多可以安排的活动集合）。例如，有以下 4 个活动：$a_1=(s_1=6pm,f_1=6am)$，$a_2=(s_2=9pm,f_2=4am)$，$a_3=(s_3=3am,f_3=2pm)$，$a_4=(s_4=1pm,f_4=7pm)$，最优解为选择 a_2 和第 a_4。

1）设计一个能够得出最优解的贪心算法。

2）分析算法时间复杂度。

10. 再对活动安排问题稍加变化：假设有很多间教室，某个周末有多个社团需要申请教室办活动。给定社团集合 $S=\{a_1,a_2,\cdots,a_n\}$，其中每个社团 a_i 都有一个对应的申请时间（包括开始时间 s_i 和结束时间 f_i），$0\leq s_i<f_i<24$，求最少需要多少间教室才能够满足所有社团的需求？例如，假设有 4 个社团活动，每个活动的开始时间和结束时间分别为 $(1,6)$、$(4,8)$、$(9,10)$、$(7,18)$，最少需要 2 间教室，其中教室 1 安排的活动为 $(1,6)$ 和 $(7,18)$，教室 2 安排的活动为 $(4,8)$ 和 $(9,10)$。

1）设计贪心算法，求最少数目教室的安排方案。

2）证明算法是最优算法。

3）分析算法的运行时间。

11. 给定一个区间的集合，找到需要移除区间的最小数量，使剩余区间互不重叠。如区间集合 $\{(1,2),(2,3),(3,4),(1,3)\}$，移除 $(1,3)$ 或 $\{(1,2),(2,3)\}$ 都可使得剩余区间不重叠，但显然 $(1,3)$ 移除了更少的区间数。要求如下。

1）设计一个贪心算法解决以上问题，使得移除的区间数是最少的。

2）说明算法的计算复杂度（区间个数为 n）。

3）证明设计的贪心算法确实是最优的。

12. 在书中，我们用替换法证明了小数背包问题的贪心算法能够得出最优解，现请用归纳法证明小数背包问题贪心算法的正确性。

13. 有一个 n 个元素的整数序列，这个序列中的数两两不同。现需要交换序列中的任意两个数，使得序列成为非降序序列，但每次进行交换有代价，而这个代价为被交换的两个数之和。请设计一种方案通过最小代价的交换，对序列进行非降序排序。

14. 用贪心算法解决小船过河问题。有若干人需要过河，只有一条船，每个人划船的耗时不同，每次两个人划船，耗时为两人中较长的一个，划船过去后需要人划船回来，问如何设计让所有人过河且耗时最短？假设现有 4 个人 $\{a_1,a_2,a_3,a_4\}$，其对应的划船时间分别为 $\{t_1,t_2,t_3,t_4\}$，且 $t_1<t_2<t_3<t_4$，则应用你设计的算法，求总过河时间（注：可适当增加假设）。

15. 假设给定任务集合 $S=\{a_1,a_2,\cdots,a_n\}$，其中任务 a_i 需要 p_i 个时间单位完成。你有一台计算机来运行这些任务，每个时刻只能运行一个任务。令 c_i 表示任务 a_i 的完成时间，即任务被执行完成时间。你的目标是最小化平均完成时间，即最小化 $\frac{1}{n}\sum_{i=1}^{n} c_i$。例如，假定有两个任务 a_1、a_2，$p_1=3$，$p_2=5$，如果先运行 a_1，再运行 a_2，则平均完成时间为 $(3+8)/2=5.5$；如果先运行 a_2，再运行 a_1，则平均完成时间为 $(5+8)/2=6.5$。任务 a_i 的执行是非抢占的，即任务一旦开始运行，它就持续运行 p_i 个时间单位。

1）设计算法求平均完成时间最小的调度方案。
2）证明你的算法确实能最小化平均完成时间。
3）分析算法运行时间。

16. 设 $A_1, A_2, \cdots, A_n$ 是 n 个已按非降序排列的整数数组，每个数组的大小不一致，数组 A_i 的元素个数为 k_i。现需要对这些数组进行合并，使之成为一个总的排序好的数组。这里采用依次合并的策略，但希望合并过程中，总的比较次数最少。如 $n=3$，可以先合并 A_1 和 A_2，得到 $A_{1,2}$ 再和 A_3 合并，也可以先合并 A_2 和 A_3，得到 $A_{2,3}$ 再和 A_1 合并，还可以先合并 A_1 和 A_3，得到 $A_{1,3}$ 再和 A_2 合并。请找出一种合并的方法，使得总比较次数最少（提示：参考霍夫曼编码）。

第 7 章 图算法

在本章中，我们主要解决和图相关的一些基础问题，如对图的搜索，也称遍历；在图中找出某个点到其他所有点的最短路径，称为单源最短路径；在图中找到所有点对间的最短路径，称为多源最短路径。本章会描述求解这些问题的方法，而其中的一些方法会应用之前学过的算法，如贪心算法、动态规划等。

定义 7.1（图的定义） 用 $G=(V,E)$ 表示图，其中 V 表示图中的所有节点的集合，E 表示图中所有边的集合。通常用 n 表示节点的个数，$n=|V|$，用 m 表示边的条数，$m=|E|$。

图又分为无向图和有向图，在无向图中，边是没有方向的，本书中用 e_{ij}（或 $e_{i,j}$）表示节点 i 和节点 j 间的边；在有向图中，边是有方向的，用 $e_{i\to j}$ 表示节点 i 到节点 j 的一条有向边。

7.1 深度优先搜索

深度优先搜索（Depth First Search，DFS）的基本思想为：从起始节点 v 出发，随机地选择一个未被访问过的邻节点，访问此节点，接着从此节点出发，访问此节点的一个未被访问过的邻节点，以此类推，直到找到某个节点 w，w 所有的邻节点都已经被访问了，则访问 w 的上一层，继续深度优先搜索，直到回到起始节点。

由以上的描述可知，深度优先搜索总是先去探索更深层次的节点，这也是被称为深度优先搜索的原因。根据此描述，给定有向图或无向图 $G=(V,E)$，DFS 算法流程如下。

1) 将所有的顶点标记为未访问。
2) 选择一个起始节点 v，访问 v。
3) 选择 v 的任意一个未被访问邻节点 w（即选择未被访问的边 $e_{v,w}$），访问 w，$v \leftarrow w$。
4) 重复步骤 3)，直到找到某一节点，其所有的邻节点都已经被访问，$v \leftarrow$ 返回到此节点的上一层节点。
5) 重复步骤 3) 和 4)，直到返回到起始节点，且起始节点所有的邻节点都已经被访问，算法结束。

通过对图 $G(V,E)$ 进行深度优先搜索，按照节点的遍历顺序会生成一棵树，称为深度优先搜索生成树（Depth-First Search Spanning Tree），当原图为非连通时，会生成深度优先搜索生成森林（Depth-First Search Spanning Forest）。在深度优先搜索生成树（森林）中，我们给每个节点标注两个属性，一个属性称为先序号（用 *predfn* 表示），是指按照先序方式访问生成树时节点的访问顺序号。先序号实际上就是节点按照深度优先搜索遍历的顺序，如某节点的先序号为 5，表示按照深度优先搜索遍历树，此节点是第 5 个被访问的。另一个属性称为后序号（用 $postdfn$ 表示），是指按照后序方式访问该生成树时该节点的序号。后序号实际上指出了节点所有邻节点都被访问完毕的顺序，如某节点的后序号为 5，表示此节点是第 5 个节点，其所有的邻节点都已经被访问过了。

对图 $G(V,E)$，其中 $|V|=n$，$|E|=m$，进行深度优先搜索的递归算法如算法 53 所示。在此算法中，主函数的 for 循环（主函数语句 4~8）需要遍历每一个节点这是因为如果图中存在多棵生成树，需要遍历相关的节点，for 循环的复杂度为 $\Theta(n)$。

算法 53 DFS 算法（递归）

1: **Input**：图 $G=(V,E)$；
2: **Output**：DFS 树(森林)中每个顶点的先序号、后序号；
3: 初始化：$predfn \leftarrow 0$, $postdfn \leftarrow 0$；$v.visited \leftarrow false$, $\forall v \in V$；
4: **for** each $v \in V$ **do**
5:     **if** $v.visited = false$ **then**
6:         $dfs(v)$；
7:     **end if**
8: **end for**
9: **return** G；

    dfs(v)
1: $v.visited \leftarrow true$；
2: $predfn \leftarrow predfn + 1$；
3: $v.predfn \leftarrow predfn$；
4: **for** $e_{v,w} \in E$ **do**
5:     **if** $w.visited = false$ **then**
6:         $dfs(w)$；
7:     **end if**
8: **end for**
9: $postdfn \leftarrow postdfn + 1$；
10: $v.postdfn \leftarrow postdfn$；

在递归函数 $dfs(v)$ 中，当访问一个节点时，节点的 $predfn$ 值加 1（$dfs(v)$ 函数语句 2~3），而当此节点的所有邻节点都被访问后，此节点的 $postdfn$ 值加 1。因为有 n 个节点，所以 $dfs(v)$ 函数共被调用了 n 次，而每次调用 $dfs(v)$ 函数都需要对节点 v 所连的边遍历一次（$dfs(v)$ 函数中的 for 循环），所以 for 循环总共执行了 $2m$ 次，复杂度为 $\Theta(2m)$，所以总的复杂度为 $\Theta(2m+n)$。

7.1.1 无向图的深度优先搜索

对无向图 $G=(V,E)$ 进行深度优先搜索，会生成一棵或多棵树（森林），很显然，原图中的边 E 并不都出现在生成的树中。为此，我们需要将原图的边 E 分一下类，无向图的边根据深度优先搜索可分成两类。

- 树边：那些在生成树中的边称为树边。在访问边 $e_{v,w}$ 时，w 还没有被访问过，则边 $e_{v,w}$ 是树边。
- 回边：原图 G 中除去树边的所有其他边，也就是在访问边 $e_{v,w}$ 时，w 已经被访问过，

则边 $e_{v,w}$ 是回边。之所以称之为回边，是因为这条边是从树中的子孙节点回到了树中的祖先节点。

例 7.1 将图 7.1 左边的图 G 从节点 a 开始按照深度优先搜索算法生成深度优先搜索树，并给每个节点标上先序号和后序号，且指出原图哪些边是树边，哪些边是回边。

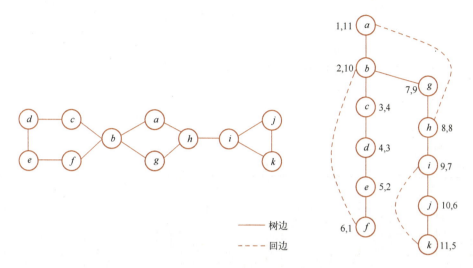

图 7.1 无向图的深度优先搜索

解：

从节点 a 开始搜索，a 为根节点，先序号为 1（此时后序号还未知）；选取 a 的任意一条未被访问的边，访问此边的邻节点（例子中为节点 b），节点 b 为节点 a 的子节点，其先序号为 2，边 $e_{a,b}$ 为树边；再依次访问节点 c、d、e、f，这些节点的先序号分别为 3、4、5、6，访问的边 $e_{b,c}$、$e_{c,d}$、$e_{d,e}$、$e_{e,f}$ 为树边。此时，节点 f 唯一未被访问的边是 $e_{f,b}$，但节点 b 已经被访问了，所以此边为回边。节点 f 所有的边都被访问了（即所有的邻节点都被访问了），而节点 f 是第一个所有的邻节点都被访问的节点，所以其后序号为 1。返回到上层节点，依次得出节点 e、d、c 的后序号为 2、3、4。

返回到节点 b，节点 b 的一条边 $e_{b,g}$ 还未被访问，且节点 g 也未被访问，访问节点 g，节点 g 的先序号为 7，边 $e_{b,g}$ 为树边；再依次访问节点 h、i、j、k，其先序号分别为 8、9、10、11，边 $e_{g,h}$、$e_{h,i}$、$e_{i,j}$、$e_{j,k}$ 为树边。之后依次得出剩余节点的后序号，且得出边 $e_{k,i}$、$e_{h,a}$ 为回边，如图 7.1 右边的图所示。

算法 53 通过递归的方式实现了对图的深度优先搜索，我们也可以通过非递归的方式，但是要借助于堆栈，算法 54 给出了基于堆栈的深度优先搜索。这里需要注意一点，算法中，每次从堆栈中弹出栈顶节点时（语句 5），对其进行访问，但要首先判断这个节点是否已经被访问过（语句 6），如果已经访问过了就直接丢掉，只有在没有被访问过的情况下才访问此节点。对例 7.1 应用此算法，堆栈的变化和节点的访问顺序如图 7.2 所示。从此例子可以看出，节点 f 被压入过栈两次，第一次弹出 f 时，访问此节点，第二次弹出 f 时，就直接丢掉。

算法 54 DFS 算法（堆栈）

1: 初始化：堆栈 S；$v.visited \leftarrow$ false，$v.pushed \leftarrow$ false，$\forall v \in V$；
2: $S.push(v)$；
3: **while** $S \neq \emptyset$ **do**
4:     $v \leftarrow S.pop()$；
5:     **if** $v.visited =$ false **then**
6:         $v.visited \leftarrow$ true //访问 v；
7:         **for** each $e_{v,w} \in E$ **do**
8:             **if** $w.visited =$ false **then**
9:                 $S.push(w)$；
10:             **end if**
11:         **end for**
12:     **end if**
13: **end while**

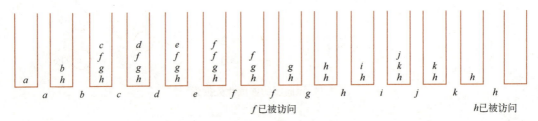

图 7.2 深度优先搜索堆栈形式

7.1.2 有向图的深度优先搜索

对有向图 $G=(V,E)$ 进行深度优先搜索，生成一个或多个（有向）深度优先搜索生成树。前面，我们讨论了针对无向图的深度优先搜索，依照此搜索，无向图中的边可以分成树边和回边。而有向图除了上述两种边外，还存在前向边和横跨边。

- 树边：即图 G 中在生成树中的边，当从节点 v 访问边 $e_{v \to w}$ 时，w 还没有被访问过，则边 $e_{v \to w}$ 是树边。
- 回边：当从节点 v 访问边 $e_{v \to w}$ 时，w 已经被访问过，且 w 在生成树中是 v 的祖先，则边 $e_{v \to w}$ 是回边。
- 前向边：当从节点 v 访问边 $e_{v \to w}$ 时，w 已经被访问过，且 w 在生成树中是 v 的子孙节点，则边 $e_{v \to w}$ 是前向边。因为这个边是从树中的祖先节点指向了树中的子孙节点，所以称之为前向边。
- 横跨边：所有其他的边为横跨边，也就是当从节点 v 访问边 $e_{v \to w}$ 时，w 已经被访问过，但 w 在生成树中和 v 没有祖先/子孙关系，则边 $e_{v \to w}$ 是横跨边。因为这条边是从树的一边指向树的另一边，所以称之为横跨边。

例 7.2 将图 7.3a 的有向图 G 从节点 a 开始按照深度优先搜索算法生成深度优先搜索树，并给每个节点标上先序号和后序号，且指出原图哪些边是树边，哪些边是回边。

解：图 7.3b 给出了每个节点的先序号和后序号，并且指出了所有边的类型。注意：这个有向图可以因不同的遍历顺序而产生不同的深度优先搜索树，例子只是给出了其中一种结果。

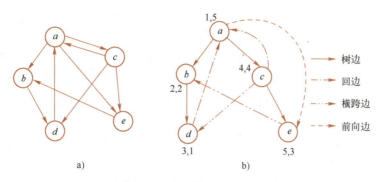

图 7.3　有向图深度优先搜索

7.1.3　应用：寻找图的关节点

在无向图中，有一些节点起着关键的作用，一旦这些节点被删除掉，图会变成不连通的，这些点被称为图的关节点。关节点的具体定义如下。

定义 7.2（关节点）　给定无向图 $G=(V,E)$，对于图中的两个不同的顶点 u 和 v，如果 u 和 v 间的任一路径必须经过另一顶点 w，则 w 称为关节点。

那么给定一个图，如何找到这个图中的关节点呢？

观察图 7.1，容易在原图中找到关节点分别为 $\{b, h, i\}$，其他节点不是关节点。再观察右边深度优先搜索生成树，显然叶子节点不会是关节点，再观察节点 e 为什么不是关节点，因为节点 e 的子节点 f 可通过一条回边到达节点 e 的上层，所以即使将节点 e 删除了，节点 f 依然可以连接到图中。而节点 d 不是关节点，也是因为节点 d 的子节点 e 可通过 f 的回边到达节点 d 的上层，所以即使将节点 d 删除了，节点 e 及其子节点 f 依然可以连接到图中。节点 c 是一样的道理。接着，观察节点 b，节点 b 是关节点，是因为其子节点无法通过任何回边到达比节点 b 更高的层级。

思路 7.1　这启发我们可以给每个节点设置一个层级，以及其通过回边（自己的回边或子孙节点的回边）能够到达的层级，之后，按照上面的分析，通过比较每个节点自己的层级和其子节点能够到达的层级来确定其是不是一个关节点。用 $v.\alpha$ 表示某一节点 v 自身的层级，用 $v.\beta$ 表示节点能够到达的层级。之后需要考虑的是如何给每个节点的 α 和 β 赋值。

观察可知，节点的 α 值可以直接用深度优先搜索的先序号表示（尽管图中右子树的先序号并不对应层级，但我们并不需要严格的层级，只需要明确上下层的关系即可，所以可以用先序号表示），而节点（设为节点 v）的 β 值有以下几种情况。

- 如果节点 v 自身没有回边，而其子孙节点也没有回边，则节点 v 的 β 值就是其 α 值。
- 如果节点 v 有条回边指向节点 u，则节点 v 的 β 值等于节点 u 的 α 值。
- 节点 v 没有直接的回边，但其子节点 w 可以到达更上层级（$w.\beta < v.\beta$），则节点 v 的 β 值等于节点 w 的 β 值。

综合以上分析，节点 v 的 β 值为

$$\beta(v) = \begin{cases} \min\{v.\alpha, w.\beta, u.\alpha\} & \text{节点 } v \text{ 存在回边 } e_{v,u} \\ \min\{v.\alpha, w.\beta\} & \text{其他} \end{cases} \quad (7.1)$$

其中，节点 w 是节点 v 的子节点。因节点的 α 值和 β 值初始化都为先序号 $predfn$，所以上式也可以写为

$$\beta(v) = \begin{cases} \min\{v.\beta, w.\beta, u.\alpha\} & \text{节点 } v \text{ 存在回路}(v, u) \\ \min\{v.\beta, w.\beta\} & \text{其他} \end{cases} \quad (7.2)$$

设置了每个节点的 β 值后，当要判断某一个节点 v 是不是关节点时，需要比较节点 v 的 α 值和其子节点的 β 值，只要其任意一个子节点的 β 值大于或等于节点 v 的 α 值（说明子节点无法到达节点 v 的上层），则节点 v 为关节点，否则为非关节点。

以上是如何去确定一个非根节点是否为关节点，对于根节点，显然只要其具有两个或两个以上的子节点，那么当将根节点删除时，这些子节点及其子孙节点就会变得不连通，所以，判断根节点是否是关节点，只要判断其子节点的个数是否大于或等于 2 即可。

基于上面关节点的判断方法，在实现关节点寻找的算法中，可以先通过深度优先搜索生成搜索树，再按照节点的后序号依次遍历所有节点，在遍历的过程中对节点的 α 值和 β 值进行赋值。当然，这需要对原来的深度优先搜索函数稍做改变，除了要标记每个节点的先序号和后序号外，还需要标记每条边是树边还是回边。

算法 55 是在搜索树的过程中直接给每个节点的 α 值和 β 值进行赋值，并判断是否是关节点。主函数中语句 5 将节点设置为未访问以及非关节点。在函数 $dfs(v)$ 中，语句 1 将访问的节点 v 设置成已经被访问。语句 2 将 $predfn$ 的值加 1，并赋值给节点 v 的 α 值和 β 值。

算法 55 寻找图的关节点算法

1: **Input**：图 $G = (V, E)$；
2: **Output**：每个节点标注了是否是关节点；
3: 初始化：$predfn \leftarrow 0$，$rtdegree \leftarrow 0$；/* $rtdegree$ 表示根的度 */
4: **for** $v \in V$ **do**
5:     $v.visited \leftarrow false$，$v.artpoint \leftarrow false$；
6: **end for**
7: 选择一个初始节点 s；
8: $dfs(s)$；

   $dfs(v)$

1: $v.visited \leftarrow true$；
2: $predfn \leftarrow predfn + 1$，$v.\alpha \leftarrow predfn$，$v.\beta \leftarrow predfn$；
3: **for** $e_{vw} \in E$ **do**
4:    **if** $w.visited = false$ **then** /* e_{vw} 是树边 */
5:       $dfs(w)$；
6:    **if** $v = s$ **then**
7:       $rtdegree \leftarrow rtdegree + 1$；
8:       **if** $rtdegree \geq 2$ **then** $v.artpoint \leftarrow true$；
9:    **else**
10:      $v.\beta \leftarrow \min\{v.\beta, w.\beta\}$；

```
11:              if w.β ≥ v.α then v.artpoint ← true;
12:           end if
13:       else if w.visitied = true 且 w 不是 v 的父节点 then /* $e_{vw}$ 是回边 */
14:           v.β ← min{v.β, w.α};
15:       else
16:           do nothing;
17:       end if
18: end for
```

for 循环语句（语句 3～18）遍历节点 v 的所有边，因为是深度优先访问，当节点 v 的边被访问完毕，退回到节点 v 的上一节点，如果节点 v 是根节点的话，算法结束。

如果被访问的边是树边（语句 5～12），进入到深度优先递归调用（语句 5），以图 7.1 为例，当递归调用到节点 f 时，依次生成节点的 α 值和 β 值：节点 $a(1,1)$、节点 $b(2,2)$、节点 $c(3,3)$、节点 $d(4,4)$、节点 $e(5,5)$、节点 $f(6,6)$（括号内的第一个数字是 α 值，第二个数字是 β 值）。此时，遍历 f 的所有边，当遍历边 e_{fe} 时，因为此边既不是树边，又不是回边，则算法什么也不做（语句 16）；当遍历边 e_{fb} 时，因为这条边是回边，所以 f 的 β 值被更新为 min{f.β, b.α}（语句 14），即节点 f 的 α 值和 β 值更新为 $f(6,2)$。

节点 f 的递归完毕，返回到节点 e 的 dfs 函数，e 的 β 值被更新为 min{e.β, f.β}（语句 10），即节点 e 的 α 值和 β 值更新为 $e(5,2)$，同时判断节点 e 的 α 值要大于节点 f 的 β 值，所以节点 e 为非关节点。

重复以上过程，直到返回到节点 b 的 dfs 函数，此时，节点 d 和 c 的 α 值和 β 值已经被更新为 $d(4,2)$，$c(3,2)$，并判断节点 d 和 c 都为非关节点。之后，执行语句 10 和语句 11，节点 b 的 α 值和 β 值更新为 $b(2,2)$，因为节点 b 的 α 值要小于或等于节点 c 的 β 值，所以节点 b 为关节点。

之后，再次通过递归依次对节点 g、h、i、j、k 进行访问，当递归到节点 k 时，依次生成这些节点的 α 值和 β 值：节点 $g(7,7)$、节点 $h(8,8)$、节点 $i(9,9)$、节点 $j(10,10)$、节点 $k(11,11)$。之后依次从递归返回，执行如下操作：节点 k 的 α 值和 β 值更新为 $k(11,9)$，判断为非关节点；节点 j 更新为 $j(10,9)$，判断为非关节点；节点 i 更新为 $i(9,9)$，判断为关节点；节点 h 更新为 $h(8,1)$，判断为关节点；节点 g 更新为 $g(7,1)$，判断为非关节点；节点 b 更新为 $b(2,1)$，因为节点 b 已经被判断为关节点，而一旦节点被判断为关节点，就不会被改为非关节点；节点 a 更新为 $a(1,1)$，因为节点 a 为根节点，依据根节点的判断（语句 7～8），节点 a 为非关节点（因为只有一个子节点）。

7.2 广度优先搜索

广度优先搜索（Breadth First Search，BFS）的基本思想为：从起始节点 v 出发，访问邻接于 v 的所有顶点（也就是访问节点 v 第一层所有的节点）；接着，从 v 的一个邻节点出发，访问此节点的所有未被访问过的邻节点，依次对节点 v 其他邻节点执行相同的操作（也就是访问节点 v 第二层所有的节点）；以此类推，依次访问节点 v 第三层、第四层、……、最后一层的节点，直到所有的节点都被访问完毕。注意一点，在广度优先搜索中，通常要求先被访问的顶点的邻节点也被优先访问。根据广度优先搜索生成的树称为广度优先搜索生成树。

算法设计与应用

在广度优先搜索中，节点只被访问一次，不存在类似于深度优先算法中，当某节点所有的邻节点都被访问完毕后，重新回到此节点的过程，所以对广度优先搜索只需要记录每个节点被访问的顺序即可（用 bfn 表示）。在深度优先搜索中，我们采用了堆栈来实现对图的搜索，为了实现对图的广度优先搜索，需要采用队列这种数据结构。算法 56 给出了基于队列的 BFS 算法。

算法 56 BFS 算法（队列）

1: **Input**：图 $G = (V, E)$；
2: **Output**：BFS 树（森林）；
3: 初始化：$bfn \leftarrow 0$；$v.visited \leftarrow$ false，$\forall v \in V$；$Q \leftarrow \varnothing$ // 队列初始化为空；
4: **for** each $v \in V$ **do**
5:   **if** $v.visited$ = false **then**
6:     $bfs(v)$；
7:   **end if**
8: **end for**

$bfs(v)$
1: $Q.enqueue(v)$；
2: $v.visited \leftarrow$ true；
3: **while** $Q \neq \varnothing$ **do**
4:   $v \leftarrow Q.dequeue()$；
5:   $bfn \leftarrow bfn + 1$；
6:   **for** $e_{v,w} \in E$ **do**
7:     **if** $w.visited$ = false **then**
8:       $Q.enqueue(w)$；
9:       $w.visited \leftarrow$ true；
10:    **end if**
11: **end for**
12: **end while**

在此算法中，每次从队列中取一个节点（$bfs()$ 函数中的语句 4），就赋予此节点一个访问序号（语句 5），然后依次遍历这个节点所有还未被访问的邻节点（语句 6~11）。在主函数中，for 循环被执行了 n 次，所以复杂度为 $\Theta(n)$。而 $bfs()$ 函数中，while 循环一共被执行了 n 次（每次从队列中取一个节点），每次都对此节点的所有相连的边进行访问（$bfs()$ 中的 for 循环），所以 $bfs()$ 函数需要对图中的每条边都遍历两次（一条边连接两个节点），因此，$bfs()$ 函数的复杂度为 $\Theta(2m)$，总复杂度为 $\Theta(n+2m)$（同深度优先搜索），即 $\Theta(m)$。

此算法在节点出队列的时候赋予一个序号，而在入队列的时候标记此节点已被访问，那么在节点入队列的时候标记为已被访问，而在出队列的时候赋予序号可以吗？

思路 7.2 因为节点入队列和出队列的顺序是一致的，所以可以在节点出队列的时候赋予序号，也可以在节点入队列的时候赋予序号。然而，标记节点访问应该放在入队列的时候执行，如果在出队列的时候标记节点访问，判断语句 if（语句 7）就会失效，节点会多次入队列。

深度优先搜索通过堆栈实现，也可通过递归实现，那么广度优先搜索也可以通过递归实现吗？

思路 7.3　深度优先搜索是非常符合递归性质的（在搜索节点时，随机选择一个未被访问的邻节点，并对此节点执行相同的操作），所以用递归是一种合适的方法。但广度优先搜索并不是很符合递归的特性，所以通常不能通过递归的方式来实现。不过，正如第 3 章描述的，任何迭代都可以通过递归的方式来实现，所以，可以将算法 56 改成递归的形式（虽然通常不这么做）。

7.2.1　无向图的广度优先搜索

对无向图 $G=(V,E)$ 进行广度优先搜索，无向图的边可分成树边和横跨边。

例 7.3　将图 7.4a 的无向图 G 从节点 a 开始按照广度优先搜索算法生成广度优先搜索树，并给每个节点标上序号，且指出原图中哪些边是树边、哪些边是横跨边。

解：图 7.4b 给出了广度优先搜索算法生成广度优先搜索树的过程，其中标注了树边和横跨边以及每个节点的序号；图 7.4c 给出了相应的队列。

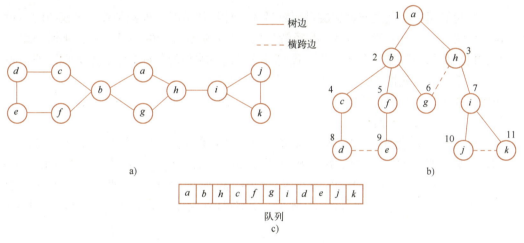

图 7.4　无向图广度优先搜索
a）无向图　b）广度优先搜索树　c）节点入队列

7.2.2　有向图的广度优先搜索

对有向图 $G=(V,E)$ 进行广度优先搜索，有向图的边可分成树边、横跨边和回边。

例 7.4　将图 7.5a 的有向图 G 从节点 a 开始按照广度优先搜索算法生成广度优先搜索树，并给每个节点标上序号，且指出原图中哪些边是树边、哪些边是横跨边，以及哪些边是回边。

解：图 7.5b 给出了广度优先搜索算法生成广度优先搜索树的过程，其中标注了树边、横跨边、回边以及每个节点的序号。

思考：有向图的 DFS 中会出现前向边，为什么有向图的 BFS 中不会出现前向边？

思路 7.4　回顾一下，前向边是指在所构建的生成树中，w 是 v 的子孙，并且在通过 v 探测边 $e_{v,w}$ 时，w 已经被访问了，则 $e_{v,w}$ 为前向边。既然 w 是 v 的子孙，那么可以判定，w 所

在层较 v 所在的层要低,而我们前面提到,广度优先搜索生成树是逐层产生的,即一定是先访问 v,后访问 w,而一旦访问 v 时,根据广度优先搜索,就必然会访问 w,此时 $e_{v,w}$ 就为树边,所以不存在前向边。

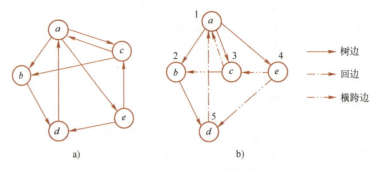

图 7.5 有向图广度优先搜索

7.2.3 应用:最短路径(跳数)

本节,我们用广度优先搜索解决最短路径的一种特殊情况,也就是针对无权图的最短路径。在无权图上,节点 v_s 到 v_t 的最短路径就是从 v_s 到 v_t 跳数最少的一条路径,所谓一跳就是一个节点到其相邻的节点。在下一节,我们将学习最短路径的各种算法,但无权图的最短路径通常会采用广度优先搜索,因为其具有更小的复杂度。

定义 7.3(最少跳数问题) 给定无权图 $G=(V,E)$ 和图中的一个节点 v_s,计算从 v_s 到其他所有节点的跳数最少的路径。

在广度优先搜索会有一个入队列的动作,假设目前需要对节点 v 的邻节点实行入队列,则这些要入队列的节点的最短距离(设 $w.dist$)就是节点 v 的最短距离(设 $v.dist$)加 1,即 $w.dist = v.dist + 1$。所以,对广度优先搜索算法稍作修改,即可用于无权图的最短路径问题,修改后的算法如算法 57 所示。算法的复杂度就是广度优先搜索的复杂度,即 $\Theta(m)$。

算法 57 BFS 用于最短路径(跳数)

1: 初始化:$v.dist \leftarrow -1$;
2: $Q.enqueue(v)$;
3: $v.dist \leftarrow 0$;
4: **while** $Q \neq \varnothing$ **do**
5:     $v \leftarrow Q.dequeue()$;
6:     **for** $e_{v,w} \in E$ **do**
7:         **if** $w.dist < 0$ **then**
8:             $Q.enqueue(w)$;
9:             $w.dist \leftarrow v.dist + 1$;
10:        **end if**
11:     **end for**
12: **end while**

7.3 单源最短路径

图 $G=(V,E)$ 的单源最短路径主要解决对图中的某一点 v_0，找到这个点到其他所有点 $v_i(v_i \in V)$ 的一条最短的路径。单源最短路径在计算机网络中有着重要的应用，计算机网络中的路由就是将数据从一个节点（主机或路由器）沿着一条最短的路径发送到另外一个节点。Dijkstra 算法是单源最短路径应用最广泛的一种算法。

7.3.1 Dijkstra 算法

单源最短路径实际上就是建立一棵从源节点到其他节点的树，使得沿着树的边形成的到其他节点的路径是最短的。我们发现其跟最小生成树非常相似，这也是 Dijkstra 算法和 Prim 算法非常相似的原因。

Dijkstra 算法的基本思想是从源节点 v_0 出发，在剩余节点中选取一个到 v_0 路径长度最小的节点，将其加入到树（以 v_0 为根的最短路径树）中，之后更新剩余还未加入到树中的节点的路径长度，重复以上过程，直到所有的节点加入到树中，如算法 58 所示。

算法 58   Dijkstra 算法

1: **Input**：图 $G=(V,E,w)$，节点 v_0
2: **Output**：节点 v_0 到所有其他节点的最短路径
3: 初始化：$v_0.dist=0$，$v.dist=\infty \ \forall v \in V$，$X \leftarrow \varnothing$，$Y \leftarrow V$;
4: **while** $Y \neq \varnothing$ **do**
5:      $u \leftarrow \min_{y.dist}\{y:y \in Y\}$;
6:      $X \leftarrow X \cup \{u\}$，$Y \leftarrow Y-\{u\}$;
7:      **for** each $v \in Y, e_{u,v} \in E$ **do**
8:          **if** $v.dist > u.dist + w(e_{u,v})$ **then**
9:              $v.dist \leftarrow u.dist + w(e_{u,v})$;
10:             $v.prev \leftarrow u$;
11:         **end if**
12:      **end for**
13: **end while**
14: **return** X;

在此算法中，设置两个集合 X 和 Y，其中 X 用于存放已经加入到树中的节点，Y 用于存放还未加入到树中的节点。每个节点设置两个属性 $v.dist$ 和 $v.prev$，用于存放源节点到此节点的路径长度（一旦此节点加入到树中，此长度为最短距离）和此节点在树中的父节点。设 $|V|=n$，$|E|=m$，算法复杂度如下。

- 初始化为 $O(n)$（语句3）。
- while 语句为 $O(n)$，循环体内找到最小的 $y.dist$ 操作（语句5）也为 $O(n)$，所以复杂度为 $O(n^2)$。
- if 语句的执行次数为 $O(m)$，这是因为（while 循环+for 循环）操作是遍历每条边，且刚好遍历一次。

所以算法复杂度为 $O(n^2+m)$。算法中的寻找最小的 $y.dist$ 操作决定了算法的复杂度，而"堆"可以降低寻找最小元素的复杂度，所以把数组 Y 里的元素按照其 $dist$ 值形成最小堆，算法修改为算法 59。

算法 59 采用堆的 Dijkstra 算法

1: **Input**：图 $G=(V,E,w)$，节点 v_0
2: **Output**：节点 v_0 到所有其他节点的最短路径
3: 初始化：X, Y, $v.dist$；
4: 初始化堆 H，将所有 $v.dist < \infty$ 的节点按照 $dist$ 值插入到堆中；
5: while $Y \neq \emptyset$ do
6:     $u \leftarrow Deletemin(H)$ /* 从最小堆中返回堆顶元素，并删除此元素 */
7:     $X \leftarrow X \cup \{u\}$, $Y \leftarrow Y - \{u\}$；
8:     for each $v \in Y$, $e_{u,v} \in E$ do
9:         if $v.dist > u.dist + w(e_{u,v})$ then
10:             $v.dist \leftarrow u.dist + w(e_{u,v})$；
11:             $v.prev \leftarrow u$；
12:         if $v \notin H$ then
13:             $Insert(H,v)$；
14:         else
15:             $Siftup(H,v)$；
16:         end if
17:         end if
18:     end for
19: end while
20: return X

在上面的算法中，语句 6 返回堆 H 的根元素，也就是最小元素，第二个 if 语句（语句 12~16）将首次更新 d 值的节点插入到堆 H 中，否则更新其在堆中的位置。此算法中，$Deletemin()$ 和 $Insert()$ 共执行了 $n-1$ 次，$Siftup()$ 最多执行 m 次，而这些操作的复杂度都是 $\log n$，所以算法最终的复杂度为 $O(m \log n)$（在连通图中，$n = O(m)$）。

例 7.5 求图 7.6a 中节点 1 到其他节点的最短路径。

解（如图 7.6b~e 所示）：

1) 初始化：$X = \emptyset$，$Y = \{v_0, v_1, v_2, v_3, v_4, v_5\}$，$v_0.dist = 0$，$\{v_1, v_2, v_3, v_4, v_5\}.dist = \infty$（本例子忽略 $prev$ 属性）。

2) 节点 v_0 的 $dist$ 值最小：将节点 v_0 加入到 $X = \{v_0\}$，$Y = \{v_1, v_2, v_3, v_4, v_5\}$，更新 $v_1.dist = 9$，$v_2.dist = 1$。

3) 节点 v_2 的 $dist$ 值最小，将节点 v_2 加入到 $X = \{v_0, v_2\}$，$Y = \{v_1, v_3, v_4, v_5\}$，更新 $v_1.dist = 4$，$v_4.dist = 5$。

4) 节点 v_1 的 $dist$ 值最小，将节点 v_1 加入到 $X = \{v_0, v_1, v_2\}$，$Y = \{v_3, v_4, v_5\}$，更新 $v_3.dist = 8$。

5) 节点 v_4 的 $dist$ 值最小，将节点 v_4 加入到 $X = \{v_0, v_1, v_2, v_4\}$，$Y = \{v_3, v_5\}$，更新 $v_3.dist = 7$，$v_5.dist = 7$。

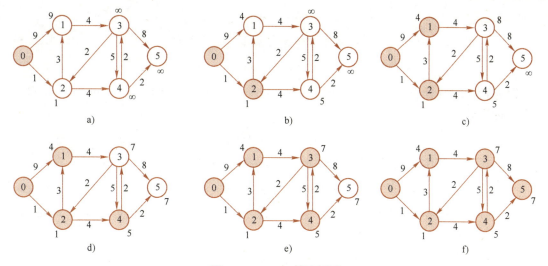

图 7.6 Dijkstra 算法例子

6) 节点 v_3 和节点 v_5 的 $dist$ 值一样，随机选择一个，选择节点 v_3 加入到 $X=\{v_0,v_1,v_2,v_3,v_4\}$，$Y=\{v_5\}$，不做任何更新。

7) 将最后一个节点 v_5 加入到 $X=\{v_0,v_1,v_2,v_3,v_4,v_5\}$，$Y=\varnothing$，算法结束，源节点 v_0 到节点 v_1、v_2、v_3、v_4、v_5 的最短路径长度分别为 4、1、7、5、7。

定理 7.1 Dijkstra 算法得出的路径是最短路径。

证明：

对每个节点 $v \in V$，算法得出的最短路径的长度是 $v.dist$，假设 v 的真实最短路径长度是 $\delta(v)$，我们需要证明 $v.dist=\delta(v)$。下面通过数学归纳法来证明。

1) 当只有一个节点时，$v_0.dist=\delta(v_0)=0$ 显然成立。

2) 假设对 $\forall v \in X$，$v.dist=\delta(v)$ 成立，算法的当前步骤是将节点 u 从集合 Y 中移到集合 X 中，下面证明 $u.dist=\delta(u)$。

设节点 v_0 到节点 u 的最短路径为 $v_0 \to ( ) \to ( ) \to \cdots \to ( ) \to ( ) \to u$，其中 ( ) 代表路径上的一个节点，这些节点要么在集合 Y 中，要么在集合 X 中，我们沿着路径相反的方向找到第一个属于 X 的节点 v_x，存在以下两种情况。

- u 的前一个节点刚好是节点 v_x，即

$$v_0 \to ( ) \to ( ) \to \cdots \to ( ) \to v_x \to u$$

依据算法，假设 u 是通过集合 X 中的节点 $v_{x'}$ 接入到树中（即加入到集合 X 中）的，所以 u 的路径值为

$$u.dist=v_{x'}.dist+w_{x',u}$$

此路径为通过集合 X 任意一个节点（包括节点 v_x）得出路径值的最小值，所以

$$u.dist \leq v_x.dist+w_{x,u}$$

根据假设，$v_x.dist=\delta(v_x)$，以及上面最短路径的形式，得

$$u.dist \leq \delta(v_x)+w_{x,u}=\delta(u)$$

得出 $u.dist=\delta(u)$。

- u 和 v_x 之间隔着一个或多个属于 Y 的节点，即

$$v_0 \to (\ ) \to (\ ) \to \cdots \to v_x \to v_w \to \cdots \to u$$

其中，$v_w \cdots$ 属于 Y。因为即将加入集合 X 的是 u 而不是 v_w，所以

$$u.dist \leq v_w.dist$$

因为到 v_w 的最短路径为 $v_0 \to (\ ) \to (\ ) \to \cdots \to v_x \to v_w$（最优子结构性质），可得（原理同上面第一种情况）

$$v_w.dist \leq v_x.dist + w_{x,w}$$

结合以上两个不等式，同时依据假设 $v_x.dist = \delta(v_x)$，则

$$u.dist \leq \delta(v_x) + w_{x,w} = \delta(v_w)$$

在 $v_0 \to u$ 最短路径上，节点 v_w 在节点 u 之前，由最优子结构性质可知 $\delta(v_w) \leq \delta(u)$，所以

$$u.dist \leq \delta(u)$$

同样得出 $u.dist = \delta(u)$。
定理得证。

7.3.2 Bellman-Ford 算法

当图中存在权重为负的环（回路）时，某些点之间就不存在最短路径，而 Dijkstra 算法无法应用在此类图中，因为其不能得出正确的结果（正确的结果是不存在最短路径）。Bellman-Ford 算法是另外一种求解单源最短路径问题的算法，当图存在最短路径时，算法返回最短路径；否则，返回 false。Bellman-Ford 算法的一个核心原理是对图进行多次松弛操作，松弛操作是一个非常重要的操作，可以应用到很多方面。实际上，在 Dijkstra 算法中，当一个节点被加入集合 X 时，需要更新这个节点在集合 Y 中相邻的节点到其源节点的路径长度，这个操作就是**松弛操作**。

定义 7.4（松弛操作） 在寻找从源节点 v_0 到某一节点（设 v_j）最短路径的过程中，假设已知一条从 v_0 到 v_j 的路径 $v_0 \sim v_j$，而通过节点 v_i（和 v_j 相连的某一节点）的路径 $v_0 \sim v_i \to v_j$，比原路径 $v_0 \sim v_j$ 的距离更短，也就是 $d(v_i) + w(e_{i,j}) < d(v_j)$（$d(v)$ 表示从源节点 v_0 到节点 v 的距离），则 v_0 到节点 v_j 的距离更新为 $d(v_j) \leftarrow d(v_i) + w(e_{i,j})$。以上操作称之为通过边 e_{ij} 对节点 v_j 的松弛操作，也称作通过节点 v_i 对节点 v_j 的松弛操作，记为 $relax(v_i, v_j)$。

对图 $G = (V, E)$，其中 $|V| = n$，$|E| = m$，Bellman-Ford 算法流程如下。

1) 初始化，将源节点的 d 值设为 0，其他节点设为无穷。
2) 遍历图中所有的边，在遍历每条边时，做松弛操作。
3) 对步骤 2) 重复 $n-1$ 轮。
4) 做第 n 轮遍历，如果在此次遍历中，所有节点的 d 值不发生改变，返回各个节点的 d 值，即为源节点到此节点的最短路径值。否则，一旦某个节点的 d 值改变了，则不存在最短路径，返回 false。

针对图 $G = (V, E, w)$，源节点为 v_0，Bellman-Ford 算法如算法 60 所示。在此算法中第一个 for 循环（语句 4）共执行了 $n-1$ 次，嵌套内的 for 循环（语句 5，就是松弛操作）共执行了 m 次，所以复杂度为 $O(nm)$。第二个 for 循环（语句 11）共执行了 m 次，总复杂度为 $O(nm)$。在证明这个算法的正确性之前，我们先看一个例子。

算法 60　Bellman-Ford 算法

1: **Input**：图 $G=(V,E,w)$，节点 v_0；
2: **Output**：节点 v_0 到所有其他节点的最短路径；
3: 初始化：$d(v_0) \leftarrow 0$，$d(v_i) \leftarrow \infty$，$i \neq 0$；
4: **for** $k = 1$ to $|V| - 1$ **do**
5:　　**for** each edge $e_{i,j} \in E$ **do**
6:　　　　**if** $d(v_j) > d(v_i) + w_{i,j}$ **then**
7:　　　　　　$d(v_j) \leftarrow d(v_i) + w_{i,j}$；
8:　　　　**end if**
9:　　**end for**
10: **end for**
11: **for** each edge $e_{i,j} \in E$ **do**
12:　　**if** $d(v_j) > d(v_i) + w_{i,j}$ **then**
13:　　　　存在权重为负的环，return false；
14:　　**end if**
15: **end for**
16: return all $d(v)$；

例 7.6　有向图 $G=(V,E)$ 如图 7.7a 所示，请通过 Bellman-Ford 算法得出此图是否有从源节点 v_0 到其他节点的最短路径，有的话，算法返回此点的最短路径，如果没有，返回 False。

解：

1) 对图进行初始化，如图 7.7b 所示，节点 v_0 的 d 值为 0，其他节点的 d 值为 ∞。

2) 对所有边做第 1 轮松弛（按照图注中边的顺序进行遍历），松弛边 $e_{2\to 1}$，$d(v_1) = \infty$，松弛边 $e_{1\to 3}$，$d(v_3) = \infty$，松弛边 $e_{2\to 3}$，$d(v_3) = \infty$，松弛边 $e_{3\to 4}$，$d(v_4) = \infty$，松弛边 $e_{0\to 1}$，$d(v_1) = -1$，松弛边 $e_{0\to 2}$，$d(v_2) = 3$，松弛边 $e_{2\to 4}$，$d(v_4) = 7$，松弛边 $e_{3\to 2}$，$d(v_2) = 3$，如图 7.7c 所示。

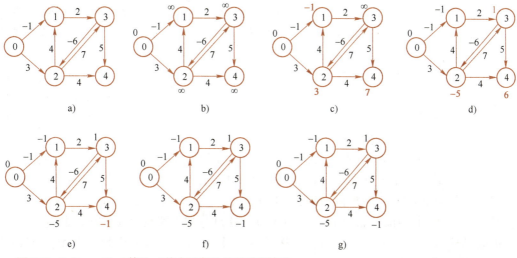

图 7.7　Bellman-Ford 算法（其中对各边的松弛顺序为：$e_{2\to 1}, e_{1\to 3}, e_{2\to 3}, e_{3\to 4}, e_{0\to 1}, e_{0\to 2}, e_{2\to 4}, e_{3\to 2}$）

3）对所有边做第 2、3、4 轮松弛，松弛后，各节点的 d 值分别如图 7.7d~f 所示。

4）对所有边做最后一轮松弛，对各边做松弛操作后，各节点的 d 值如图 7.7g 所示，得出此次遍历并不改变任何节点的 d 值，所以存在从源节点 v_0 到其他节点的最短路径，最短路径的长度为各节点的 d 值。

定理 7.2 如果图 $G=(V,E)$，$|V|=n$，$|E|=m$，不存在权重为负的环（回路），则 Bellman-Ford 算法返回的各节点的 d 值即为从源节点到此节点的最短路径的长度。

证明：

对于图 G 的任意一个节点 v，设其最短路径 p 的长度 $\delta(v_0,v)$ 为 $v_0 \to v_1 \to v_2 \to v_3 \to \cdots \to v_i \to v$。因为 p 为最短路径，由最短路径的最优子结构性质可得 $\delta(v_0,v)=\delta(v_0,v_i)+w_{v_i,v}$。

- 初始化，$d(v_0)=\delta(v_0,v_0)=0$。
- 第 1 次松弛后，我们有 $d(v_1)=\delta(v_0,v_0)+w_{v_0,v_1}=\delta(v_0,v_1)$。
- 第 2 次松弛后，我们有 $d(v_2)=\delta(v_0,v_1)+w_{v_1,v_2}=\delta(v_0,v_2)$。
- 第 $i+1$ 次松弛后，我们有 $d(v)=\delta(v_0,v_{i-1})+w_{v_{i-1},v}=\delta(v_0,v)$。

图 G（不包含权重为负的环）中，源节点 v_0 到任意一个节点的最短路径包含边的条数小于或等于 $n-1$，所以经过 $n-1$ 次松弛以后，可得源节点 v_0 到任意一个节点的最短路径。

推理 7.1 如果图 $G=(V,E)$，$|V|=n$，$|E|=m$，在经过 $n-1$ 次松弛后，$d(v)$ 不收敛，则图 G 存在权重为负的环。

由定理 7.2 的证明，显而易见可得出以上推理。

7.3.3 SPFA 算法

SPFA 算法的全称是最短路径快速算法（Shortest Path Faster Algorithm）它是对 Bellman-Ford 算法的改进。在 Bellman-Ford 算法中，每轮松弛都需要遍历所有的边，造成算法的性能相对较低。但在例 7.6 的计算过程中发现，对有些边的松弛并不会更新对应节点的 d 值，比如在第 1 轮松弛中，边 $e_{2\to 1}$、$e_{1\to 3}$、$e_{2\to 3}$、$e_{3\to 4}$ 的松弛并不能改变节点的 d 值，其他轮的松弛也存在类似的无效的情况。这启发我们是否可以在每轮的松弛过程中，不对所有的边进行松弛，而只对某些边进行松弛，以降低算法复杂度。

思路 7.5 回想一下前面学过的 Dijkstra 算法，我们只对那些和刚被加入到树中（X 集合中）节点（当前节点）相连的节点进行 d 值的更新，而不去更新所有节点的 d 值。SPFA 算法能不能也采用相同的思路？也就是说，把那些刚刚发生 d 值改变的节点看成当前节点，在下一轮的松弛中，只松弛当前节点的出边。这是 SPFA 算法的核心思想。

按照上面的思路，我们对例 7.6 重新进行松弛。开始时，v_0 作为当前节点（见图 7.8a），所以松弛边 $e_{0\to 1}$ 和 $e_{0\to 2}$，节点 v_1 和 v_2 的 d 值更新为 -1 和 3，并成为当前节点（见图 7.8b）；之后松弛 v_1 和 v_2 的出边 $e_{1\to 3}$、$e_{2\to 3}$、$e_{2\to 1}$ 和 $e_{2\to 4}$，松弛 $e_{2\to 1}$ 并不改变节点 v_2 的 d 值，节点 v_3 和 v_4 的 d 值通过松弛更新为 1 和 7（见图 7.8c）；松弛 v_3 和 v_4 的出边 $e_{3\to 2}$、$e_{3\to 4}$，节点 v_2 和 v_4 的 d 值更新为 -5 和 6（见图 7.8d）；松弛 v_2 的出边 $e_{2\to 3}$ 和 $e_{2\to 4}$，节点 v_4 的 d 值更新为 -1（见图 7.8e）。最后做第 n 次松弛，也就是松弛 v_4 的出边，因 v_4 没有出边，所以不做更新（见图 7.8f），即第 n 次的更新并没有改变任何节点的 d 值，也就是图不存在负环。

因为每轮只更新当前节点的出边，SPFA 算法通过队列来实现上述目的，也就是一旦节点的 d 值更新过，就入队列，之后，每次从队列中选取一个节点来松弛此节点的出边，SPFA 算法如算法 61 所示。

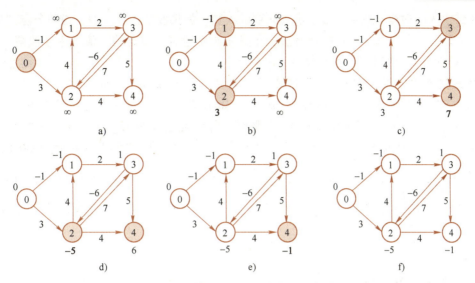

图 7.8 SPFA 算法，实心节点表示为当前节点

算法 61 SPFA 算法

1: **Input**：图 $G = (V, E, w)$，$|V| = n$，$|E| = m$，节点 v_0；
2: **Output**：节点 v_0 到所有其他节点的最短路径；
3: 初始化：$d(v_0) \leftarrow 0$，$d(v_i) \leftarrow \infty$，$i \neq 0$；
4: 初始化队列 q，$q.enqueue(v_0)$；
5: **while** $q \neq \varnothing$ **do**
6:     $v_i \leftarrow q.dequeue()$；
7:     **for** each edge $e_{i \to j} \in E$ **do** /* 节点 v_i 的出边 */
8:         **if** $d(v_j) > d(v_i) + w(e_{i \to j})$ **then**
9:             $d(v_j) \leftarrow d(v_i) + w(e_{i \to j})$；
10:            **if** v_j 不在队列 q 中 **then**
11:               $q.enqueue(v_j)$；
12:               **if** v_j 进入队列的次数达到 n 次 **then**
13:                   存在权重为负的环，return false；
14:             **end if**
15:         **end if**
16:         **end if**
17:     **end for**
18: **end while**
19: return all $d(v)$；

- 算法开始时，先将节点 v_0 入队列（语句 4）。
- 每次从队列中取一个节点（语句 6），并对以这个节点为起始节点的所有边进行松弛（for 循环语句）。
- 在松弛的过程中，如果对应的节点 d 值发生改变，且节点并不在队列中，则此节点入队列（语句 8~11）。

- 每次入队列要判断一下节点进入队列的次数,如果次数达到 n 次,说明节点被松弛过 n 次(相当于 Bellman-Ford 算法,在第 n 次松弛时,节点的 d 值发生了改变),算法返回 false,说明图 G 存在权重为负的环。

算法复杂度分析:SPFA 算法在最坏的情况是和 Bellman-Ford 算法一样的,也就是 $O(nm)$。SPFA 算法在最好的情况为 $\Omega(n)$,如当图 G 从 v_0 到 v_n 为链状结构时,即 $v_0 \rightarrow v_1 \rightarrow \cdots \rightarrow v_{n-1} \rightarrow v_n$,此时只要做 $n-1$ 松弛即可,所以复杂度为 $\Omega(n)$。为了计算平均复杂度,我们设图为随机图形,则任意节点相连的边的条数(以此节点为起始节点的边)的平均值为 $\frac{m}{n}$(也就是算法 for 循环执行 $\frac{m}{n}$ 次),设每个节点进入队列的平均值为 k 次(k 是一个常数,在稀疏图中小于 2),即 while 循环执行 kn 次,所以算法的平均复杂度为 $O\left(\frac{m}{n}kn\right) = O(km)$。

7.3.4 差分约束系统

差分约束系统(System of Difference Constraints)问题是对一组不等式求解的问题。其定义如下:给定 n 个变量和 m 个不等式,每个不等式形如 $x_j - x_i \leq w_k$,其中 $0 \leq i, j < n$,$0 \leq k < m$,w_k 已知,求 x。举个例子,有如下不等式组。

例 7.7

$$x_2 - x_1 \leq -2$$
$$x_1 - x_3 \leq -1$$
$$x_2 - x_3 \leq 4$$
$$x_4 - x_2 \leq 5$$
$$x_3 - x_4 \leq 2$$
$$x_4 - x_3 \leq -2$$
$$x_5 - x_4 \leq 3$$
$$x_5 - x_3 \leq -3$$

我们可以求出一个可行解 $x = (-1, -3, 0, -2, -3)$ 满足以上不等式组。如果了解线性规划问题的话,直接反应是这不是线性规划问题吗?为什么放在图算法章节讲解?我们对上面的不等式 $x_j - x_i \leq w_k$ 稍作变化:

$$x_j \leq x_i + w_k$$

思路 7.6 这个不等式和著名的松弛操作(定义 7.4)很相似。在松弛操作中:
- 如果 $d(v_j) > d(v_i) + w(e_{i,j})$,则更新 $d(v_j) = d(v_i) + w(e_{i,j})$。
- 如果 $d(v_j) \leq d(v_i) + w(e_{i,j})$,则无须更新。

显然松弛操作的目的就是让 $d(v_j)$ 满足 $d(v_j) \leq d(v_i) + w(e_{i,j})$;这和差分约束系统寻找 x 满足不等式 $x_j \leq x_i + w_k$ 的形式和目标都是一致的。所以这启发我们通过松弛操作来求解差分约束系统,而前面不管是 Bellman-Ford 还是 SPFA 都是通过松弛操作来寻找最短路径,也就是如果能够把差分约束系统转化成图的形式,再通过求解最短路径的方法(即通过松弛操作)就能够实现差分系统的求解。

为此，首先需要将差分系统转化为有向图 $G=(V,E)$，显而易见，变量 x_i 应该转化为节点 v_i，而每一个不等式的左边代表两个节点，右边代表连接这两个节点的边的权重，如 $x_2-x_1 \leq -2$ 代表从节点 v_1 到节点 v_2 的边的权重为 -2。例 7.7 转化为图 7.9a，只要求出这个子图中所有节点的 d 值，就得出了所有 x 的值。

为了求 d 值，需要选择一个源节点，首先我们选择 v_1 为源节点，则按照 Belleman-Ford 算法或 SPFA 算法，可求得各顶点的 d 值为 $(0,-2,5,3,2)$（见图 7.9b），相应的 x 值就为 $(0,-2,5,3,2)$。因为所有节点的 d 值满足 $d(v_j) \leq d(v_i)+w_{i\to j}$，所以所有的 x 值也一定满足 $x_j \leq x_i+w_k$，即 $(0,-2,5,3,2)$ 必然是一组可行解。

那么可以选择另外一个节点作为源节点吗？这里选择 v_3 为源节点，经过松弛操作后，可求得顶点的 d 值为 $(-1,-3,0,-2,-3)$（见图 7.9c），相应的 x 值就为 $(-1,-3,0,-2,-3)$，显然，我们得出了另一组可行解。

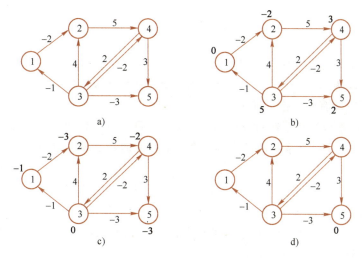

图 7.9　差分约束系统

是不是可以选择任意一个节点作为源节点？可惜的是，在有向图中并不是所有的节点都存在到其他节点的一条路径，如选择 v_5 为源节点（见图 7.9d），就无法计算到其他节点的最短路径了。这就给我们提出了一个难题，如果转化后的图是一个很复杂的图，如何选择一个源节点，其到其他所有节点都存在一条路径？而实际上，也许根本上就不存在到其他所有节点都有路径的节点。怎么解决这个问题？

思路 7.7　创造一个节点，使其到其他节点都有一条路径（这个方法在很多情况下都会用到），所以需要添加一个额外的节点 v_0，并将这个节点作为起始节点，连一条边到其他所有的节点，并给这些边赋予权重为 0，也就是在 $G=(V,E)$ 的基础上，构造 $G'=(V',E')$，其中 $V'=V \cup \{v_0\}$，$E'=E \cup \{e_{0,1}, e_{0,2}, \cdots, e_{0,n}\}$，其中 $w_{0,i}=0$，$\forall i=1,\cdots,n$。

根据以上思路，将例子的图 G，转化成图 G'，如图 7.10 所示。以 v_0 为源节点，求得各顶点的 d 值为 $(-1,-3,0,-2,-3)$，相应的 x 值为 $(-1,-3,0,-2,-3)$（同以 v_3 为源节点）。

以上例子中，我们获取了两个不同的解，$x_{v_1}=(0,-2,5,3,2)$ 和 $x_{v_3}=(-1,-3,0,-2,-3)$，其中 x_{v_i} 表示以节点 i 为源节点的解。而这两个解之间是没有关联性的。那么存在的问题是一个差分约束系统可以有多少个解（在存在解的情况下）？为分析这个问题，我们再分别以 v_2 和 v_4 为源节点，求得解为 $x_{v_2}=(4,0,7,5,8)$ 和 $x_{v_4}=(1,-1,2,0,-1)$，其中，x_{v_2} 和 x_{v_1}、x_{v_3} 都没有关联性，但 $x_{v_4} = x_{v_3} + 2$。这个等式是很容易理解的，在差分约束系统中，所有的不等式都是两个变量相减，显然如果所有的变量都加上一个常数，不等式依旧成立。所以有如下推理。

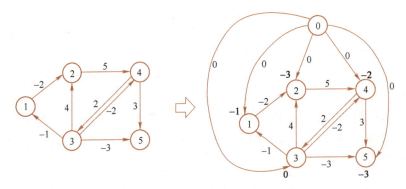

图 7.10　差分约束系统：添加 v_0 节点

推理 7.2　对于差分约束系统的任一解 $x = (x_1, x_2, x_3, x_4, x_5)$，以及任意一个常数 k，则 $x' = x + k = (x_1 + k, x_2 + k, x_3 + k, x_4 + k, x_5 + k)$ 依然是差分约束系统的解。

差分约束系统所有解的推理如下。

推理 7.3　以差分约束系统对应图的所有节点为源节点，得出所有的独立解（这些解之间没有关联性），差分约束系统的所有解包含：①所有的独立解；②这些独立解和任意一个常数的和。

以上分析了差分约束系统存在解的情况，那么差分约束系统在什么情况下不存在解，或者说如何去判断一个差分约束系统是否存在解？实际上通过对差分约束系统的求解过程已经给出了答案。差分约束系统的解是通过求对应图的最短路径而得出的，那么显然，如果对应的图不存在最短路径，就不存在解。

推理 7.4　如果差分约束系统对应图存在负环（也就是不存在最短路径），则差分约束系统不存在可行解。

证明：

设差分约束系统对应图存在的一个负环为 $(v_1, v_2, \cdots, v_k, v_1)$，组成这个负环的边的权重依次为 $(w_1, w_2, \cdots, w_k)$，且 $\sum_{i=1}^{k} w_i < 0$，则此负环所对应的不等式组为

$$x_2 - x_1 \leqslant w_1$$
$$x_3 - x_2 \leqslant w_2$$
$$\vdots$$
$$x_1 - x_k \leqslant w_k$$

将以上所有不等式相加，不等式的左边全部消掉，得 $0 \leqslant \sum_{i=1}^{k} w_i$，这和负环的条件相矛盾，所以不可能存在可行解。

最后，总结上述流程，得出基于 SPFA 的差分约束系统的算法如算法 62 所示。算法的复杂度就是 SPFA 的复杂度，设差分约束系统有 n 个变量，m 个约束条件，则形成的图 $G = (V, E)$，$|V| = n + 1$，$|E| = n + m$，在最坏的情况下，$O((n+1)(n+m)) = O(n^2 + nm)$，平均复

杂度为 $O(k(n+m))$。

算法 62 基于 SPFA 的差分约束算法

1: **Input**：符合 $x_j - x_i \leq w_k$ 形式的不等式组
2: **Output**：如果存在解，则返回解；否则，返回不存在可行解
3: 依据不等式组，得出相应的有向图 G
4: 在有向图 G 中，添加节点 v_0 作为源节点，源节点到所有其他节点存在一条边，其权重为 0，从而形成图 G'
5: 在图 G' 中，运行 SPFA 算法
6: **if** 图 G' 中存在负环 **then**
7:     return 不存在可行解
8: **else**
9:     $x_i \leftarrow d(v_i)$，$\forall i = 1$ to n；
10: **end if**
11: return x；

7.4 多源最短路径

多源最短路径就是求图中所有点对的最短路径，显然，单源最短路径可用于多源最短路径求解，无非对图中的每个节点应用单源最短路径算法（如 Dijkstra 算法）。这种方法是可行的，而且效率也不低，如果 Dijkstra 算法的时间复杂度为 $O(n^2)$（采用堆的话，复杂度为 $O(m \log n)$），用 Dijkstra 算法计算多源最短路径，复杂度为 $O(n^3)$（或者 $O(mn \log n)$）。本节将讲述其他的用于多源最短路径计算的算法。

7.4.1 Floyd 算法（弗洛伊德算法）

扫码看视频

Floyd 算法的主要思想是动态规划，但因是求最短路径，所以其本质也是松弛。下面先从松弛的角度来分析 Floyd 算法，前面定义的松弛是通过和终节点直接相连的节点进行松弛，这里将这个条件进行放宽，也就是可以通过任意节点进行松弛，修改后的松弛定义如下。

定义 7.5（任意节点的松弛操作） 已知一条从 v_i 到 v_j 的路径 $v_i \sim v_j$，其距离为 $d_{i,j}$，另外有节点 v_k，使得 v_i 到 v_j 的路径通过节点 v_k，比原来的距离要小，也就是 $d_{i,k} + d_{k,j} < d_{i,j}$，则 v_i 到 v_j 的距离更新为 $d_{i,j} \leftarrow d_{i,k} + d_{k,j}$。

下面通过例子（见图 7.11）来说明 Floyd 算法的松弛过程。首先，用一个矩阵 D 来存储图中任意点对之间的距离，矩阵的行代表起始节点，列代表终节点。初始化时，如果图中的某个节点（v_i）有一条有向边连接到另外一个节点（v_j），则初始矩阵 D_0 第 i 行第 j 列的值为边的长度（权重），否则为无穷。根据以上规则得出如图 7.11 所示的初始距离矩阵为

$$D_0 = \begin{pmatrix} 0 & 4 & 8 & 6 \\ \infty & 0 & 3 & \infty \\ 7 & \infty & 0 & 9 \\ 5 & \infty & 3 & 0 \end{pmatrix}$$

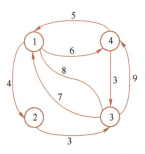

图 7.11　Floyd 算法例子

在此矩阵中，$D_0(2,3) = d_{2,3} = 3$ 表示节点 v_2 到节点 v_3 的距离为 3。接下来，需要对 D_0 矩阵中的距离做松弛操作，松弛操作的流程是依次添加所有的节点，即 v_1、v_2、v_3、v_4，并依据定义 7.5 进行距离更新。

1）添加节点 v_1：

将 D_0 矩阵中的距离值和经过节点 v_1 的距离值进行比较，如果经过节点 v_1 的距离值小于原有的距离值，则进行距离松弛。比如 $D_0(4,2) = \infty$，通过节点 v_1 后，$d_{4,2} = D_0(4,1) + D_0(1,2) = 5+4 = 9$，所以 $d_{4,2}$ 松弛为 9；$D_0(4,3) = 3$，如果通过节点 v_1，$d_{4,3} = D_0(4,1) + D_0(1,3) = 5+8 = 13 > 3$，所以 $d_{4,3}$ 并不进行松弛。**注意：添加 v_1 后，D_0 矩阵的第一行和第一列并不会有任何改变，因为第一行和第一列本身已经包含 v_1。**我们又发现其他行和列的松弛只和第一行以及第一列的元素相关。这使得松弛操作在一个矩阵中就可以完成。按照上述的松弛方法，添加 v_1，对所有点做松弛后，得到矩阵 D_1：

$$D_1 = \begin{pmatrix} 0 & 4 & 8 & 6 \\ \infty & 0 & 3 & \infty \\ 7 & 11 & 0 & 9 \\ 5 & 9 & 3 & 0 \end{pmatrix}$$

2）添加节点 v_2：

将 D_1 矩阵中的距离值和经过节点 v_2 的距离值进行比较，如果经过节点 v_2 的距离值小于 D_1 中的距离值，则进行距离更新。同时注意：添加 v_2 后，D_1 矩阵的相应行和列（第二行和第二列）也是不会有任何改变的，此规律在后续的操作中始终保持。添加 v_2，对所有点对松弛后，得到矩阵 D_2：

$$D_2 = \begin{pmatrix} 0 & 4 & 7 & 6 \\ \infty & 0 & 3 & \infty \\ 7 & 11 & 0 & 9 \\ 5 & 9 & 3 & 0 \end{pmatrix}$$

3）添加节点 v_3：

将 D_2 矩阵中的距离值和经过节点 v_3 的距离值进行比较，如果经过节点 v_3 的距离值小于 D_2 中的距离值，则进行距离更新。添加 v_3，对所有点对松弛后，得到矩阵 D_3：

$$D_3 = \begin{pmatrix} 0 & 4 & 7 & 6 \\ 10 & 0 & 3 & 12 \\ 7 & 11 & 0 & 9 \\ 5 & 9 & 3 & 0 \end{pmatrix}$$

4）添加节点 v_4：

将 D_3 矩阵中的距离值和经过节点 v_4 的距离值进行比较，如果经过节点 v_4 的距离值小于 D_3 中的距离值，则进行距离更新。添加 v_4，对所有点对松弛后，得到矩阵 D_4：

$$D_4 = \begin{pmatrix} 0 & 4 & 7 & 6 \\ 10 & 0 & 3 & 13 \\ 7 & 11 & 0 & 9 \\ 5 & 9 & 3 & 0 \end{pmatrix}$$

D_4 给出了所有点对的最短路径。通过上面的例子，我们给出 Floyd 算法的流程（基于松弛的流程）。

- 初始化：确定任意两点间距离 d_{ij}，如果存在边 $e_{i \to j}$，则 $d_{ij} = w_{i \to j}$，否则 $d_{ij} = \infty$，令 $k = 1$。
- 加入节点 v_k，通过节点 v_k 对所有节点对的距离进行松弛，$k \leftarrow k+1$。
- 重复以上过程直到 $k > n$。

上述流程的描述虽有点复杂，但正如例子给出，Floyd 算法实际上就是对矩阵的操作，如算法 63 所示，可以看出，Floyd 算法的代码比较简单，所以 Floyd 算法很优美，尽管它的复杂度为 $O(n^3)$，并不低。

算法 63 Floyd 算法

1: **Input**：连通图 $G = (V, E)$
2: **Output**：所有点对的最短路径
3: 构造初始距离矩阵 D；
4: **for** $k = 1$ to n **do**
5:     **for** $i = 1$ to n **do**
6:         **for** $j = 1$ to n **do**
7:             $D[i,j] = \min(D[i,j], D[i,k] + D[k,j])$；
8:         **end for**
9:     **end for**
10: **end for**
11: **return** D；

本节开始部分提到，Floyd 算法的本质是动态规划，下面再从动态规划的角度分析一下 Floyd 算法，以便读者从这两个角度进行比较分析，进一步理解动态规划和松弛。

1. 多源最短路径问题最优解的结构特征

按照动态规划的规律，首先需要看 n 规模问题和 $n-1$ 规模问题的关系。

思路 7.8 多源最短路径问题是求两点（设为 v_i 和 v_j）间的最短距离，所以容易想到，n 规模的问题是有 n 个节点 $\{v_1, v_2, \cdots, v_n\}$ 的情况下，v_i 和 v_j 的最短距离，用 $d_{i,j}^{(n)}$ 表示；而 $(n-1)$ 规模问题是有 $(n-1)$ 个节点 $\{v_1, v_2, \cdots, v_{n-1}\}$ 的情况下，v_i 和 v_j 的最短距离，用 $d_{i,j}^{(n-1)}$ 表示。基于上面的松弛方法，容易得出 $d_{i,j}^{(n)}$ 由 $d_{i,j}^{(n-1)}$ 和通过节点 v_n 松弛后的距离（即 $d_{i,n}^{(n-1)} + d_{n,j}^{(n-1)}$）两者中值小的一项决定。

v_i 和 v_j 的距离在 n 规模问题下的最优解，要么是 $n-1$ 规模问题下的最优解，要么是 $n-1$ 规模问题下，节点 v_i 到节点 v_n 的最短距离节点 $+v_n$ 到节点 v_j 的最短距离，所以具有最优子结构性质。在没有讨论松弛的情况下，很多人会对 $d_{i,n}^{(n-1)}$ 产生疑惑，为什么在没有加入节点 n 的情况下，已经有 $d_{i,n}$？通过松弛的讨论，应该不会再有这样的疑惑，$d_{i,n}^l$ 指的是 v_i 和 v_{n-1} 通过 l 个节点得到的最短距离。

2. 递归地定义最优值

在多源最短路径问题上，最优解和最优值是一致的，都是任意两个节点 v_i 和 v_j 间的距离。按照上面的分析，得出最优值的递归式为

$$d_{i,j}^{(n)} = \begin{cases} w_{i \to j} & n=0 \text{ 且存在边 } e_{i \to j} \\ \infty & n=0 \text{ 且不存在边 } e_{i \to j} \\ \min\{d_{i,j}^{(n-1)}, d_{i,n}^{(n-1)} + d_{n,j}^{(n-1)}\} & n \neq 0 \end{cases} \quad (7.3)$$

其中，$w_{i \to j}$ 表示 v_i 和 v_j 直接相连边的权重。

3. 自底向上地计算最优值

d 值的最低层为 $n=0$ 时，只有直接相连的节点间存在距离，不相连节点间的距离为 ∞。也就是松弛过程中的 $\boldsymbol{D}_0$ 矩阵。之后，通过 $\boldsymbol{D}_0$ 矩阵计算 $\boldsymbol{D}_1$ 矩阵，直到 $\boldsymbol{D}_n$ 矩阵，其计算过程就是通过式（7.3）计算，实际上也就是松弛过程。

4. 计算最优解

因为在本问题中，最优值同最优解，$\boldsymbol{D}_n$ 矩阵包含了所有点对的最短路径。

7.4.2 Johnson 算法

Floyd 算法的复杂度是 $O(n^3)$，那么有其他算法可以降低 Floyd 算法的复杂度吗？正如前面提到的，如将基于堆的 Dijkstra 算法应用到多源最短路径的话，其复杂度为 $O(mn \log n)$（在稀疏图中为 $O(n^2 \log n)$），确实可以降低复杂度，但问题是 Dijkstra 算法是无法处理负边的情况的，有没有办法解决这个问题？

思路 7.9 直觉上，好像对所有边加上一个最小负数的绝对值，这样会让所有的边都变为非负，且并不会改变各边相对的权重，是否可以这么处理？

事实上，这样处理是错误的，如图 7.12 所示，图 7.12a 是原图，从节点 1 到节点 4 的最短路径是 1→2→5→4，现将图 7.12a 所有的边都加上 4，形成的图如图 7.12b 所示，此图中，节点 1 到节点 4 的最短路径是 1→3→4，而不是 1→2→5→4，所以对所有边加上一个正数会改变最短路径，以上思路行不通。原因也很简单，不同的路径边数不一样，所以增加的总权重也不一样。

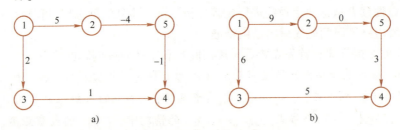

图 7.12 加权重使所有的边都为非负

思路 7.10 为了解决上述问题，我们需要找到一种方法，在将边的权重变为非负的同时，从相同起点到终点的不同路径上增加的总权重也应该相等。

如果节点 i 到节点 j 有两条不同路径（设两条路径的边数不同），其原始总权重分别为 $p_{i \to j}$ 和 $q_{i \to j}$，各边加上权重，使得所有的边的权重都为非负后，这两条路径的总权重变为 $p'_{i \to j}$ 和 $q'_{i \to j}$，需要 $p'_{i \to j} - p_{i \to j} = q'_{i \to j} - q_{i \to j}$。现在问题的关键是如何实现上述目的？Johnson 算法通过一种很巧妙的方式实现了上述目的。

定义 7.6（Johnson 算法） 求出图中某一节点到所有其他节点的 d 值（距离的值），对任意一条有向边 e，假设此边连接节点 v_i 到节点 v_j，对此边的权重进行更新：$w'_{i \to j} = w_{i \to j} + d(v_i) - d(v_j)$，之后按照 Dijkstra 算法对图中每个节点求其到其他节点的最短路径。

为了证明 Johnson 算法的正确性，先定义两个引理。

引理 7.1 对任意有向边的权重进行 $w'_{i,j} \leftarrow w_{i,j} + d(v_i) - d(v_j)$ 更新后，边的权重 $w'_{i,j} \geq 0$。

证明：

因为 $d(v_j) \leq w_{i,j} + d(v_i)$（否则，$d(v_j) > w_{i,j} + d(v_i)$，令 $d(v_j) = w_{i,j} + d(v_i)$，得到节点 v_j 更短的距离），可以直接得出 $w_{i,j} + d(v_i) - d(v_j) \geq 0 \Rightarrow w'_{i,j} \geq 0$，得证。

引理 7.2 权重更新后，对于任意两点 v_i 和 v_j 之间的任意路径增加的权重是相等的。

证明：

设任意两个节点 v_i 和 v_j 的任意一条路径为 $v_i \to v_{i+1} \to \cdots \to v_{j-1} \to v_j$，则经过权重更新后，此路径的总权重为

$$w_{i \to i+1} + d(v_i) - d(v_{i+1}) + w_{i+1 \to i+2} + d(v_{i+1}) - d(v_{i+2}) + \cdots$$
$$+ w_{j-2 \to j-1} + d(v_{j-2}) - d(v_{j-1}) + w_{j-1 \to j} + d(v_{j-1}) - d(v_j)$$
$$= w_{i \to i+1} + w_{i+1 \to i+2} + \cdots + w_{j-2 \to j-1} + w_{j-1 \to j} + d(v_i) - d(v_j)$$

可见，经过权重更新后，对于任意两个节点 v_i 和 v_j 间的所有路径，其增加的权重都为 $d(v_i) - d(v_j)$，也就是并不改变任意两个节点间的最短路径。

定理 7.3 Johnson 算法得出的多源路径是多源最短路径。

证明：

由引理 7.1 可知，权重更新后图中任意一条边的权重大于或等于 0，在此图中，对所有的节点应用 Dijkstra 算法后，可以得出权重更新后图中任意两点的最短路径。由引理 7.2 可知，更新后图中任意两节点 v_i 和 v_j 的最短路径就是原图的最短路径，其权重相差 $d(v_i) - d(v_j)$，得证。

最后一个问题是，算法要求"求出图中某一节点到所有其他节点的 d 值"，那么应该选择哪个节点？正如"差分约束系统"小节中提出的在有向图中并不是所有的节点都存在到其他节点的一条路径，所以这里不能随机选择一个节点用于 d 值的计算。Johnson 算法的解决方法同"差分约束系统"，即添加一个额外的节点 v_0，连接一条边到所有其他节点，并给这些边赋予权重为 0，之后以节点 v_0 为起始节点，计算所有节点的 d 值。

Johnson 算法如算法 64 所示。设图中节点的数目为 n，边的条数为 m，语句 4 的作用是找到初始节点 v_0 到所有其他节点的最短路径。这里采用了 Bellman-Ford 算法，复杂度为 $O(mn)$，第一个 for 循环（语句 6~9）的作用是对所有边的权重进行更新，使得边的权重为正，其复杂度为 $O(m)$，第二个 for 循环（语句 10~12）的复杂度为 $O(mn \log n)$，所以总复杂度为 $O(mn \log n)$，在稀疏图中为 $O(n^2 \log n)$。

算法 64　Johnson 算法

1：**Input**：连通图 $G = (V,E)$
2：**Output**：所有点对的最短路径
3：在有向图 G 中，添加节点 v_0，从 v_0 连一条权重为 0 的有向边到所有其他节点；
4：在图 G 中，以 v_0 为源节点，运行 Bellman-Ford 算法，得出 $d(v)$，$\forall v \in V$；
5：在图 G 中，删除节点 v_0 及其连的边；
6：**for** $e \in E$ **do**
7：　　$i \leftarrow e$ 的起始顶点，$j \leftarrow e$ 的终点；
8：　　$w_e \leftarrow w_e + d(i) - d(j)$；
9：**end for**
10：**for** $v \in V$ **do**
11：　　运行基于堆栈的 Dijkstra 算法，计算节点 v 到其他节点的最短距离；
12：**end for**
13：**return** 所有节点间的最短距离；

7.5　最短路径在网络路由中的应用[*]

在计算机网络中，数据需从发送方传输至接收方，计算机网络的主要构成是路由器，因此，数据传输主要是由路由器承担。当网络中的路由器接收一个数据时，它需要确定这个数据需要被转发到哪个（下一个）路由器，这个过程也被称为路由。为了使传输效率最高，计算机网络的路由采用最短路径路由，也就是找到一条从发送方到接收方的最短路径，数据就沿着这条路径转发。所以，最短路径算法在计算机网络路由中扮演着重要的角色。计算机网络的一个著名路由协议 OSPF 就采用了 Dijkstra 算法。

为了计算最短路径，路由器需要知道网络的拓扑结构（网络由哪些节点、边组成，边的权重是多少），为此，每个节点（路由器）需要收集其有哪些邻节点，到这些邻节点的距离是多少。这通过给所有邻节点发一个请求信令，之后邻节点回复应答信令即可实现，通过这样的方式，每个节点不仅知道其有哪些邻节点，同时通过请求/应答信令的传输延时，节点可大概估计到邻节点的距离。之后，网络中的所有节点都将其所搜集到的邻节点以及到邻节点的距离信息，发送给网络上的所有节点。如此，每个节点都知道网络的拓扑结构，从而可独立地运行 Dijkstra 算法计算到其他节点的最短路径。下面以一个例子来说明。

例 7.8　节点（路由器）A 有一个邻节点 B，且到 B 的距离为 1。其收到网络中其他节点 $\{B,C,D,E,F\}$ 的邻节点信息，$B:(A,1),(C,4),(D,1)$；$C:(B,4),(D,1),(E,2)$；$D:(B,1),(C,1),(E,1)$；$E:(C,2),(D,1),(F,1)$；$F:(E,1)$。如 $B:(A,1),(C,4),(D,1)$ 表示 B 的邻节点有 A、C、D，到这些节点的距离（边的权重）分别为 1、4、1。请画出网络拓扑结构，并使用 Dijkstra 算法计算节点 A 到其他节点的最短路径。

解：
基于邻节点信息，构造图的拓扑结构如图 7.13a 所示。基于此图，A 运行 Dijkstra 算法可得到如图 7.13b 所示的到其他节点的最短路径。这样，节点 A 就得出了到所有其他节点的最短路径。但注意，节点仅仅记录到其他节点最短路径的下一个节点。如对于到 F 的最短路径，节点 A 记录：（目的地：F，下一跳：B），表明到 F 的最短路径，需要先经过节点 B，所有的这些记录被存放在一个称为路由表的表格中。对于所有其他节点，也执行相同的操作，形成各自的路由表。

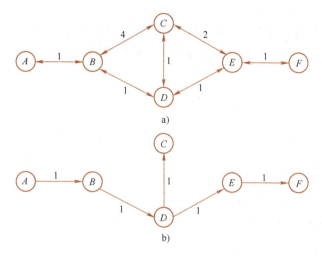

图 7.13　网络路由

最后，看一下网络是如何转发数据的。当 A 要发送数据给 F 时，A 会将 F 作为目的地信息插入到数据中，并从路由表中查找到"目的地为 F 的应该发往 B"，于是数据发往 B；B 通过数据的目的地信息，知道是发往 F 的，B 也从其路由表中查找到"目的地为 F 的应该发往 D"，以此类推，最终数据会到达 F。

定理 7.4　OSFP 路由是最短路径路由。

证明：

因最短路径具有最优子结构性质，如上例中，A 到 F 的最短路径包含了 A 到 B 的距离以及 B 到 F 的最短路径；B 到 F 的最短路径又包含了 B 到 D 的距离以及 D 到 F 的最短路径，以此类推。所以按照 OSPF 路由协议得出的传输路径为最短路径。

7.6　本章小结

本章讨论了图的两个基本问题：搜索和最短路径，其中搜索分为深度优先搜索和广度优先搜索。在非递归的实现中，深度优先搜索通过堆栈实现，而广度优先搜索通过队列实现。在下一章回溯和分支限界这两种方法的讨论中，回溯是通过深度优先搜索进行对树的遍历，而分支限界则通过广度优先搜索实现遍历。

单源最短路径主要有两种算法：Dijkstra 和 Bellman-Ford 算法，而 SPFA 算法是对 Bellman-Ford 算法的改进。Bellman-Ford 算法不仅可以处理正权重的图，也可以处理负权边和负环的图，而 Dijkstra 算法只能用于正权重图。但 Dijkstra 算法的优点是其复杂度为 $O(m \log n)$，小于 Bellman-Ford 算法，后者的复杂度为 $O(mn)$。不过对于无权图，我们可采用广度优先搜索，实现以更低的复杂度（$O(m)$）来找到单源最短路径。另外，需要指出，我们在讨论 Dijkstra 和 Bellman-Ford 算法时，都是针对有向图，如果是无向图，Dijkstra 算法无须做任何修改，也就是说，Dijkstra 算法同时适用于有向图和无向图（不存在负权边）。

但 Bellman-Ford 算法通常只适用于有向图，虽然可以将无向图的边看成权重相同、方向相反的两条有向边，但如果这样做，一旦无向图存在负权边，则必然会形成负环，Bellman-Ford 算法就会得出不存在最短路径。这向我们提出了一个问题，一个有负权边的无向图，存在最短路径算法吗？

本章也对多源最短路径的两个算法 Floyd 算法和 Johnson 算法进行了分析，当然也可以应用 Bellman-Ford 算法对每个节点求最短路径，最后得出所有节点间的最短路径，下面比较这三种算法。

- Floyd 算法的复杂度为 $O(n^3)$，但算法非常简明。Floyd 算法可以处理负权边，但不能处理负环（无法得出不存在最短路径）。
- Bellman-Ford 算法应用于多源最短路径时，其复杂度为 $O(mn^2)$（在稀疏图中为 $O(n^3)$），复杂度相对较高，但其可以处理负权边，也可以处理负环的图。如果采用 SPFA 算法代替 Bellman-Ford 算法，则算法的平均复杂度为 $O(kmn)$。
- Johnson 算法实际上就是对每个节点应用 Dijkstra 算法，其复杂度为 $O(mn \log n)$，三个算法中最优，可以处理负权边，但同样不能处理负环。

7.7 习题

1. 书中通过堆栈实现图的深度优先搜索时，没有计算先序号和后序号，请修改算法使其通过堆栈实现图的深度优先搜索时，可以计算节点的先序号和后序号。

2. 对有向图的深度优先搜索进行修改，使得 DFS 输出不仅是节点的先序号和后序号，还指出原图中哪些边是树边，哪些边是回边，哪些边是前向边，哪些边是横跨边。

3. 请用递归的方式实现广度优先搜索。

4. 请说明用栈实现深度优先搜索时，一个节点为什么可以入栈多次？而用队列实现广度优先搜索时，一个节点为什么只入队列一次？

5. 书中用队列实现广度优先搜索时，节点入队列就访问，请修改伪代码，让节点出队列时才访问。

6. 无向图的深度优先搜索和有向图的深度优先搜索分别可产生哪些边？无向图的广度优先搜索和有向图的广度优先搜索分别可产生哪些边？

7. 有向图如下：

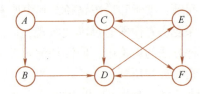

1) 给出从顶点 A 开始运行深度优先搜索的结果，给出边的分类，并标明先序号、后序号。
2) 给出从顶点 B 开始运行广度优先搜索的结果，给出边的分类，并标明访问序号。
3) 图中存在拓扑排序吗？如果有给出拓扑排序，如果没有说明原因。

8. 有无向图：

第 7 章　图算法

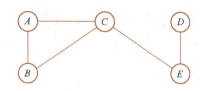

求解所有关节点，要求标出所有节点的 α 值和 β 值，并且通过比较 α 值和 β 值来确定是否是关节点。

9. 用 Dijkstra 算法求下图 A 节点到其他节点的最短路径长度，要求画出生成的最短路径树，并画出 Prim 算法得出的最小生成树，通过这两个树，比较分析 Dijkstra 算法和 Prim 算法。

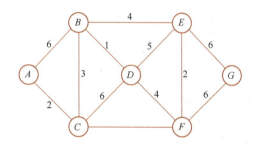

10. Dijkstra 算法主要应用于非负无权图的最短路径求解，Dijkstra 算法无法在负权边的图上求最短路径，请给出一个存在负权边的无向图的具体例子（图中没有负环），用 Dijkstra 算法在此图中得出的最短路径会是错误的。

11. 在 Dijkstra 算法中，设源节点为 a，X 用于存放已经加入到树中的节点，Y 用于存放还未加入到树中的节点，假设算法当前要将 v 加入到树中，且通过树中节点 u 加入。以下说法有误的是（　　）。

a) a 到任一 $x \in X$ 的距离小于或等于到任一 $y \in Y$ 的距离

b) v 是算法得出的所有 Y 中节点离树的距离最小的（和树相连边的权重最小）

c) u 必然是 a 到 v 一条最短路径上的点

d) 对于任一 $y \in Y(y \neq v)$，a 到 v 的距离必然小于或等于到 y 的距离

12. 给出一个无向图具体的例子，说明 Dijkstra 算法不能应用于存在负权边的图（图中没有负环）。

13. 书中给出了 SPFA 算法广度优先遍历的实现方法，SPFA 算法可以通过深度优先遍历来实现吗？如果可以，如何判断是否存在权重为负的环？请给出深度优先遍历的代码。

14. 设某图的邻接矩阵如下，要求给出用 Floyd 算法求多源最短路径过程中的所有矩阵。

$$D_0 = \begin{pmatrix} 0 & 3 & 8 & \infty & -4 \\ \infty & 0 & \infty & 1 & 7 \\ \infty & 4 & 0 & \infty & \infty \\ 2 & \infty & -5 & 0 & \infty \\ \infty & \infty & \infty & 6 & 0 \end{pmatrix}$$

15. 请用 Johnson 算法求下面有向图的多源最短路径。

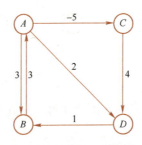

16. 给定一个无向图 $G=(V,E)$ 和两个顶点 u、v，设 $dist(u,v)$ 为 u 到 v 的最短路径的长度（跳数）。对于两个非空的顶点集合 $V_1, V_2 \subseteq V$，且 $V_1 \cap V_2 = \varnothing$，设 $dist(V_1, V_2)$ 表示两个顶点 $u \in V_1$ 和 $v \in V_2$ 之间的最短路径长度，即

$$dist(V_1, V_2) = \min\{dist(u,v) \mid u \in V_1, v \in V_2\}$$

给出一个在时间 $O(|V|+|E|)$ 内计算出 $dist(V_1, V_2)$ 的算法思路。

17. 给定图 $G=(V,E)$ 及初始节点 $s \in V$，请给出一个广度优先搜索算法的变体，要求对任意 $v \in V$，计算：

1) 从 s 到 v 的最短路径的跳数 $d(v)$。
2) 从 s 到 v 跳数为 $d(v)$ 的路径总数。

第 8 章
回溯和分支限界

我们已经学习了分治、动态规划等算法，这些算法是有规律可循的，本书也尽量让读者能够掌握这种规律，但不得不承认，这些算法是需要一些技巧的。而人们比较喜欢的算法显然是穷举，无非就是将所有可能的解列出来，然后找一个最优解，这种算法甚至都不需要太动脑筋。但不动脑筋也有代价，穷举算法的复杂度会非常高。人们在研究过程中发现，如果将所有可能的解按照特定的数据结构（通常是树）进行组织，在遍历这些解时，避免对一些无用的解（如非法解）进行遍历，可以降低算法复杂度。这就是回溯和分支限界算法的基本思想。本章首先通过骑士巡游、0-1 背包问题、最大团问题来讲解回溯算法。之后，通过旅行商问题和任务指派问题来讨论分支限界算法。相对于回溯，分支限制因具有人工智能的思想（算法朝着最优解的方向探索），在实际中应用广泛。本章最后会讨论分支限界在流水线作业调度中的应用。

8.1 回溯的基本方法

在回溯算法中，我们把解组织成树的结构形式。算法从根节点开始，按照深度优先遍历的方式对树进行访问，每当访问一个节点，就判断一下有没有必要继续访问，如果有，则继续访问此节点的子节点（继续深度优先遍历）；如果没有，算法就不再访问此节点的子孙节点。当算法访问完某一节点的所有子节点后，回退（回溯）到该节点（这也是该算法被称为回溯法的原因）。因算法不会去访问那些无效的节点，所以算法的性能要远远好于穷举法。下面从 3 着色问题来分析回溯法，因 3 着色问题涉及一个无向图和一棵树，为了以示区分，图中的点用"顶点"表示，树中的点用"节点"表示[○]。

例 8.1（3 着色问题） 给定无向图 $G=(V,E)$ 及 3 种颜色 {红色，白色，蓝色}，现要为图的顶点着色。每个顶点只能着 3 种颜色中的一种，并且要求相邻的顶点具有不同的颜色。

对于 n 个顶点的图 G，如果进行穷举的话，一个顶点可以有 3 种着色，n 个顶点就有 3^n 种可能的解，我们需要从这 3^n 个解中找到符合上述要求的解（称为可行解）。用向量 $(v_1, v_2, \cdots, v_n)$ 表示一种着色方案，则向量中的每个元素代表一个顶点，其取值可以为红色、白色或蓝色。现在需要把所有的解组织成树的形式，一种非常直观的方法是：从根节点（第 0 层节点）出发，给图中的第一个顶点着色，或者说，给解向量中的第一个元素赋值，因为一共有 3 种可能的赋值，树的第 1 层共有 3 个节点；一旦给第 1 个元素赋值完毕，就需要给第 2 个元素赋值，同理，第 2 个元素也有 3 种赋值，这样第 1 层的每个节点都会有 3 个子节

○ 本书其他地方并没有对"顶点"和"节点"做区分。

点，这 9 个节点形成树中第 2 层的节点，以此类推，会形成如图 8.1 所示的完全 3 叉树。

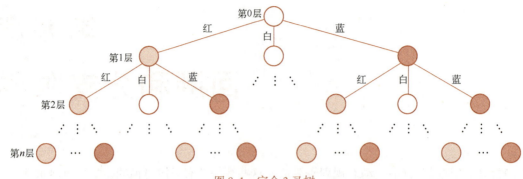

图 8.1　完全 3 叉树

此树中，第 i 层代表第 i 个顶点或变量的着色，从根节点到叶子节点的每条路径表示一种着色方案。算法从根节点开始，按照深度优先对树进行遍历，确切地说，从根节点到叶子节点，从左到右依次对树进行遍历。当算法遍历一个节点时，会判断该节点可否形成一个可行解。
- 如果该节点不能形成可行解，即按照该节点的着色，会出现相邻的顶点具有相同的颜色，则跳过此节点（也就是说这个节点和其下的所有节点都没有必要去访问）。
- 如果该节点可以形成可行解，则继续遍历该节点的子节点（深度优先遍历）。
- 如果该节点的子节点都已经访问完毕，则回溯至该节点的父节点。

例 8.2　用回溯法对图 8.2a 所示的图进行着色。

解：

解向量为 (v_a, v_b, v_c, v_d)，解空间树如图 8.2b 所示（未画完全）。首先给图中的顶点 a 着红色，可行，到达树中的节点 1；继续给顶点 b 着红色，不可行；跳到树中的节点 5，给顶点 b 着白色，可行；继续深度遍历，访问节点 7 和节点 8，即给图中顶点 c 着红色和白色，都不可行；跳到节点 9，给图中的顶点 c 着蓝色，可行；访问节点 10，给图中顶点 d 着红色，可行，因节点 10 是叶子节点，所以得到一个完整的可行解（v_a=红色，v_b=白色，v_c=蓝色，v_d=红色），其对应的着色如图 8.2c 所示。

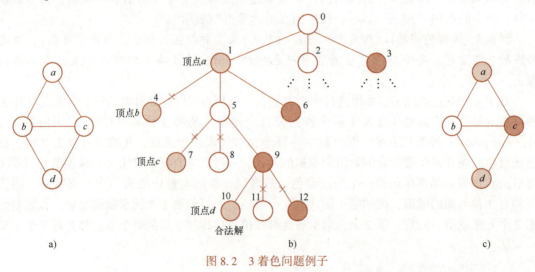

图 8.2　3 着色问题例子

如果只需要得出一个可行解，则算法到此为止，如果需要找出所有的可行解，则需要继续对树进行遍历。继续访问节点 11 和节点 12，都为非法解，这样节点 9 的子节点都已经访问完毕，回溯到节点 9 的父节点 5，发现节点 5 的所有子节点也已经访问完毕，继续回溯到节点 1，接着访问节点 6，后续对树的遍历同上面的流程。

3 着色问题的迭代回溯算法如算法 65 所示，在初始化阶段，需要将解向量中的每个变量 v 都赋值为 0，这是因为变量的可取值范围为 1（红色）、2（白色）和 3（蓝色），在遍历的时候会依次从 1、2、3 遍历，所以初始化为 0；k 的值初始化为 1，表示从第 1 个顶点开始着手，也就是说从根节点出发，要访问第 1 层的节点。按照回溯算法可知，当树的第 1 层节点全部访问完毕（这时，整棵树访问完毕），会回溯到上一层，此时 $k=0$，也就是说，当 $k=0$ 时，算法结束，这也是为什么回溯算法的主循环体（外层 while 循环）的判断条件是 $k>0$（语句 4）。在主循环体中，先给当前顶点着色（语句 6）；如果着色是可行的，也就是已着色的顶点没有出现相邻顶点具有重复颜色（语句 7，这个功能需要一个函数来实现，此处省略），则需要进一步判断是否已经到达叶子节点（$k=n$，语句 8），如果是，说明已经得到一个完整的可行解，则算法返回这个可行解（语句 9），否则，对下层节点进行遍历（语句 11）。当内层的 while 循环结束，说明已经完成对第 k 层节点的遍历，算法回溯至第 $k-1$ 层（语句 16）；但之前需要将第 k 层的变量置 0（语句 15），这是因为从 $k-1$ 层可能会重新遍历第 k 层。最后看一下算法的复杂度，从算法的伪代码看，只有两个 while 循环，只要得出这两个循环的执行次数，就可得出复杂度，但因 k 值在循环体中会改变，所以很难计算这两个循环的执行次数。不过，可以通过对解空间树的遍历得出算法的复杂度。如果图中有 n 个节点，则解空间树共有 $O(3^{n+1})$ 个节点，在最坏的情况下，需要遍历所有的节点，而每访问一个节点，需要判断该节点对应的着色是否合法，其复杂度为 $O(n)$，所以 3 着色问题的回溯法复杂度为 $O(n3^n)$。

算法 65 3 着色问题的迭代回溯算法

1: **Input**：连通图 $G=(V,E)$
2: **Output**：对图 G 进行 3 着色
3: **初始化**：$k \leftarrow 1, v \leftarrow 0, n \leftarrow |V|$；
4: **while** $k>0$ **do**
5:     **while** $v[k]<3$ **do**
6:         $v[k] \leftarrow v[k]+1$；
7:         **if** 目前解向量 v 为合法值 **then**
8:             **if** $k=n$ **then**
9:                 return v；
10:             **else**
11:                 $k \leftarrow k+1$；
12:             **end if**
13:         **end if**
14:     **end while**
15:     $v[k] \leftarrow 0$；
16:     $k \leftarrow k-1$；
17: **end while**

对解空间树的遍历分析可知，对第 i 层节点的访问和对第 $i+1$ 层的访问是完全一致的，这让我们很容易联想到递归。实际上，回溯和递归是紧密相连的，在很多时候，用递归来实现回溯，比用上面的迭代方式实现回溯要简单很多。算法 66 是 3 着色问题的递归回溯实现。因代码容易理解，这里不再做进一步的解释，需要注意的一点是，主函数要以 3GraphColor(1) 调用递归函数。

算法 66   3GraphColor(k)

1: **for** i = 1 to 3 **do**
2:      $v[k] \leftarrow i$;
3:      **if** 目前解向量 v 为合法值 **then**
4:          **if** $k = n$ **then**
5:              $success \leftarrow$ true and exit;
6:          **else**
7:              3GraphColor($k+1$);
8:          **end if**
9:      **end if**
10: **end for**

8.1.1 回溯法的基本步骤

基于上面的例子，总结回溯算法的步骤。

1）依据问题，刻画解向量。
2）基于解向量，构造出解空间树。
3）对解空间树进行深度优先遍历，得出相应的解。

第一步是刻画解向量，如果可以将解向量定义成一个定长的解向量，如同 3 着色问题，定义的解向量 $(v_1, v_2, \cdots, v_n)$ 就是一个定长的解向量，这个解向量可以表示 3 着色问题的任意解。定义成定长解向量的好处是会让问题变得相对简单，并且人们设计了一个通用的方法来解决定长解向量的问题。

例 8.3（子集合问题） 给定 n 个整数的集合 $Z = \{z_1, z_2, \cdots, z_n\}$ 和整数 t，试找到 Z 的一个子集 Y，Y 中所有元素的和等于 t。

如果集合 $Z = \{1,2,3,4,5,6\}$，$t=6$，则可以有子集 $Y_1 = \{1,2,3\}$、子集 $Y_2 = \{2,4\}$、子集 $Y_3 = \{6\}$，都为子集合问题的解，但显然这些解的长度是不一致的。为了使得解的长度一致，可以定义解向量为 $(x_1, x_2, x_3, x_4, x_5, x_6)$，其中 x_i 的取值为 0 或 1，1 代表取了集合 Z 中第 i 个元素，0 代表没有取。这样，可以将解写成 $Y_1 = (1,1,1,0,0,0)$、$Y_2 = (0,1,0,1,0,0)$、$Y_3 = (0,0,0,0,0,1)$。最后再指出一点，将解刻画成定长不是必需的，只是有利于问题的简化，如对于子集合问题，上面的那种变长的解也是完全可以通过回溯法实现的。

第二步构造解空间树，用定长的解向量得出的解空间树通常是完全 n 叉树，n 是变量可赋值的个数，如 3 着色问题中 $n=3$，子集合问题中 $n=2$，实际上，很多问题下 $n=2$，也就是解空间树是完全二叉。构造完全 n 叉树的优点是遍历较方便，比如对于子集合问题，依据定长的解向量构造的完全二叉树，很容易知道第 n 层的节点就是叶子节点，那么当算法到达叶子节点时，就得出了一个可行解。如果我们构造的解向量是非定长的，那么构造的解空间树通常是一个不规则的树。对不规则树进行遍历时，算法每访问一个节点，就需要判断该节点是否已经形成了一个可行解。最后需要强调一点，算法并不需要实际存储解空间树，它只是表示解的组织形式。

第三步对解空间树进行遍历，前面已经做过比较详细的描述，在此不再赘述。

8.1.2 回溯法的通用框架

上面分析了回溯法的通用步骤，在实际中发现，回溯法的算法设计并不难，但对解空间树遍历的实现反而容易出错。为此，人们总结了回溯法的通用框架，这样，在实现一个具体的问题时，只要套用此框架即可。迭代的回溯算法通用框架可从3着色问题的迭代算法中概括，如算法67所示，由如下几部分组成。

算法 67 $backtracking(n)$

1: 初始化：$k \leftarrow 1$，变量(节点)初始化；
2: **while** $k > 0$ **do**
3:     **for** 第 k 个变量(节点)每个赋值 **do**；
4:         **if** 找到合法解 **then**
5:             **if** $k = n$ **then**
6:                 找到了问题的解，算法结束
7:             **else**
8:                 进一步探索树的下一层：$k \leftarrow k + 1$；
9:             **end if**
10:         **end if**
11:     **end for**
12:     返回到树的上一层(回溯)：重新初始化第 k 个变量，$k \leftarrow k - 1$；
13: **end while**

1) 初始化（语句1）：主要对 k 值进行赋1操作和对变量 X（节点）进行初始化。其中 k 表示目前正在对树的第 k 层进行访问，所以 k 也用来控制循环（语句2），当 k 被置为0时，即算法回到了根节点（第0层），算法就结束了。同时，要对变量进行初始化，树中第 k 层的节点代表第 k 个变量的不同赋值，如3着色问题中，树中第 i 层的节点分别对应图中第 i 个顶点的不同着色。通常，变量的初始化值为最小值减1，或者是最大值加1，在3着色问题中，变量 v 可被赋予1、2、3，所以可以将变量初始化为0，之后，通过加1操作来遍历所有值；或者将变量初始化为4，再通过减1操作来遍历所有值。

2) 给第 k 个变量赋值（语句3）：在 while 循环体内，首先要做的是对第 k 个变量进行赋值，赋值操作通常通过加1（或减1）操作依次遍历所有的可能值。之后需要判断目前得到的部分解是不是合法。合法的解是指目前对所有变量的赋值是符合问题的要求的，如3着色问题中，合法解指目前的着色符合相邻节点着色不重复的要求。

3) 找到合法解的处理（语句4~10）：找到合法解后，还需要做一个判断，是否找到了一个最终的可行解？通过当前节点是不是叶子节点来判断（这里用 $k = n$ 来判断，有时候也会用 $k > n$ 判断），如果是叶子节点，得到了问题的一个完整解，算法结束（假设问题只需找到一个可行解）；如果不是叶子节点，说明还没有得出一个完整解，需要进一步探索树的下

一层，也就是需要对下一个变量进行赋值操作。

4）对某层节点遍历完毕的处理（语句12）：如果第 k 层的节点都已经访问完毕（即对图中第 i 个顶点已经着过所有颜色），则需要回到树的上一层（$k-1$ 层），即回溯，这里需要注意的一点是，回溯之前第 k 个变量需要重新初始化。

之后，我们将上面的通用框架改成递归形式，算法 68 是回溯法的递归通用框架。相比于迭代方式，递归方式更加简洁，代码也容易理解。这里需要强调一点，不管是迭代框架还是递归框架，在应用到具体问题时，需要做相应的调整。

算法 68 回溯的递归通用方法

1: 初始化：变量（节点）初始化
2: $recubacktracking(1)$

$recubacktracking(k)$

1: for k 节点的每个赋值 do
2:     if 新的解向量是一个可行解 then
3:         if $k = n$ then
4:             return 问题的解；
5:         else
6:             $recubacktracking(k + 1)$；
7:         end if
8:     end if
9: end for

8.2 骑士巡游问题

无论是中国象棋还是国际象棋，马（国际象棋中骑士）都是走"日"字格的，如图 8.3 所示，当骑士位于第 x 行第 y 列的格子 (x,y) 时，下一步骑士可以移动到图中给出标号的其他格子。骑士巡游问题是求骑士可否不重复地走完棋盘的每个格子。

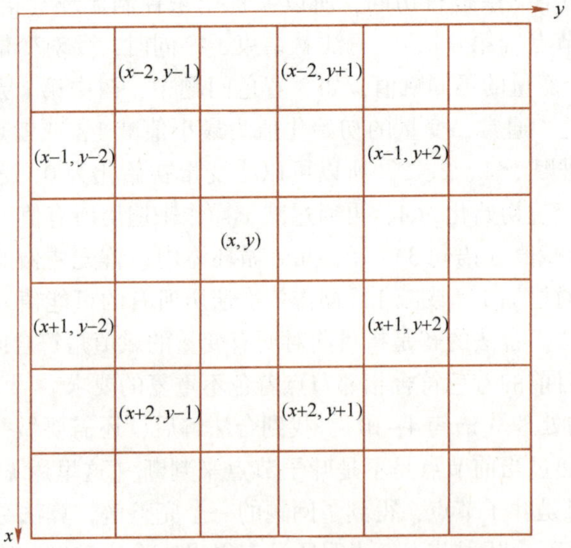

图 8.3 骑士巡游问题

定义 8.1（骑士巡游问题） 给定一个 $n*n$ 的棋盘，将骑士放在棋盘的第一个格子，骑士按照"日"字格移动，可否访问完棋盘中的所有格子一次且仅一次，如果可行，输出行走路线。

按照非常朴素的想法，给出解向量为 $(s_1, s_2, \cdots, s_{n*n})$，其中 s_i 代表第 i 步的位置，其可以为棋盘上的任意位置 $s_i \in \{(1,1),(1,2),\cdots,(1,n),(2,1)\cdots,(n,n)\}$，但显然，$s_i$ 所处的位置是受限于 s_{i-1} 的位置的，当 s_{i-1} 的位置为 (x,y) 时，s_i 的位置最多只有 8 种可能，$\{(x-2,y-1), (x-2,y+1),(x-1,y-2),(x-1,y+2),(x+1,y-2),(x+1,y+2),(x+2,y-1),(x+2,y+1)\}$，如图 8.3 所示。提取这 8 种对第 x 行和第 y 列的变化量分别为：$\{-2,-2,-1,-1,+1,+1,+2,+2\}$ 和 $\{-1,+1,-2,+2,-2,+2,-1,+1\}$。

按照上面的分析，容易得出解空间树为完全 8 叉树，根节点为 $(1,1)$，树高为 $n*n$，每个节点的 8 个子节点分别为下一步的 8 种可能位置。对解空间树进行遍历时，当节点所代表的位置超出了棋盘的位置时，不再对该节点进行访问。

依照通用框架，设计骑士巡游回溯法如算法 69 所示，变量 $step_x$ 和 $step_y$ 分别用于存储行和列的变化量；变量 $grid$ 用来存放路径，$grid[1]$ 是第 1 跳的格子，$grid[2]$ 是第 2 跳的格子，以此类推；变量 $index$ 用来存储当前访问的子节点，因子节点是 8 个，所以 $index$ 的取值范围为 1~8。

算法 69 骑士巡游算法

1：输入：棋盘的行和列的数目 n；
2：初始化：$step_x \leftarrow \{-2,-2,-1,-1,+1,+1,+2,+2\}$；
3：$step_y \leftarrow \{-1,+1,-2,+2,-2,+2,-1,+1\}$；
4：$grid[n*n] \leftarrow (-1,-1)$，$index[n*n] \leftarrow 0$；
5：$grid[1] \leftarrow (1,1)$；
6：$k \leftarrow 2$；
7：**while** $k > 1$ **do**
8：　　**while** $index[k] < 8$ **do**
9：　　　　$index[k] \leftarrow index[k] + 1$；
10：　　　$x \leftarrow grid[k-1].x + step_x[index[k]]$；
11：　　　$y \leftarrow grid[k-1].y + step_y[index[k]]$；
12：　　　**if** (x, y) 位于棋盘内且未被访问 **then**
13：　　　　　$grid[k] \leftarrow (x, y)$；
14：　　　　　**if** $k = n*n$ **then**
15：　　　　　　　**return** $grid$；
16：　　　　　**end if**
17：　　　　　**if** $k < n*n$ **then**
18：　　　　　　　$k \leftarrow k + 1$；
19：　　　　　**end if**
20：　　　**end if**
21：　　**end while**
22：　　$grid[k] \leftarrow (-1,-1)$，$index[k] \leftarrow 0$；
23：　　$k \leftarrow k - 1$；

24: **end while**
25: return 不能找到解；

算法是完全套用通用框架的，所以容易理解，这里需要注意几点。

1）这里树的根节点是第 1 个格子 $(1,1)$，为了方便起见，令 $k=1$ 算法回到了根节点，算法对 k 的初始化为 $k=2$（当然，也可以同其他例子对 k 初始化为 $k=1$，当 $k=0$ 时回到根节点）。

2）子节点的取值由父节点决定（语句 10 和 11）。

3）判断格子 (x,y) 是否可以作为下一步格子有两个条件（语句 12），一是格子需要在棋盘内，也就是 $1\leq x$, $y\leq n$，二是这个格子未被访问。

4）当算法回溯到上一层时，需要初始化变量，这里需要同时初始化变量 $grid$ 和变量 $index$。

容易得出骑士巡游回溯法的复杂度为 $O(n^2 8^{n*n})$，其中 n^2 是 if 语句（语句 12）中用于判断 (x,y) 是否被访问（注意：算法并没有额外设置一个变量用于指示格子是否被访问，所以需要和前面已经访问过的格子进行比较）。这个复杂度非常高，是算法复杂度的上限，不过因为在实际遍历树的过程中，会剪去一些树枝，并不会访问所有的节点，所以算法实际的复杂度要远远小于 $n^2 8^{n*n}$。

依照递归算法的通用框架，算法 70 给出了骑士巡游问题的递归算法。这里和通用框架的区别是，在通用框架中，是先找到一个合法值，再判断是否到达叶子节点；而在这里先判断是否到达叶子节点，再找一个合法值。造成这个差别的主要原因之前已经提到过，通用框架中默认根节点是 $k=0$ 层，不需要实际赋值的节点，而这里的根节点是骑士巡游的第一步，为 $k=1$ 层。

算法 70 骑士巡游递归算法

1：输入：棋盘的行和列的数目 n；
2：初始化全局变量：$step_x \leftarrow \{-2,-2,-1,-1,+1,+1,+2,+2\}$, $step_y \leftarrow \{-1,+1,-2,+2,-2,+2,-1,+1\}$, $grid[n*n] \leftarrow (-1,-1)$；
3：$knightTour(1, 1, 1)$；

$knightTour(x, y, k)$ /* 递归函数 */

1：$grid[k] \leftarrow (x, y)$；
2：**if** $k = n*n$ **then**
3：　　return $grid$；
4：**end if**
5：**for** $i = 1$ to 8 **do**
6：　　$x' \leftarrow x + step_x[i]$；
7：　　$y' \leftarrow y + step_y[j]$；
8：　　**if** (x', y') 位于棋盘内且未被访问 **then**
9：　　　　$knightTour(x', y', k+1)$；
10：　　**end if**
11：**end for**
12：$grid[k] \leftarrow (-1,-1)$；

8.3 0-1背包问题

回顾一下0-1背包问题：给定n种物品和一个背包。物品i的重量是w_i，其价值为v_i，背包的承重为C。问应如何选择装入背包的物品，使得装入背包中物品的总价值V最大化。不同于着色问题和骑士巡游问题，它们都是寻找一个可行解的问题，但0-1背包问题是一个最优化问题，也就是说，我们不仅需要找到可行的解，还需要找出这些可行解中的一个最优解。本节以0-1背包问题为例讨论用回溯法来求最优解问题。

用回溯法来解决0-1背包问题，首先定义0-1背包问题的解向量为一个n元组$(x_1, x_2, \cdots, x_n)$，其中n为物品个数，$x_i \in \{0,1\}$，$1 \leq i \leq n$，当$x_i = 0$时，表示不放第i个物品，当$x_i = 1$时，表示放入第i个物品。

根据解向量，可以画出0-1背包问题的解空间树如图8.4所示。显然解空间树是一个完全二叉树，树中每层代表一个物品，每个节点取值可为1或0，代表放或不放某个物品。因为是求最优解问题，所以需要对整棵树进行遍历，最后从所有的可行解中找一个最优解。因而，在遍历树的过程中，需要保存到目前为止找到的最优解，而每找到一个解（到达叶子节点），就和当前最优解比较，如果更优，则替换当前最优解。

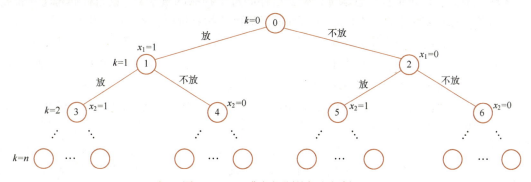

图8.4 0-1背包问题的解空间树

尽管回溯法的通用框架是针对寻找可行解问题设计的，但只要稍作修改，依然可以应用于最优解问题。算法71给出了0-1背包问题的回溯算法。

算法71 $01knapsackBT1(C, W, V)$

1: 初始化:$k \leftarrow 1, Pw, Pv, Ow, Ov \leftarrow 0, X \leftarrow 2$;
2: **while** $k > 0$ **do**
3:     $X[k] \leftarrow X[k] - 1$;
4:     **if** $X[k] = 1$ **then**
5:         **if** $Pw + W[k] \leq C$ **then**
6:             $Pw \leftarrow Pw + W[k], Pv \leftarrow Pv + V[k]$;
7:         **else**
8:             $X[k] \leftarrow X[k] - 1$;
9:         **end if**
10:     **else if** $X[k] = 0$

```
11:         Pw ← Pw − W[k], Pv ← Pv − V[k];
12:       end if
13:       if X[k] ≥ 0 then
14:         if k = n then
15:           if Pv > Ov then
16:             Ow ← Pw, Ov ← Pv, Y ← X;
17:           end if
18:           k ← k − 1;
19:         else
20:           k ← k + 1;
21:         end if
22:       else
23:         X[k] ← 2, k ← k − 1;
24:       end if
25: end while
26: return Ow, Ov, Y;
```

- 输入参数：C 表示背包总承重，W 数组存储每个物品的重量，V 数组存储每个物品的价值，Ow 返回最优解的总重量，Ov 返回最优解的总价值，Y 返回最优解。

- 初始化：Pw、Pv 分别存储当前解的总重量和总价值，X 是数组变量，代表所有的节点（物品），其取值为 0 或 1（即放入和不放某个物品），其初始化为 2（前面提到，变量的初始化值可为最小值 −1，即 −1，或者是最大值 +1，即 2）。

- while 循环体：所有的工作在 while 循环体中完成，k 值初始化为 1，当 $k=0$ 时，树遍历完毕，退出 while 循环。

- 语句 3：其为对通用框架中的"依次找第 k 个变量的一个合法值"的实现，注意，这里因为变量 X 初始化为 2，而 X 的取值为 0 或 1，所以对 X 做减 1 操作实现 X 取值的遍历，当 $X=-1$，说明 X 的两个值的遍历完毕。当然，我们也可以将 X 初始化为 −1，再进行加 1 操作实现对 X 取值的遍历。

- 语句 4~12：找到一个合法值后相应的操作。变量 X 的合法值为 0 或 1。如果是 1（语句 4），即放入此物品，则需要判断放入此物品后是否超出总承重，如果没有超出，则在当前总重量和总价值中加上此物品的重量和价值（语句 6）；否则不放入此物品，即 X 的取值为 0（语句 8）。如果 X 的值为 0（语句 10），则需要从当前总重量和总价值中剔除此物品的重量和价值（语句 11）。

- 语句 13~21：表示找到了 X 的合法值，按照通用框架，需要判断是否已经到达叶子节点（语句 14），如果是，表示找到了一个解，这时需要判断这个解是否比前面找到的最优解更好，如果更好，更新最优解（语句 16），之后回退（语句 18）。如果还没有到达叶子节点，则继续往下一层搜索（语句 20），注意：最优化问题总是要遍历完整棵树的，所以到达叶子节点后，还需要回退。

- 语句 23~24：表示 X 的值不是合法值，通常是因为通过两次减 1 操作，X 变成了 −1，也就是该节点已经访问完毕，需要回溯到上一层的节点，在回溯之前需要将变量 X 重新初始化。

上述 0-1 背包问题的回溯算法是套用通用框架的，代码稍显烦琐，代码优化后如算法 72 所示。优化后的算法依然符合通用框架，通用框架的第二步是"寻找一个合法值"，也就是这里的第二个 while 循环（语句 3~6），其作用为一直往背包放物品，直到不能放为止，也就是找到一个按照物品顺序装入背包的最大合法值。如果找到这个合法值，按照框架再判断是否已经到达叶子节点（语句 7）并且得出的解比当前最优解好（语句 8），则更新最优解（语句 9）。之后回溯，这里并不是回溯到父节点，而是直接回溯到最后一个放入物品所代表的节点（语句 11~13），之后需要访问这个节点的右边兄弟节点，也就是不放该物品（语句 14）。如果还没有到达叶子节点，按照第二个 while 循环，我们知道第 k 个物品放不进去背包，此时要访问右节点，因而将 $X[k] \leftarrow 0$（语句 16）。最后需要访问下一层（语句 18）。

算法 72 $01knapsackBT2(C, W, V)$

1: 初始化:$k \leftarrow 1, Pw, Pv, Ow, Ov \leftarrow 0, X \leftarrow 2$；
2: **while** $k > 0$ **do**
3:     **while** $k \leqslant n$ and $Pw + W[k] \leqslant C$ **do**
4:         $Pw \leftarrow Pw + W[k], Pv \leftarrow Pv + V[k]$；
5:         $X[k] \leftarrow 1, k \leftarrow k + 1$；
6:     **end while**
7:     **if** $k > n$ **then**
8:         **if** $Pv > Ov$ **then**
9:             $Ow \leftarrow Pw, Ov \leftarrow Pv, Y \leftarrow X, k \leftarrow n - 1$；
10:        **end if**
11:        **while** $k > 0$ and $X[k] = 0$ **do**
12:            $k \leftarrow k - 1$；
13:        **end while**
14:        $X[k] \leftarrow 0, Pw \leftarrow Pw - W[k], Pv \leftarrow Pv - V[k]$
15:     **else**
16:         $X[k] \leftarrow 0$；
17:     **end if**
18:     $k \leftarrow k + 1$；
19: **end while**
20: **return** Ow, Ov, Y；

0-1 背包问题的递归算法如算法 73 所示，这里只给出了递归函数，省略了主函数。第一个 if 语句（语句 1~6）是通用操作，即判断是否到达叶子节点（注意：这里是用 $k>n$ 判断，或说用 $k=n+1$ 判断），如果到达叶子节点，继续判断得出的解是否比目前的最优解好。之后，需要遍历左子树（表示要加入物品）和右子树（表示不加入物品），左子树的遍历（语句 7~11）需要判断加入的物品是否会超过总承重，不超过，才会进行左子树；右子树是都需要遍历的，所以直接调用（语句 12）。这里需要注意一点，从左子树返回到父节点，继续遍历右子树之前，需要将加入的物品从背包中减去（语句 10）。

算法 73 $recu01knapsack(k, Pw, Pv)$

1: **if** $k > n$ **then**
2:     **if** $Pv > Ov$ **then**
3:         $Ow \leftarrow Pw, Ov \leftarrow Pv, Y \leftarrow X$;
4:         return;
5:     **end if**
6: **end if**
7: **if** $Pw + W[k] \leq C$ **then**
8:     $Pw \leftarrow Pw + W[k], Pv \leftarrow Pv + V[k], X[k] \leftarrow 1$;
9:     $recu01knapsack(k + 1)$;
10:    $Pw \leftarrow Pw - W[k], Pv \leftarrow Pv - V[k], X[k] \leftarrow 0$;
11: **end if**
12: $recu01knapsack(k + 1)$;

我们发现，很多最优化问题的解空间树都是完全二叉树形式（下一节讨论的最大团问题也是这种形式），也就是每个节点都只有左、右子节点。在 0-1 背包问题中，在访问左子节点时，一旦发现加入的物品超过总承重，会停止遍历左子树，这被称为**剪枝**，更确切地说是左剪枝，左剪枝通常是按照<u>约束函数</u>进行剪枝。之所以能够进行左剪枝，是因为问题的约束条件，比如 0-1 背包问题中的约束条件为放入的物品不能超过总承重。但对于右子树，是没有进行剪枝的，右子树代表不放物品，不放物品显然不会破坏约束条件。那右子树能不能剪枝，或者说可不可以进行右剪枝？

思路 8.1 对于最优化问题，在求解的过程中，会有一个当前最优解，如果将当前节点的右子树所有代表的物品都加入到背包中，都不能比当前最优解要好，就没有必要再对右子树进行遍历。

这就是右剪枝，右剪枝通常是通过和当前最优解比较来进行剪枝，也称之为按**边界条件**进行剪枝。在 0-1 背包问题中，可以简单地按照上面思路来进行右剪枝，但为了进一步提高剪枝效率（最大可能地剪掉枝叶），我们可以利用小数背包贪心算法来进行剪枝：将物品按照性价比排列，当访问第 k 个物品时，设剩余承重为 C，依次放入 $k+1$、$k+2$，直到不能完整地放入整个第 $k+j$ 个物品，则将第 $k+j$ 个物品按最大比例放入，按照此小数背包贪心算法，如果不能得到比当前最优解好的解，则进行右剪枝。

在算法 72 的基础上，加入右剪枝的算法如算法 74 所示，这里的物品已经按照性价比排序好。子函数 BOUND 的作用是按照小数背包贪心算法将剩余物品放入背包，所得到的总价值。主函数中，语句 3~5 的 while 循环进行左子节点的访问，一旦放入的物品超过总承重，不再进行左边节点的访问，实现左剪枝。语句 11~15 的 while 循环进行右剪枝，当按照小数背包贪心算法得出的价值不比当前最优值好时，回溯到最后一个放入的物品（语句 12），之后需要将这个物品从背包中移除（语句 14）。这里注意一点，算法有个非常巧妙的地方：当访问到叶子节点（语句 6），无须和当前最优解比较，直接更新为当前最优解（语句 7）。算法到达叶子节点有两种情况，一种是到达左叶子节点，那么从根节点到这个叶子节点的路径上存在一个最接近叶子的右节点（如果没有，表示路径上都是左节点，即所有的物品都被放入背包，显然是最优的），这个右节点已经通过 BOUND 函数判断了到达叶子节点要优于当前最优解；另一种是到达右叶子节点，算法依然会计算这个叶子节点的 BOUND 值，如果大于当前最优解，则直接更新当前最优解（执行语句7）；如果小于当前最优解，则算法会先回退到最后一个放入的物品，而不会更新当前最优解（不执行语句7）。

算法74 01knapsackBT3(C, W, V)

1: 初始化：$k \leftarrow 1, Pw, Pv, Ow, Ov \leftarrow 0, X \leftarrow 2$;
2: **while** $k > 0$ **do**
3:    **while** $k \leqslant n$ and $Pw + W[k] \leqslant C$ **do**
4:       $Pw \leftarrow Pw + W[k], Pv \leftarrow Pv + V[k], X[k] \leftarrow 1, k \leftarrow k + 1$;
5:    **end while**
6:    **if** $k > n$ **then**
7:       $Ow \leftarrow Pw, Ov \leftarrow Pv, Y \leftarrow X, k \leftarrow n$;
8:    **else**
9:       $X[k] \leftarrow 0$;
10:   **end if**
11:   **while** $BOUND(pw, pv, k, C) \leqslant Ov$ **do**
12:      **while** $k > 0$ and $X[k] = 0$ **do** $k \leftarrow k - 1$;
13:      **if** $k = 0$ **then** return;
14:      $X[k] \leftarrow 0, Pw \leftarrow Pw - W[k], Pv \leftarrow Pv - V[k]$
15:   **end while**
16:   $k \leftarrow k + 1$;
17: **end while**
18: return Ow, Ov, Y;

BOUND(w, v, k, C)

1: **for** $i = k + 1$ to n **do**
2:    $w \leftarrow w + W[k]$;
3:    **if** $w < C$ **then** $v \leftarrow v + V[k]$;
4:    **else** return $v + \left(1 - \dfrac{w-C}{W[i]}\right)V[i]$;
5: **end for**
6: return v;

8.4 最大团问题

最大团问题是图论中一个很重要的问题，可用来求解对图的社群划分⊖。如同0-1背包问题，最大团问题是一个非常困难的问题，目前对最大团问题的确定性求解通常是采用回溯法。

定义8.2（团（Clique）） 给定一个无向图$G=(V,E)$，团就是图G的一个完全子图。显然，既然是完全子图，团中的任意两个节点都有边相连。

定义8.3（极大团（Maximal Clique）） 在图G中，如果一个团不被其他任一团所包含，即它不是其他任一团的真子集，则称该团为图G的极大团。

⊖ 参考作者编写的《高级算法》教材中，"高级图算法"一章。

定义 8.4（最大团（Maximum Clique）） 图 G 中最大的极大团为最大团。

显然最大团必然是极大团。

对于图 8.5a 所示的图 G，节点 $\{v_1, v_2, v_3, v_5\}$ 组成的子图（见图 8.5b）并不是一个团，因为 v_1 和 v_5 间没有边。节点 $\{v_2, v_3, v_5\}$ 组成的子图（见图 8.5c）是一个团，但不是极大团，因为有一个更大的团 $\{v_2, v_3, v_4, v_5\}$ 包含了此团。节点 $\{v_1, v_2, v_3\}$ 组成的子图（见图 8.5d）是一个团，且是一个极大团，但不是最大团。最大团是由节点 $\{v_2, v_3, v_4, v_5\}$ 形成的（见图 8.5e）。

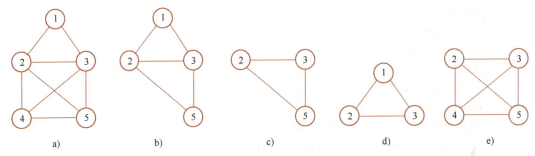

图 8.5 团的例子

8.4.1 最大团的回溯算法

本节会通过两种方式来用回溯方法求解最大团问题。首先，采用类似前面学的回溯法，定义最大团问题的解向量为一个 n 元组 $(x_1, x_2, \cdots, x_n)$，其中 n 为图 G 的节点个数，$x_i \in \{0, 1\}$，$1 \leqslant i \leqslant n$，当 $x_i = 0$ 时，表示团不包含节点 v_i；当 $x_i = 1$ 时，表示包含 v_i。根据解向量，画出最大团问题的解空间树是一个完全二叉树，如图 8.6 所示，树中每层代表一个节点（第 i 层代表节点 v_i），左子节点表示将此节点放入团中（$node[i] = 1$），右边节点表示不将节点放入团中（$node[i] = 0$）。

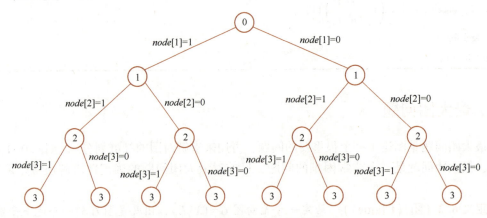

图 8.6 团的解空间二叉树

建立解空间树后，需要对解空间树进行遍历，因为最大团也是最优化问题，遍历过程中需要进行左、右剪枝。左剪枝是通过约束条件进行剪枝，也就是如果将树节点所代表的图中顶点加入到已形成的团，会破坏团结构，则剪枝。右剪枝是通过边界条件进行剪枝，当访问右子节点时，如果即使将右边子树还未访问的所有节点都加入到目前的团中，也不比当前最大团更好，就无须再遍历此右子树，即进行右剪枝。

基于上面得出的解空间树，以及左右剪枝的分析，最大团问题的递归回溯算法如算法 75 所示。这里给出了求最大团的递归算法，省略主函数。算法中 A 表示图 G 的邻接矩阵。设当前要访问解空间树的节点为 k，如果 $k>n$，表示已经遍历完叶子节点。前面已经分析过，如果树中未访问的节点都加入到团中，形成的团的顶点数目也比当前最大团的数目少，则算法会进行剪枝，不会继续往下遍历，所以如果算法遍历了叶子节点（$k>n$），则说明算法计算出了新的最大团，因而需要更新最大团的数目和最大团的顶点组成（语句 1~3）。否则（else 语句），需要确定算法应该遍历左子树还是右子树，为此，判断当前节点 $node[k]$ 是否可以加入到目前已经形成的团，即判断 $node[k]$ 是否和团中的节点都存在边（语句 7）。一旦发现 $node[k]$ 和团中的某个节点不相连，则说明此节点不可加入团（语句 8）。根据上面的判断，如果 $node[k]$ 可以加入团，则遍历左子树（语句 12~16）。这里需要注意一点，因为 $node[k]$ 加入了团，所以当前团中顶点的数目需要加 1（语句 14），当从 $node[k+1]$ 节点的遍历返回后（语句 15），需要将当前团中顶点的数目减 1（语句 16），这是因为此时需要遍历 $node[k]=0$ 的子树，因而需要将 $node[k]$ 从团中剔除。如果 $node[k]$ 不能加入到当前团，则直接遍历右子树，此时需要判断是否需要右剪枝（语句 18），如果不能剪枝，即需要遍历右子树，则直接将 $node[k]=0$（语句 19），并递归遍历右子树（语句 20）。因为 n 个顶点的图形成的解空间树有 2^n 个叶子节点，所以算法的复杂度为 $O(n2^n)$。

算法 75 最大团回溯算法 1

```
 1: if k > n then                                    /*得到了最大团*/
 2:     maxNumber ← currentNumber;
 3:     maxNodes[ ] ← node[ ];
 4: else
 5:     isClique ← true;
 6:     for i = 1 to n do
 7:         if node[i] = 1 and A[i][k] = 0 then      /*节点 k 是否可加入当前团*/
 8:             isClique ← false;
 9:             break;
10:         end if
11:     end for
12:     if isClique = true then                      /*节点 k 可加入当前团，遍历左子树*/
13:         node[k] ← 1;
14:         currentNumber ← currentNumber + 1;
15:         maxClique(k + 1);
16:         currentNumber ← currentNumber - 1;
17:     end if
18:     if currentNumber + n - k > maxNumber then    /*遍历右子树*/
19:         node[k] ← 0;
20:         maxClique(k + 1);
21:     end if
22: end if
```

8.4.2 Bron-Kerbosch 算法

上一节通过一个通用的回溯法来求解团问题，正如我们指出的，回溯的本质就是穷举，而图中节点的穷举可以通过不同的方式来实现，所以本节从另一个角度来讨论最大团的回溯法。

对最大团问题的求解，可以先找到所有的极大团，之后比较这些极大团，最大的极大团就是最大团。那么如何找到极大团？很简单，可以使用 Bron-Kerbosch 算法，即选择一个节点，从这个节点的邻节点随机选取一个节点，再从这两个节点的共同邻节点中选取一个节点，以此类推，每次都从已经选取节点的共同邻节点中选取一个节点加入团，直到再也找不到共同邻节点，形成的团就是极大团。按照以上分析形成的解空间树如图 8.7 所示，第 0 层为根节点，第 1 层表示图 G 中的 n 个节点，之后，每一层的节点都为其所有祖先节点（包括父节点）的共同邻节点，如 $\{b_1,\cdots,b_k\}$ 为节点 1 和节点 a_1 的共同邻节点集合。而 b_1 节点的子节点（图中没有画出）是节点 $\{1,a_1,b_1\}$ 的共同邻节点。

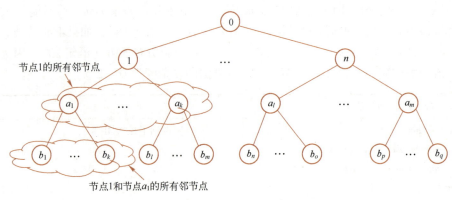

图 8.7 Bron-Kerbosch 算法解空间树

一般回溯的解空间树，需要通过判断加入的节点可否和前面形成团的所有节点存在边，来决定此节点是否可以加入到团中，从而实现剪枝。但本算法中，空间树的任意一个节点的子节点必然可以和前面已经形成的团组成一个更大的团，所以无须此方面的剪枝，但需要一个数组 P 来存储当前团所有的共同邻节点（用于确定当前节点的子节点）。不过，我们依然可以从另一方面对解空间树进行剪枝。假设算法已经对某个节点（设为 v_i）进行过极大团搜索，而 v_i 是当前团的邻节点，那么将 v_i 加入到当前团，形成的团必然已经被搜索过了，这是因为算法已经对 v_i 进行过搜索，也就是所有包含 v_i 的极大团都已经被搜索过，所以 v_i 节点是无须搜索的。为了保存那些已经被搜索过的节点，设置数组 S 来存储这些节点。

我们用一个例子来说明这个问题。图 8.8a 为图的拓扑结构，求此图的最大团。图 8.8b 给出部分解空间树，设算法目前处于树中节点 2（顶点 v_2），也就是已经访问过树中的节点 1，即对顶点 v_1 进行过极大团搜索，$S=\{v_1\}$，且算法目前已经得出极大团 $\{v_1,v_5,v_6\}$ 和 $\{v_1,v_2,v_3\}$。当访问节点 2 后，算法需要遍历顶点 v_2 的所有邻顶点 $\{v_1,v_3,v_4\}$，对应于树中节点 4、5、6。

1) 访问节点 4，因为 v_1 属于 S，所以对节点 4 进行剪枝，无须访问。

2) 访问节点 5，将顶点 v_3 加入到当前团，接着搜索当前团 $\{v_2,v_3\}$ 的共同邻顶点 $\{v_1,v_4\}$，对应树中的节点 7 和 8。

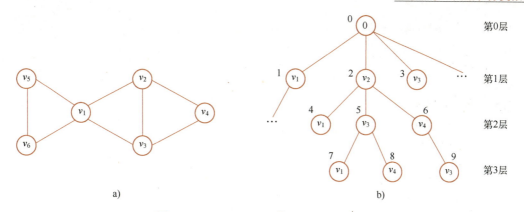

图 8.8 Bron-Kerbosch 算法解空间树例子

- 访问节点 7，因为 v_1 属于 S，无须访问。
- 访问节点 8，得出团 $\{v_2,v_3,v_4\}$，且该团再没有共同邻顶点（此时 $P=\varnothing$），得出节点 8 是叶子节点，且该团是极大团。

3）返回节点 5，将顶点 v_3 加入到 S，$S=\{v_1,v_3\}$，表示顶点 v_3 已经被搜索过。

4）访问节点 6，得出团 $\{v_2,v_4\}$，其共同邻顶点为 v_3，v_3 在 S 中，所以无须进行访问。

注意一点，当访问某个节点时，S 包含的是其父节点继承过来的 S 和算法访问过的兄弟节点。所以上面算法在访问第 2 层的节点 6 时，S 包含了继承过来的 v_1 和已经访问过的兄弟节点 v_3。当算法结束上述流程后，会接着访问第 1 层的节点 3，此时节点 3 的兄弟节点，节点 1（对应顶点 v_1）和节点 2（对应顶点 v_2）已经被访问，所以 $S=\{v_1,v_2\}$（也许会问，是不是需要将 v_3 从 S 剔除，因为算法是通过递归的方式实现的，所以不用担心这个问题）。

算法 76 是上述最大团回溯的递归实现。此算法定义三个数组 R、P、S，其中 P 和 S 前面已经介绍，分别存储当前团的邻节点和已经遍历的节点，而 R 用于存储当前团的节点。初始化时，令 R 和 S 分别为空集，P 为全集（主函数语句 2）。在递归函数中，如果 P 为空集，则说明已经遍历到叶子节点，也就是得出了一个团，比较此团和当前最大团，如果此团更大，则进行更新（语句 1~6）。如果还没有到达叶子节点，判断相应的顶点可否加入团中，如果此顶点属于集合 S，则剪枝（语句 8~10）；否则说明此顶点（设为 v）可以加入团，从而形成新的团（语句 11）。此时，需要计算新团的邻顶点，其为原来团的邻顶点集合 P 和当前顶点 v 的邻顶点集合 N 的交集（语句 12~13），并进行递归调用（语句 14）。算法最后一条语句是更新 S 集合，注意 S 集合的更新只会影响解空间树的同一层和下层，也就是，下层的 S 更新不会上传到上层。这个和上面提到 "S 包含的是其父节点继承过来的 S 和算法访问过的兄弟节点" 是一致的。

算法 76 最大团回溯算法 2

1：**输入**：图 $G=(V,E)$；
2：**初始化**：$R \leftarrow \varnothing$，$P \leftarrow V$，$S \leftarrow \varnothing$，$maxNumber \leftarrow 0$，$maxNodes \leftarrow \varnothing$；
3：maxClique2(R,P,S)；

maxClique2(R, P, S)

1：**if** $P=\varnothing$ **then**　　　　　　　　　/* 到达叶子节点 */
2：　　**if** $|R| > maxNumber$ **then**

3:　　　　$maxNumber \leftarrow |R|$;
4:　　　　$maxNodes[\ ] \leftarrow R$;
5:　　end if
6: end if
7: for each $v \in P$ do
8:　　if $v \in S$ then
9:　　　　continue;
10:　　end if
11:　　$R' \leftarrow R \cup v$;
12:　　$N \leftarrow v$ 的邻节点;
13:　　$P' \leftarrow P \cap N$;
14:　　maxClique2(R', P', S);
15:　　$S \leftarrow S \cup v$;
16: end for

理解了上述算法，就容易理解 Bron-Kerbosch 算法。Bron-Kerbosch 算法是由荷兰科学家 Coenraad Bron 和 Joep Kerbosch 提出的求解最大团的递归回溯算法。Bron-Kerbosch 算法如算法 77 所示，Bron-Kerbosch 算法和上面算法的主要区别是对集合 P 和 S 进行了优化，使得算法更简练（代价是对算法的理解更难）。

算法 77　Bron-Kerbosch 算法

1: **输入**：图 $G = (V, E)$;
2: **初始化**：$R \leftarrow \varnothing, P \leftarrow V, S \leftarrow \varnothing$, $maxNumber \leftarrow 0$, $maxNodes \leftarrow \varnothing$;
3: Bron-Kerbosch(R, P, S);

Bron-Kerbosch(R, P, S)

1: if $P = \varnothing$ and $S = \varnothing$ then
2:　　if $|R| > maxNumber$ then
3:　　　　$maxNumber \leftarrow |R|$;
4:　　　　$maxNodes[\ ] \leftarrow R$;
5:　　end if
6: end if
7: for each $v \in P$ do
8:　　Bron-Kerbosch($R \cup v$, $P \cap N(v)$, $S \cap N(v)$);
9:　　$S \leftarrow S \cup v$;
10:　　$P \leftarrow P \backslash v$;
11: end for

- 集合 S：当进行递归调用时，集合 S 会和当前顶点 v 的邻顶点集合 $N(v)$ 做交集（Bron-Kerbosch 函数语句 8），所以集合 S 可以理解为当前团的邻顶点中已经被搜索过的顶点。为什么这么优化？我们知道集合 S 存放的是已经被搜索过的顶点，而已经被搜索过的顶点可以分成两类，一类是属于当前团邻顶点集合，另一类不属于，显然不属于当前团邻顶点集合的顶点是无须考虑的，所以算法对那些已经搜索过的顶点，只保留了属于当前团邻顶点集合。

- 集合 P：从递归返回后，会将顶点 v 从集合 P 删除（Bron-Kerbosch 函数语句 10），这样做的目的是，算法无须再去判断一个共同邻顶点是否被访问过（所以 Bron-Kerbosch 函数没有 maxClique2 函数中的语句 8），集合 P 可以理解为当前团的邻顶点中还没有被搜索过的顶点（搜索过的删除掉）。我们再从解空间树的角度理解这个问题，maxClique2 算法访问一个节点时，得出此节点所代表团的邻节点集合（P 集合），之后依据 P 集合生成子节点，再访问子节点时，如果子节点已经搜索过了（属于 S 节点），则剪枝；而 Bron-Kerbosch 算法，得出的 P 集合已经把那些搜索过的顶点排除在外，所以生成的子节点已经没有那些被访问过的邻顶点了，所以不需要再剪枝，这也是为什么进入 for 循环时，不需要判断该节点是否属于 S 集合。

Bron-Kerbosch 算法得出极大团的条件是集合 S 和 P 都为空，P 为空说明算法访问了所有的邻顶点，S 为空说明当前团并不包含在一个已经被搜索过的极大团中。

为了进一步理解 Bron-Kerbosch 算法，下面用一个例子来详细地说明 Bron-Kerbosch 算法的步骤。

例 8.4 请用 Bron-Kerbosch 算法求解图 8.9 所示例子的最大团。

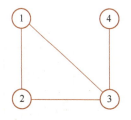

图 8.9 Bron-Kerbosch 算法例子

解（结合图 8.10 理解）：

第 0 步（节点 0）：算法初始化 $R=\varnothing$，$P=V$，$S=\varnothing$，选择 v_1 作为团的第一个顶点（语句 7），通过递归调用 Bron-Kerbosch，将新的集合 R、P、S 传递到子函数。

第 1 步（形成节点 1）：此时，$R=\{v_1\}$，$P=\{v_2,v_3\}$，$S=\varnothing$，选择 v_2 作为团的第二个顶点（语句 7），再次递归调用 Bron-Kerbosch。

第 2 步（形成节点 2）：此时，$R=\{v_1,v_2\}$，$P=\{v_3\}$，$S=\varnothing$，选择 v_3 作为团的第三个顶点（语句 7），再次递归调用 Bron-Kerbosch。

第 3 步（形成节点 3）：此时，$R=\{v_1,v_2,v_3\}$，$P=\varnothing$，$S=\varnothing$，因为 P 集合和 S 集合都为空，执行 if 语句（语句 1），得出极大团 $\{v_1,v_2,v_3\}$，并作为当前最大团，算法退回到上一层的函数。

第 4 步（回到节点 2）：继续执行节点 2 的函数（递归回来，执行语句 9 和 10），更新 $R=\{v_1,v_2\}$，$P=\varnothing$，$S=\{v_3\}$，函数执行完毕，退回到上一层函数。

第 5 步（回到节点 1）：更新 $R=\{v_1\}$，$P=\{v_3\}$，$S=\{v_2\}$，选取顶点 v_3 作为团的第二个顶点（语句 7），再次递归调用 Bron-Kerbosch。

第 6 步（形成节点 4）：此时，$R=\{v_1,v_3\}$，$P=\varnothing$，$S=\{v_2\}$，因为 $S\neq\varnothing$，所以并不会执行 if 语句（语句 1），因为 $P=\varnothing$，所以也不会执行 for 循环（语句 7），算法退回到上一层的函数。

第 7 步（回到节点 1）：更新 $R=\{v_1\}$，$P=\varnothing$，$S=\{v_2,v_3\}$，函数执行完毕，退回到上一层函数。

第 8 步（回到节点 0）：更新 $R=\varnothing$，$P=\{v_2,v_3,v_4\}$，$S=\{v_1\}$，选择 v_2 作为团的第一个顶点（语句 7），再次递归调用 Bron-Kerbosch。

第 9 步（形成节点 5）：此时，$R=\{v_2\}$，$P=\{v_3\}$，$S=\{v_1\}$，选择 v_3 作为团的第二个顶点（语句 7），再次递归调用 Bron-Kerbosch。

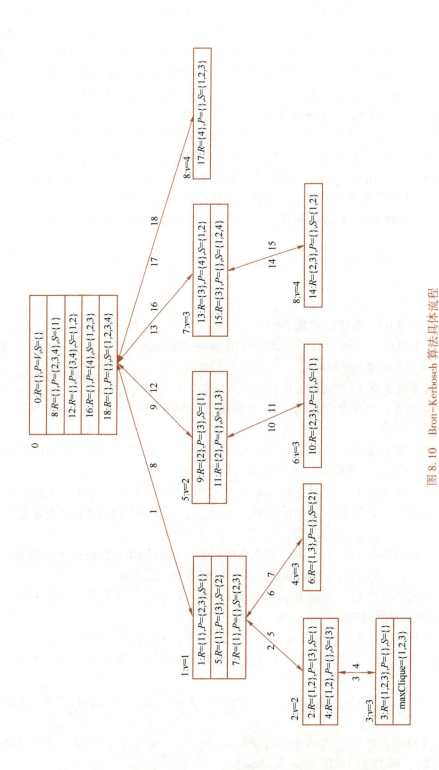

图 8.10 Bron-Kerbosch 算法具体流程

第 10 步（形成节点 6）：此时，$R=\{v_2,v_3\}$，$P=\varnothing$，$S=\{v_1\}$，因为 $S\neq\varnothing$，所以并不会执行 if 语句（语句 1），因为 $P=\varnothing$，所以也不会执行 for 循环（语句 7），算法退回到上一层的函数。

第 11 步（回到节点 5）：更新 $R=\{v_2\}$，$P=\varnothing$，$S=\{v_1,v_3\}$，函数执行完毕，退回到上一层函数。

第 12 步（回到节点 0）：更新 $R=\varnothing$，$P=\{v_3,v_4\}$，$S=\{v_1,v_2\}$，选择 v_3 作为团的第一个顶点（语句 7），再次递归调用 Bron-Kerbosch。

第 13 步（形成节点 7）：此时，$R=\{v_3\}$，$P=\{v_4\}$，$S=\{v_1,v_2\}$，选择 v_4 作为团的第二个顶点（语句 7），再次递归调用 Bron-Kerbosch。

第 14 步（形成节点 8）：此时，$R=\{v_2,v_3\}$，$P=\varnothing$，$S=\{v_1,v_2\}$，同样，算法不做任何事情，退回到上一层的函数。

第 15 步（回到节点 7）：更新 $R=\{v_3\}$，$P=\varnothing$，$S=\{v_1,v_2,v_4\}$，函数执行完毕，退回到上一层函数。

第 16 步（回到节点 0）：更新 $R=\varnothing$，$P=\{v_4\}$，$S=\{v_1,v_2,v_3\}$，选择 v_4 作为团的第一个顶点（语句 7），再次递归调用 Bron-Kerbosch。

第 17 步（形成节点 8）：此时，$R=\{v_4\}$，$P=\varnothing$，$S=\{v_1,v_2,v_3\}$，算法不做任何事情，退回到上一层的函数。

第 18 步（回到节点 0）：更新 $R=\varnothing$，$P=\varnothing$，$S=\{v_1,v_2,v_3,v_4\}$，算法结束。

算法最终得出的最大团为 $\{v_1,v_2,v_3\}$。

8.5 分支限界法

8.5.1 基本方法

回溯法可用于寻找可行解问题（如着色问题和骑士巡游问题）和最优解问题（如 0-1 背包问题和团问题）。在解决可行解问题时，通常只需要找出一个可行解，所以回溯法只要到达解空间树的叶子节点即可完成问题求解。但是最优化问题通常需要遍历完整棵树才能求出最终的解，尽管可以通过剪枝的方式减少访问次数，但这种剪枝往往效率不高。在最优化问题中，我们希望尽快地朝最优解的方向去探索[○]，也就是在访问树中节点时，我们希望先访问那些有可能得出最优解的节点，而不是简单采用深度优先访问。当然，这种访问提出了一个问题：如何判断哪个（哪些）节点更容易得出最优解？为此分支限界法在生成一个节点时，也会生成这个节点的**界**，界表示通过此节点生成的解所能够达到的下限（最小化问题）或上限（最大化问题）。这样可以在所有活跃节点中，先访问那个界最小（或最大）的节点，因为这个节点最有可能会得到最优解，这是分支限界法的"限界"部分。

为了尽快地找出那些拥有较小（或较大）界的节点，分支限界法在访问一个节点时，会生成这个节点所有的子节点，也被称为生成所有的分支，这是分支限界的"分支"部分。因为这种方法类似于广度优先遍历，也有人将分支限界法看作基于广度优先遍历，以区别于回溯法。基于上述分析，分支限界的基本流程如下。

○ 这基本上是求最优解问题所有算法的目标，包括深度学习，其总是沿着梯度增加（或减少）的方向去探索解，而梯度增加（减少）的方向正是朝最优解最快的方向。

1）从根节点出发，生成根节点的所有子节点，并生成这些节点的界，这些子节点组成了活跃节点。

2）在所有的活跃节点中，选取一个界最小（或最大）的节点，访问此节点（访问完毕后，该节点不再是活跃节点），生成此节点所有的子节点及其界，这些子节点也称为活跃节点。

3）重复步骤2），直到没有活跃节点（实际上只要判断所有的活跃节点都不可能生成更好的解时，算法就可以结束了，参考下面的算法终止条件）。

按照以上流程，分支限界法的关键如下。

1. 树的形成

在回溯法中，通常需要构造一棵规则的树，如完全二叉树（0-1背包问题）、完全三叉树（3着色问题）等，这样便于对树进行访问和叶子节点的判断。但分支限界的树，并不要求那么严格，可以有多种形式。比如用分支限界解决0-1背包问题，可以采用和回溯法相同的树形式，也就是每个节点有两个子节点，分别表示包含某个物品和不包含此物品；也可以形成树：其第一层表示放第一个物品（共n个节点），第二层表示放第二个物品（第一层的每个节点下共有$n-1$个节点），以此类推。包括下面要分析的旅行商问题，其树也存在多种不同的形式，所以分支限界法并不追求规则的树，也就是并不追求等长的解，只要形成的树有利于解的获取和界的计算即可。

2. 界的计算

界的计算是影响分支限界法性能的关键，通常要遵循这样一个准则：**界计算一方面应该越简单越好，另一方面应该和最优解越接近越好**。如果用分支限界法来解决0-1背包问题，假设算法正在生成树中的节点i，此节点代表已经完成了对前面i个物品的装包，设目前得到的总价值为V，背包剩余容量为C，现需要计算节点i的上界。

思路8.2 一种最简单的方案，是将剩余的物品都包含在背包中（剩余的物品可能不能装进背包，所以界并不要求是个合法解），即上界$ub = V + \sum_{j=i+1}^{n} v_j$。

显然，不管怎样让背包装剩余的物品，其都不可能超过ub的值，所以这确实是一个上界。但这个界的选择并不好，因为它没有考虑到背包的承重，且界的值实际只和前面装包相关，而我们更希望界的值能够体现后面的装包情况。将界的计算改成：剩余的容量用来装剩余物品中性价比最高的物品，即上界$ub = V + \left(\max_j \frac{v_j}{w_j} \right) C$，显然这个界考虑了背包的剩余承重，比前面的方案更接近最优解，所以是更好的界，但这个界还可以进一步改善。

思路8.3 通过小数背包贪心算法将剩余的容量填满，尽管此方法比上面的方法计算量稍大，但是更接近最优解，所以通常认为此方法比上面的方法更优。

3. 算法终止条件

在回溯法中，当算法遍历完树（回到根节点），算法就终止了，但分支限界法中，每个节点只会被访问一次，所以算法并不会返回到根节点。算法终止的条件是找到了最优解，那么如何去判断分支限界法是否找到了最优解？为了回答这个问题，我们先讨论一下分支限界法用于存储树中节点的数据结构。算法通过树的形式来遍历节点，在遍历过程中，算法需要选择界最小（最大）的节点进行访问，所以算法采用了最小堆（最大堆）来存储节点。这样，算法每次要访问一个新的节点时，就从堆中取堆顶元素。**当算法从堆中取得了第一个解**

节点（必然是叶子节点），则算法必然得出了**最优解**。因为是解节点，所以其界和解（确切地说应该是解对应的值）是相同的。而这个界是所有活跃节点中最小的（最大的），所以这个解（设为 x）要小于（大于）所有活跃节点的界，而所有节点的界又小于或等于（大于或等于）其所有代表的解，可知，x 小于（大于）所有的解，即 x 是最优解。

4. 优化

算法通过上述机制，已经很大限度地降低了遍历树的复杂度。为了进一步优化算法，在最小化问题（最大化问题类似）中，分支限界法除了计算每个节点的下界外，还会计算一个全局上界，其作用是剔除那些性能很差的节点。这个上界通常是通过一种比较容易的算法来获取，如贪心算法。则可以肯定，最优解必然小于或等于这个上界，当一个节点得出的下界大于这个上界时，通过这个节点是不可能得出最优解的，所以可以直接删除这个节点（不插入堆中），其作用类似于回溯法的剪枝。

8.5.2 旅行商问题

扫码看视频

1. 无向图旅行商问题

本节，我们通过熟悉的旅行商问题（参考第 5 章）来讲解分支限界法。首先我们讨论无向图的旅行商问题，其拓扑结构如图 8.11a 所示。旅行商问题的解空间树可按照遍历顺序直接给出，也就是根节点为第 1 个访问的城市，第一层的节点为第 2 个访问的城市，以此类推，第 n 层的节点重新回到第 1 个城市，如图 8.11b 所示。旅行商回路从城市 1 出发，可以访问城市 2、城市 3、城市 4、城市 5（第一层节点），之后从城市 2 出发，可以访问城市 3、城市 4、城市 5，以此类推。

从根节点开始，按照广度优先遍历，分别访问节点 2、3、4、5。现在的关键是计算这些节点的界。因为旅行商问题是求一个总代价最小的哈密顿回路，所以需要给出一个下界。这里再次说明，这个界通常不是一个合法的解，它仅仅给出的是一个参考下界，也就是说通过此节点得出的最小哈密顿回路一定是大于这个界的。比如，节点 2 代表了从城市 1 出发，先到城市 2，再访问其他城市的一个哈密顿回路，节点 2 的界代表了后面无论通过什么样的顺序访问，得出的最小哈密顿回路一定大于或等于此界。那么如何给出这样一个界？界的定义有什么要求？

思路 8.4　一个非常简单的想法，可以取图中开销最小的边 w^*（例子中的最小开销为 2），则 nw^*（n 为哈密顿回路边的条数）一定是小于或等于旅行商回路的总代价，可作为根结点的界。

这是一个界，但这个界并不能很好地代表旅行商回路。显而易见，我们希望界和最优值越接近越好，这样才能起到有效的表达。

思路 8.5　因为旅行商回路经过所有的节点一次且仅一次，所以旅行商回路必然包含任一节点的两条边，如果选取每个节点的两条开销最小的边，那么可以找到一个更好的界。

定理 8.1　在完全图 G 中，对每个顶点 v_i，w_i^1 和 w_i^2 分别表示连接节点 v_i 的两条开销最小的边，令 $w_i = w_i^1 + w_i^2$，对所有的 w_i 求和，其必然小于或等于旅行商回路总代价 TSP^* 的 2 倍，即 $\sum_i w_i \leq 2TSP^*$，所以 $\dfrac{1}{2}\sum_i w_i$ 是一个下界。

证明：

设图 G 的旅行商回路为 P，我们给其经过的节点编号为 $v_1、v_2、\cdots、v_n、v_1$，经过的边的开销依次为 $p_1、p_2、\cdots、p_n$，则

算法设计与应用

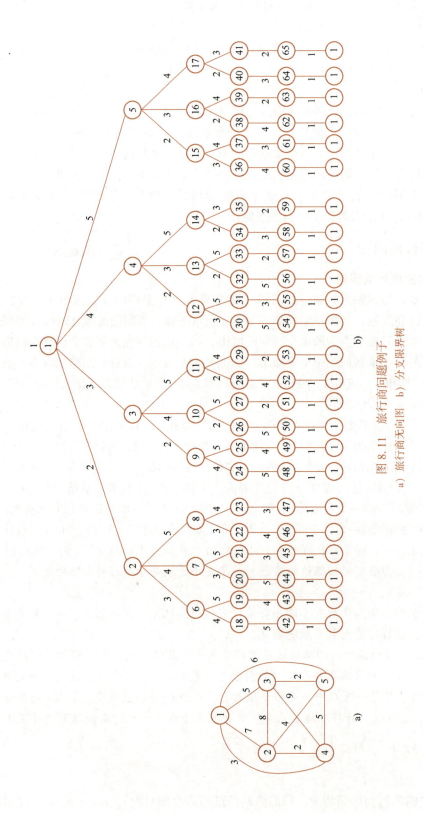

图 8.11 旅行商问题例子
a) 旅行商无向图　b) 分支限界树

198

对于 v_1：$p_1+p_n \geq w_1$，
对于 v_2：$p_1+p_2 \geq w_2$，
$\vdots$
对于 v_n：$p_{n-1}+p_n \geq w_n$，

将上面式子的左边和右边相加，可得

$$2(p_1 + p_2 + \cdots + p_n) \geq \sum_{i=1}^{n} w_i \Rightarrow \frac{1}{2}\sum_{i=1}^{n} w_i \leq TSP^* \tag{8.1}$$

如果图 G 所有边的开销为整数，则可得 $\left\lceil \frac{1}{2}\sum_i w_i \right\rceil \leq TSP^*$。$\left\lceil \frac{1}{2}\sum_i w_i \right\rceil$ 可作为旅行商问题的下界 lb。如 8.11a 所示的例子，其根节点的下界 lb 为

$$\left\lceil \frac{1}{2}(w_{14} + w_{13} + w_{24} + w_{25} + w_{31} + w_{35} + w_{42} + w_{41} + w_{52} + w_{53}) \right\rceil$$

$$= \left\lceil \frac{1}{2}(3 + 5 + 2 + 4 + 5 + 2 + 2 + 3 + 4 + 2) \right\rceil = 16$$

对于其他节点的下界计算是类似的，不过因为其他节点必然已经包含了一些边，所以计算下界的时候也必须包含这些边。如计算节点 v_2 已经包含了边 e_{12}，其下界 lb 为

$$\left\lceil \frac{1}{2}(w_{12} + w_{14} + w_{21} + w_{24} + w_{31} + w_{35} + w_{42} + w_{41} + w_{52} + w_{53}) \right\rceil$$

$$= \left\lceil \frac{1}{2}(7 + 3 + 7 + 2 + 5 + 2 + 2 + 3 + 4 + 2) \right\rceil = 19$$

接着，分析一下算法的遍历顺序。

1）从根节点出发，生成根节点的 4 个子节点，并计算各节点的下界，如图 8.12 所示。

2）从所有的<u>活节点</u>（我们把那些已经生成但还没有被访问的节点称为活节点）中，选择下界最小的节点，并生成子节点，如根节点的 4 个子节点中，对 v_3（或 v_4）进行访问，生成 3 个子节点$\{v_2,v_4,v_5\}$，并计算各子节点的下界。

3）重复步骤2），直至生成如图 8.12 所示的树，此时，得出了旅行商回路的总代价为 16，而所有的活跃节点的下界都大于或等于 16，所以没有必要再访问其他节点，算法结束。

4）从上面的树中得出旅行商回路 $v_1 \to v_3 \to v_5 \to v_2 \to v_4 \to v_1$（或 $v_1 \to v_4 \to v_2 \to v_5 \to v_3 \to v_1$）。

由上面的分析可知，分支限界法对节点的访问是依照节点下界值，即算法总是先访问下界值最小的节点，这就是为什么分支限界法通常采用堆来存储节点。

为了进一步提高效率，可以直接剪去那些下界比较高的节点，此时可以确定一个上界 ub，也就是说旅行商回路 TPS^* 一定不会大于这个上界（$ub \geq TPS^*$），当某个节点的下界 $lb > ub$ 时，可以对这个节点进行剪枝。设此节点确定的最小回路为 P^*，则：

$$P^* \geq lb > ub \geq TPS^* \Rightarrow P^* > TPS^*$$

即此节点确定的哈密顿回路是一定大于旅行商回路的，进行剪枝。

那么我们该如何确定上界？这里可以采用贪心算法。也就是从根节点开始，选择一个开销最小的边，从这个边到达下一个城市，再从这个城市出发，从那些连接还没有被访问的城市的边中再选择一条开销最小的边，访问下一个城市，以此类推，直到回到根节点的城市。

将贪心算法应用到图 8.11a 所示的例子，可得上界为 16（此例子中贪心算法得出的解就是最优解）。通过上界剪枝，那些下界大于 16 的节点可以直接剪去如图 8.12 中节点 1 和节点 4，因为它们的 lb 值大于 16，剪枝（即这些节点不进入堆）。

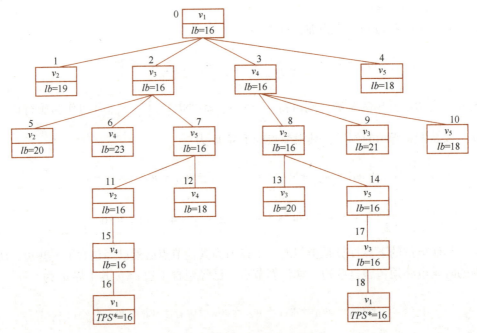

图 8.12　旅行商问题访问顺序

算法 78 是旅行商问题的分支限界法，树中的每个节点（变量 $node$）需要存储 5 个信息，分别是图中节点编号（$number$），节点在数组的层级（$level$），该节点目前经过的路径（$path$），路径的长度（$length$）和节点的下界（lb）。在每次迭代中，取堆（最小堆）的根元素（语句 7）对解空间树进行最小代价遍历。如果所取的节点为叶子节点，说明已经得到一个解，且所有其他活节点的代价都要大于此解，即这个解是最优解（语句 8~10）。如果还没有到达叶子节点，需要生成此节点的子节点，对于每个子节点，计算其下界，如果下界大于按照贪心算法得出的上界，则进行剪枝（不插入堆），否则需要计算生成节点的 5 个信息（语句 14），并将该节点依据其 lb 的值插入堆中（语句 15）。

算法 78　TSPBranchBound(n)

1：输入：无向图 $G = (V, E)$；
2：通过贪心算法得出图 G 的上界 ub；
3：lb ← 根节点的下界；
4：$node$ ← \{1, 0, \{1\}, 0, lb\};　　　　　　/*\{$number$, $level$, $path$, $length$, lb\}*/
5：$heap$.$insert$($node$);　　　　　　　　　　/*按照节点的 lb 值插入堆*/
6：**while** $heap$ 不为空 **do**
7：　　$cnode$ ← $heap$.$deletemax$();
8：　　**if** $cnode$.$level$ = n **then**
9：　　　　**return** $cnode$.$path$ and $cnode$.$length$;
10：　　**end if**

```
11: for each node ∉ cnode.path do
12:     lb ← node 的下界;
13:     if lb ≤ ub then
14:         node ← node.update( );
15:         heap.insert(node);
16:     end if
17: end for
18: end while
```

2. 有向图旅行商问题

在有向图的旅行商问题中,城市 i 到城市 j 的开销和城市 j 到城市 i 的开销并不一致。但这种开销不一致并不会造成算法流程发生较大的改动,主要的变化来自对树中节点下界的确定。那下界的确定可不可以直接沿用无向图的下界?也就是说,对每个城市 i,选择一条从其他城市过来的开销最小边 $\min_j w_{j \to i}$,同时选择一条到其他城市的开销最小边 $\min_k w_{i \to k}$,则下界为 $\frac{1}{2} \sum_i (\min_j w_{j \to i} + \min_k w_{i \to k})$。

我们可以肯定的是这个界一定小于旅行商回路的总开销,所以确实是一个下界。然而,正如前面指出,为了让界起到有效表达的作用,界应该和最优值越接近越好。但显然,按照无向图的这种方法选择的界并不是有向图中最接近旅行商回路的,因为很容易能找到比这个界更大的界。假设边 $e_{i \to j}$ 和边 $e_{j \to i}$ 分别是进入城市 i 和离开城市 i 的两条开销最小的边(关联同一个城市 j),那么按照上面确定下界的方法,这两条边将被计算在下界中,但很显然这两条边是不能同时在旅行商回路中的,所以我们完全可以选择另外一条次大的边和最小的边来作为城市 i 的两条边,从而确定一个更好的界,而这个更好的界的计算方法基于如下引理。

引理 8.1 在完全有向图 G 中,对任意节点 v_i,将此节点所有的入边或出边都减去一个值,并不会改变此图中任一哈密顿回路的相对大小。假设图 G 中的任一哈密顿回路 H_j 和另一哈密顿回路 H_k,设 $w(H_j) > w(H_k)$,对任意节点 v_i,将此节点所有入边(或出边)都减去 α,则 $w(H_j) > w(H_k)$ 依然成立。

证明:

因为 H_j 和 H_k 是哈密顿回路,它们都经过节点 v_i 的一条入边,设分别为 e_j 和 e_k,现将 e_j 和 e_k 都减去 α,则有 $H_j \leftarrow H_j - \alpha$ 和 $H_k \leftarrow H_k - \alpha$,所以 $w(H_j) > w(H_k)$ 依然成立。

引理 8.2 完全有向图 G 中的任意节点 v_i,将此节点所有入边(或出边)都减去 α,得到新图 G',图 G 和图 G' 的旅行商回路是一致的。

证明:由引理 8.1 直接得出。

基于以上分析,有向图 G 下界的确定如下。

1) 对每个节点 v_i,确定其所有出边的最小权重 w_i^{out},并将所有的出边都减去 w_i^{out}。

2) 在上述步骤的基础上,对每个节点 v_i,确定其所有入边的最小权重 w_i^{in},并将所有的入边都减去 w_i^{in}。

3) $\sum_i (w_i^{out} + w_i^{in})$ 为图 G 的下界。

设通过步骤1) 后,得到的图为 G',按照引理 8.2,图 G 的旅行商回路 TSP_G 和图 G' 的

旅行商回路 $TSP_{G'}$ 是一致的，且 $TSP_G = TSP_{G'} + \sum_i w_i^{out}$。通过步骤2）得到图 G''，同理，图 G' 的旅行商回路 $TSP_{G'}$ 和图 G'' 的旅行商回路 $TSP_{G''}$ 是一致的，且 $TSP_{G'} = TSP_{G''} + \sum_i w_i^{in}$，所以有

$$TSP_G = TSP_{G''} + \sum_i (w_i^{out} + w_i^{in}) \tag{8.2}$$

$$\Rightarrow TSP_G \geq \sum_i (w_i^{out} + w_i^{in})$$

上面的式子成立，是因为图 G'' 所有边的权重都大于或等于零，所以 $TSP_{G''} \geq 0$。有向图的分支限界流程如下。

1）选择一个城市作为起始城市，此城市作为树的根节点，计算根节点的下界，并依照节点的下界插入到最小堆中。

2）取堆顶节点，并判断此节点是否为树中的叶子节点，如果是，则算法结束，返回从根节点到此节点的路径为最小旅行商回路；如果不是，则对此节点在树中所有的子节点进行访问，并计算所有子节点的下界，之后将子节点插入到最小堆中。

3）重复上面的步骤2）。

显然，有向图的分支限界的关键问题是下界的计算，上面已经给出了下界计算的原理，而下界的实际计算是通过矩阵操作来完成的。

例 8.5 完全有向图的开销矩阵如下，求此图的旅行商回路。

$$\begin{array}{c} \begin{array}{ccccc} v_1 & v_2 & v_3 & v_4 & v_5 \end{array} \\ \begin{array}{c} v_1 \\ v_2 \\ v_3 \\ v_4 \\ v_5 \end{array}\!\!\left(\begin{array}{ccccc} \infty & 11 & 1 & 7 & 9 \\ 5 & \infty & 3 & 12 & 3 \\ 7 & 1 & \infty & 9 & 13 \\ 14 & 9 & 5 & \infty & 4 \\ 3 & 12 & 7 & 1 & \infty \end{array}\right) \end{array} \tag{8.3}$$

解：

1）计算根节点（代表城市 v_1）的下界 lb。通过开销矩阵实现下界的计算。

① 找到开销矩阵每行的最小值，并将每行的元素都减去这个值（如式（8.3）的左边矩阵到中间矩阵）。

② 找到矩阵每列的最小值，并将每列的元素都减去这个值（如式（8.4）的中间矩阵到右边矩阵）。

$$\begin{array}{c}\begin{array}{c}1\\3\\1\\4\\1\end{array}\!\!\left(\begin{array}{ccccc} \infty & 11 & 1 & 7 & 9 \\ 5 & \infty & 3 & 12 & 3 \\ 7 & 1 & \infty & 9 & 13 \\ 14 & 9 & 5 & \infty & 4 \\ 3 & 12 & 7 & 1 & \infty \end{array}\right)\end{array} \Rightarrow \begin{array}{c}\begin{array}{ccccc} 2 & 0 & 0 & 0 & 0 \end{array}\\\left(\begin{array}{ccccc} \infty & 10 & 0 & 6 & 8 \\ 2 & \infty & 0 & 9 & 0 \\ 6 & 0 & \infty & 8 & 12 \\ 10 & 5 & 1 & \infty & 0 \\ 2 & 11 & 6 & 0 & \infty \end{array}\right)\end{array} \Rightarrow \left(\begin{array}{ccccc} \infty & 10 & 0 & 6 & 8 \\ 2 & \infty & 0 & 9 & 0 \\ 6 & 0 & \infty & 8 & 12 \\ 8 & 5 & 1 & \infty & 0 \\ 0 & 11 & 6 & 0 & \infty \end{array}\right) \tag{8.4}$$

这样产生的矩阵称为**约化矩阵**（Reduced Matrix），并容易得到 $\sum_i w_i^{out} = 1+3+1+4+1 = 10$，$\sum_i w_i^{in} = 2+0+0+0+0 = 2$，所以下界 $lb = 10+2 = 12$。

2）其他节点下界的计算。从根节点出发，可生成4个子节点，分别代表到达城市 v_2、

v_3、v_4、v_5。现计算代表城市 v_2 节点的下界，此计算是在根节点生成的约化矩阵上完成的。因为此时边 $e_{1\to 2}$ 已经包含在回路中，所以矩阵的第一行（代表 v_1 的出边）无须再选择一个其他值。同理，$e_{1\to 2}$ 也代表节点 v_2 的入边，所以矩阵的第二列（代表 v_2 的入边）无须再选择一个其他值。最后，边 $e_{2\to 1}$ 也不能再选（否则和边 $e_{1\to 2}$ 形成环）。为此，将根节点约化矩阵的第一行和第二列元素以及元素(2,1)全部置为 ∞（表示这些边不能再用了），更新后的矩阵如式（8.5）左边矩阵，这个矩阵也就是代表城市节点 v_2 的**初始矩阵**。之后，继续计算每行、每列的最小值，得出最小值的和为4，并生成节点 v_2 的约化矩阵（如式（8.5）右边矩阵所示）。最后，该子节点的下界 lb = 父节点的下界+父节点到该节点的开销+最小值的和，所以此节点的下界 = 12+10+4 = 26。注意，其中"父节点到该节点的开销"是指父节点的约化矩阵所对应的值，即根节点约化矩阵的第一行第二列的值，而不是原始矩阵第一行第二列的值。

$$\begin{pmatrix} \infty & \infty & \infty & \infty & \infty \\ \infty & \infty & 0 & 9 & 0 \\ 4 & \infty & \infty & 8 & 12 \\ 8 & \infty & 1 & \infty & 0 \\ 0 & \infty & 6 & 0 & \infty \end{pmatrix} \Rightarrow \begin{matrix} 0 \\ 0 \\ 4 \\ 0 \\ 0 \end{matrix} \begin{pmatrix} \infty & \infty & \infty & \infty & \infty \\ \infty & \infty & 0 & 9 & 0 \\ 0 & \infty & \infty & 4 & 8 \\ 8 & \infty & 1 & \infty & 0 \\ 0 & \infty & 6 & 0 & \infty \end{pmatrix} \quad (8.5)$$

3）按照以上计算下界的方法，以及有向图分支限界树的访问顺序，得出本例的分支限界树如图 8.13 所示。其中，树中的节点给出了图顶点的编号和下界值，旁边的编号是访问顺序。最后本例的旅行商回路为 $v_1 \to v_4 \to v_3 \to v_2 \to v_5 \to v_1$，其总开销为 19。

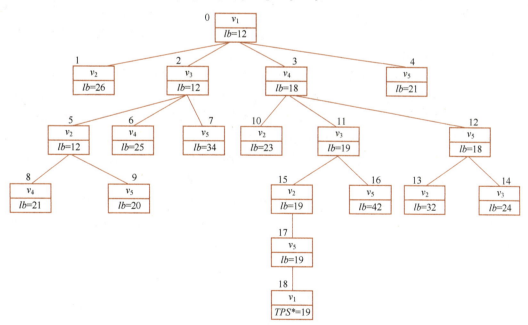

图 8.13　有向图旅行商问题访问顺序

总结：①每个节点都从一个初始矩阵计算约化矩阵，在计算的过程中得出最小值的和。对根节点，初始矩阵为图的邻接矩阵；对其他节点，初始矩阵为父节点的约化矩阵，并对相应的行、列以及相关的元素置∞。②尽管在上面的例子中，算法一直访问到叶子节点，但实际上，一旦某节点的约化矩阵只有 0 元素和 ∞ 元素，该节点的下界代表了回路的总开销,无须再计算该节点的子节点,如在上面的例子中,当计算到树中节点 15 时,约化矩阵只有 ∞ 元素和 0 元素,可直接得出 17 号节点的界为 19,18 号节点的界(回路总开销)也为 19。

3. 有向图的另一种分支限界:Little 算法

在上面的有向图分支限界法中,我们通过回路的可行路径进行分支。Little 算法也是一种分支限界法,但它是基于边的分支,即算法每次都选择一个合适的边。此选择将父节点分支成两个子节点,左子节点代表包含选择边的所有回路,而右子节点代表不包含选择边的回路,可见,Little 算法形成的是二叉树,Little 算法对下界的计算和上面有向图的分支限界类似。依旧以例 8.5 为例来讲解 Little 算法,Little 算法的步骤如下。

1)计算根节点的下界,此步骤同有向图的分支限界法,形成的约化矩阵见式(8.4),得出根节点的下界为 12,将根节点依据下界插入到最小堆中。

2)选取堆顶节点,如果堆顶节点是叶子节点,则返回解;否则选择一条边(详见下面的如何选择边),依据此边形成两个子节点(一个子节点的回路包含此边,另一个子节点的回路不包含此边),计算这两个子节点的下界,并插入到堆中。

3)重复步骤 2)。

算法的关键是选择一条合适的边,那么什么样的边是最合适的?首先这条边的开销是最小的,这一点很容易理解。在约化矩阵中,最小开销是 0,但约化矩阵中有很多边的开销都为 0,那应该选择哪条边?为此,算法定义了一个后悔值(Regret)。

定义 8.5(后悔值) 设约化矩阵 $A = [a_{ij}]$,对于此矩阵中的某条开销为 0 的边 $e_{i \to j}$,此边的后悔值 $r(e_{i \to j}) = \min_{k \neq j} a_{ik} + \min_{k \neq i} a_{kj}$。

也就是说,边 $e_{i \to j}$ 的后悔值是所在行的最小值(a_{ij} 除外)和所在列的最小值(a_{ij} 除外)之和。如根节点的约化矩阵式(8.4)中,边 $e_{3 \to 2}$ 的开销为 0,其后悔值 $r(e_{3 \to 2}) = 4+5 = 9$。我们可以把后悔值理解为,如果不选择这条边,那么必然要增加 9 单位的开销。**Little 算法选择一条后悔值最大的边进行分支**。本例中,选择的边为 $e_{3 \to 2}$。之后,按照此边,生成两个子节点,左子节点(子节点 1)是包含了此边的所有回路,右子节点(子节点 2)是不包含此边的所有回路。接着计算这两个子节点的下界。

左子节点下界的计算和之前是一样的,也就是先得出节点的初始矩阵,再通过计算约化矩阵来得出最小值之和。此时,将该父节点的约化矩阵的第 3 行、第 2 列以及元素 a_{23} 都设置为 ∞(式(8.6)中"节点 1"),得出左子节点的初始矩阵。因为此矩阵已经是约化矩阵,所以最小值之和为 0。根据 **lb = 父节点的下界+父节点到该节点的开销+最小值的和**,还需要确定所选边的开销(即父节点到该节点的开销)。因为 Little 算法中,总是选择权重为 0 的边,所以所选边的开销总是 0。得出 $lb = 12+0+0 = 12$,即左子节点的下界为 12。

这里需要注意一点,**为避免产生子回路,需要将可能产生回路的边设置为 ∞**。这里因选择了边 $e_{3 \to 2}$,所以边 $e_{2 \to 3}$ 就不能再选了(a_{23} 要置为 ∞),假设某个节点已经包含了边 $e_{3 \to 2}$ 和 $e_{1 \to 3}$,就不能再选边 $e_{2 \to 1}$,否则也会形成回路,所以此时需要将 a_{21} 置为 ∞。

因为右子节点不包含此边,所以回路的总开销必然会增加此边的后悔值(实际上就是最小值之和),**右子节点的下界=父节点的下界+未包含边的后悔值**,在此例中,右子节点的下界为 12+9=21。重复以上步骤,直到找到旅行商回路,即堆顶元素是解元素(代表叶子节点)。

$$\Rightarrow \begin{matrix} \text{节点 5} \\ \begin{pmatrix} \infty & \infty & \infty & \infty & \infty \\ \infty & \infty & \infty & \infty & \infty \\ \infty & \infty & \infty & \infty & \infty \\ 8 & 8 & \infty & \infty & 0 \\ \infty & \infty & \infty & 0 & \infty \end{pmatrix} \end{matrix} \xRightarrow{\text{约化}} \begin{matrix} \text{节点 5} \\ \begin{pmatrix} \infty & \infty & \infty & \infty & \infty \\ \infty & \infty & \infty & \infty & \infty \\ \infty & \infty & \infty & \infty & \infty \\ \infty & 0 & \infty & \infty & 0 \\ \infty & \infty & \infty & 0 & \infty \end{pmatrix} \end{matrix} \qquad (8.6)$$

（上接节点 1、节点 3 两个矩阵的约化过程）

按照以上步骤，继续完成例子，例子生成的二叉树如图 8.14 所示，每个节点包含 3 个信息：包含的边、剔除的边（红色标注）、下界值。当前，节点 1（包含边 $e_{2\to 3}$）是目前的堆顶元素。

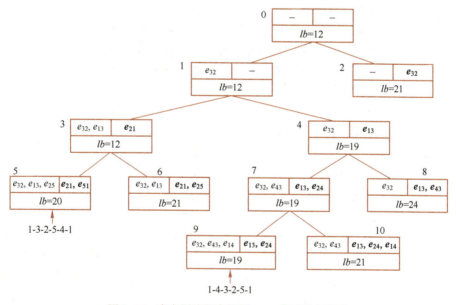

图 8.14　有向图旅行商问题 Little 算法访问顺序

1）取堆顶元素节点 1，考查节点 1 的约化矩阵（式（8.6）中的节点 1），可知选择 0 元素 a_{13} 可获得最大的后悔值 7。依据边 $e_{1\to 3}$ 生成两个子节点，节点 3（包含边 $e_{1\to 3}$）和节点 4（不包含边 $e_{1\to 3}$）。将节点 1 的约化矩阵的第 1 行和第 3 列的元素都置为 ∞，同时，为了避免形成局部环路，算法不能再选取边 $e_{2\to 1}$，所以也需要将元素 a_{21} 置为 ∞，形成节点 3 的初始矩阵，此矩阵已经是约化矩阵，所以节点 3 的下界 $lb=12$。节点 4 的下界按照右子节点下界的计算公式可得：$12+7=19$，将两个节点插入堆中。

2）取堆顶元素节点 3，从节点 3 的约化矩阵（见式（8.6））可知，元素 a_{25} 和 a_{52} 的后悔值最大，都为 9，可任选其一，我们选择边 $e_{2\to 5}$，从而生成两个新的节点：节点 5 包含边 $e_{2\to 5}$ 和节点 6 不包含边 $e_{2\to 5}$。将节点 3 约化矩阵的第 2 行和第 5 列的元素都置为 ∞，同时，为了避免形成局部环路，算法不能再选取边 $e_{5\to1}$，所以也需要将元素 a_{51} 置为∞，形成节点 5 的矩阵，但此矩阵还不是约化矩阵（见式（8.6）），此矩阵所有行和列的最小权重之和为 8，所以节点 5 的下界为 $lb=12+8=20$，并得出节点 5 的约化矩阵（见式（8.6））。发现节点 5 的**约化矩阵已经只包含了 0 元素和∞元素**，所以已经确定了一条回路，其为 $v_1\to v_3\to v_2\to v_5\to v_4\to v_1$，回路的总开销=节点的下界=20。节点 6 的下界为 $12+9=21$。将节点 5（解节点）和节点 6 插入堆中。

3）取堆顶元素节点 4，节点 4 的矩阵见式（8.7），此矩阵来自节点 1 的约化矩阵并将 $a_{13}\to\infty$（因为不包含边 $e_{1\to3}$），之后做约化，得出了节点 4 的约化矩阵。从约化矩阵可知元素 a_{43} 的后悔值最大为 5，因而选择边 $e_{4\to3}$，从而生成两个新的节点：节点 7 包含边 $e_{4\to3}$ 和节点 8 不包含边 $e_{4\to3}$。将节点 4 约化矩阵的第 2 行和第 5 列的元素都置为∞，同时，为了避免形成局部环路，算法不能再选取边 $e_{2\to4}$，所以需要将元素 a_{24} 也置为∞，形成节点 7 的矩阵，此矩阵已经是约化矩阵，所以节点 7 的下界为 $lb=19$。节点 8 的下界为 $19+5=24$，将两个节点插入堆中。

$$\begin{matrix}\text{节点 4}\\\begin{pmatrix}\infty&\infty&\infty&6&8\\0&\infty&\infty&9&0\\\infty&\infty&\infty&\infty&\infty\\8&\infty&1&\infty&0\\0&\infty&6&0&\infty\end{pmatrix}\end{matrix}\xRightarrow{\text{约化}}\begin{matrix}\text{节点 4}\\\begin{pmatrix}\infty&\infty&\infty&0&2\\0&\infty&\infty&9&0\\\infty&\infty&\infty&\infty&\infty\\8&\infty&0&\infty&0\\0&\infty&5&0&\infty\end{pmatrix}\end{matrix}$$

$$\Rightarrow\begin{matrix}\text{节点 7}\\\begin{pmatrix}\infty&\infty&\infty&0&2\\0&\infty&\infty&\infty&0\\\infty&\infty&\infty&\infty&\infty\\\infty&\infty&\infty&\infty&\infty\\0&\infty&\infty&0&\infty\end{pmatrix}\end{matrix}\Rightarrow\begin{matrix}\text{节点 8}\\\begin{pmatrix}\infty&\infty&\infty&\infty&\infty\\\infty&\infty&\infty&\infty&0\\\infty&\infty&\infty&\infty&\infty\\\infty&\infty&\infty&\infty&\infty\\0&\infty&\infty&\infty&\infty\end{pmatrix}\end{matrix}\quad(8.7)$$

4）取堆顶元素节点 7，从节点 7 的约化矩阵（见式（8.7））可知，元素 a_{14} 和 a_{25} 的后悔值最大，都为 2，可任选其一，我们选择边 $e_{1\to4}$，从而生成两个新的节点：节点 9 包含边 $e_{1\to4}$ 和节点 10 不包含边 $e_{1\to4}$。将节点 7 约化矩阵的第 1 行和第 4 列的元素都置为∞，同时，为了避免形成局部环路，算法不能再选择边 $e_{2\to1}$，所以需要将元素 a_{21} 也置为∞，形成的矩阵只包含元素 0 和∞，所以已经确定了一条回路，其为 $v_1\to v_4\to v_3\to v_2\to v_5\to v_1$，回路的总开销=节点的下界=19。节点 10 的下界为 $19+2=21$。将节点 9（解节点）和节点 10 都插入堆中。

5）取堆顶元素节点 9，此节点为解节点，即取到了第一个解，算法结束。总结如下。

- 左子节点约化矩阵的计算同分支限界法，但有一点区别，初始矩阵中可能形成回路的边也置为∞。
- 回路的判断：如果节点包含的边可能形成一个连通的路径，则这个路径上的终节点到始节点的边，会和路径产生回路，所以此边需要被置为∞。因为每次选取新的边都会判断，所以只需要判断当前选择的边是否会形成回路即可。
- 右子节点的矩阵直接继承父节点的约化矩阵，并将其中不包括的那条设置为∞，这形成了右子节点的初始矩阵，还需要将此初始矩阵进行约化形成约化矩阵，但右子节点做约化并不用于界的计算，因为右子节点的解已经通过"父节点的下界+未包含边的后悔值"计算过了，实际上这个式子中"未包含边的后悔值"就是对初始矩阵做约化矩阵过程中的最小值之和。如在上面的例子中，节点 4 的解为"12+7 = 19"，其中 7 为后悔值，实际上如果对节点 4 的初始矩阵（式（8.7）中的节点 4）做约化，得出的第一行的最小值为 6，第三列的最小值为 1，6+1=7，就是边的后悔值。

- 如果约化矩阵只剩下 0 元素和 ∞ 元素，表示已经确定了一条哈密顿回路。

8.5.3 任务指派问题

指派问题将在 9.1.2 节详细讲解，这里讨论一下如何通过分支限界法来解决任务指派问题。任务指派问题要求把 n 项任务指派给 n 个人，每个人完成每项任务的费用不同，要求指派的总费用最小。通常用矩阵来描述一个任务分配给一个人的费用，称为费用矩阵，见式（8.8），此矩阵中，行代表人，列代表任务。

$$[c_{ij}] = \begin{array}{c} \\ p_1 \\ p_2 \\ p_3 \\ p_4 \end{array} \begin{array}{cccc} j_1 & j_2 & j_3 & j_4 \end{array} \\ \left(\begin{array}{cccc} 29 & 19 & 17 & 12 \\ 32 & 30 & 26 & 28 \\ 3 & 21 & 7 & 9 \\ 18 & 13 & 10 & 15 \end{array} \right) \tag{8.8}$$

我们先构造树，按照前面的例子可知，分支限界树的构造并不复杂。按照通常的思路，任务指派先给第 1 个人分配任务，再给第 2 个人分配，直到给第 n 个人分配，所以建立树的第 1 层是第 1 个人的分配，第 2 层是第 2 个人的分配，以此类推。

接着确定下界，这个也比较直观，以每行最小元素之和作为下界。最后确定上界，显然，这里可以参考旅行商回路，用贪心算法即可。按照此思路，上述例子的上界为 12+26+3+13 = 54。根节点的下界为 12+26+3+10 = 51。树第 i 层节点的下界为（此节点表示对第 i 个人的指派，也就是说已经完成对第 1~i-1 个人的任务分配）：

$$lb = c + \sum_{k=i}^{n} \min_{j} c_{kj}$$

其中，c 表示已经分配的费用。图 8.15 给出了分支限界法对节点的访问顺序，其中打叉的表示该节点的下界大于上界，直接丢弃。

比较一下任务指派和旅行商问题，我们发现这两个问题本质上是一样的，都是最小化矩阵（任务指派是费用矩阵，旅行商问题是开销矩阵）中不同行和不同列的元素之和。所以，我们完全可以用有向图旅行商问题的分支限界法来求解任务指派问题。

1）对费用矩阵的行和列分别减去最小值，得出约化矩阵，如下所示。同时得出下界 $lb = (12+26+3+10)+(0+3+0+0) = 54$。

$$\begin{array}{c} 12 \\ 26 \\ 3 \\ 10 \end{array} \left(\begin{array}{cccc} 29 & 19 & 17 & 12 \\ 32 & 30 & 26 & 28 \\ 3 & 21 & 7 & 9 \\ 18 & 13 & 10 & 15 \end{array} \right) \Rightarrow \begin{array}{cccc} 0 & 3 & 0 & 0 \end{array} \\ \left(\begin{array}{cccc} 17 & 7 & 5 & 0 \\ 6 & 4 & 0 & 2 \\ 0 & 18 & 4 & 6 \\ 8 & 3 & 0 & 5 \end{array} \right) \Rightarrow \left(\begin{array}{cccc} 17 & 4 & 5 & 0 \\ 6 & 1 & 0 & 2 \\ 0 & 15 & 4 & 6 \\ 8 & 0 & 0 & 5 \end{array} \right)$$

2）访问根节点的 4 个子节点，分别代表将第 1、2、3、4 个任务指派给第一个人。以将第 2 个任务指派给第一个人为例，矩阵变化如下，其中最小值的和为 2。得出此节点的下界

lb = 父节点的下界 + 分配任务 2 的费用 + 最小值的和 = 54 + 4 + 2 = 60。注意："分配任务 2 的费用"不是原始矩阵的费用,而是根节点约化矩阵的对应费用。计算每个子节点的下界,如图 8.16 所示,节点 1、2、3、4 的下界分别为 77、60、61、54。

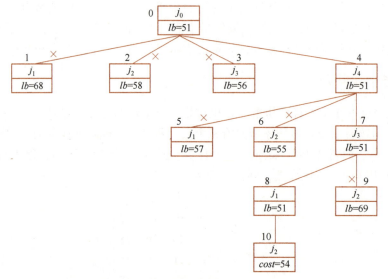

图 8.15 任务分配分支限界访问顺序

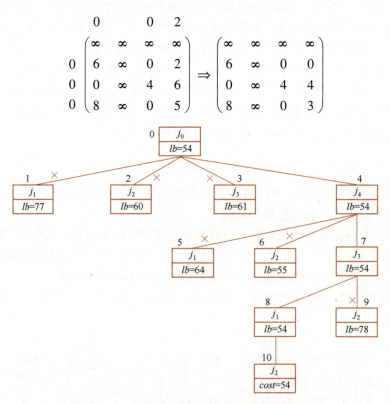

图 8.16 任务分配第二种分支限界访问顺序

3)接着访问节点 4,按照第 2)步的方法生成节点 4 的子节点 5、6、7,其下界分别为 64、55、54。之后,访问节点 7,生成节点 7 的子节点 8 和 9,下界分别为 54 和 78。最后访问节点 8，生成节点 8 的子节点 10，得出任务分配的一个完整解，其总费用为 54。因为所有活节点下界都大于此总费用，所以此解为最优解，算法结束。

最后，我们比较分析基于贪心算法的分支限界（有向图的旅行商问题中，每个节点选取最小的出边和入边；匹配问题中，每行选取最小的值）和基于约化矩阵的分支限界，这两种方法的主要区别在于下界的计算。在旅行商问题中，我们已经指出基于约化矩阵的界是一个更有效的界。从上面的任务指派例子中，也可以发现贪心算法的界是 51（根节点），而约化矩阵的界是 54（根节点），显然后者更优。尽管在上面的例子中，基于约化矩阵的分支限界好像并没有比基于贪心算法的分支限界访问更少的节点，但实际上基于约化矩阵的分支限界只要访问节点 8，就已经生成最后的完整解（因为此时约化矩阵只有 0 元素和 ∞ 元素了），而基于贪心算法的分支限界要访问节点 10 才能得出最终的完整解。此外，因为任务指派问题和旅行商问题的相似性，Little 算法也适合于此问题的求解，但因篇幅原因，不再讨论此算法。

8.6　分支限界在流水线作业调度中的应用*

流水线调度问题（Flowshop Scheduling Problem，FSP）最初是为了解决制造业中的作业在流水车间的调度，但目前 FSP 模型在多个领域（如交通、物流、供应链、网络等）都有着重要的应用。流水线调度问题可以建立不同的模型，如置换流水线调度问题、柔性流水车间调度问题、混合流水车间调度问题等。本节专注于置换流水线调度问题（Permutation Flow-Shop Scheduling Problem，PFSP）。

定义 8.6（置换流水线调度问题）　设有 n 个作业 $\{j_1, j_2, \cdots, j_n\}$ 和 m 台机器 $\{m_1, m_2, \cdots, m_m\}$，每个作业有 m 道工序，需要依次在这 m 台机器上完成，机器任意时间只能执行单个作业。现需要确定这 n 个作业的加工顺序，使得总作业时间最小化，也就是最快完成所有的作业。

显然，这是一个对 n 个作业排列的问题，建树也容易，树的第一层代表排列的第一个作业，第二层代表第二个作业，以此类推，如图 8.17 所示，其中外面标号代表节点的编号，里面代表已经排列好的作业。正如分支限界的关键是界的确定，而 PFSP 分支限界算法中，界的确定更是一个难点。

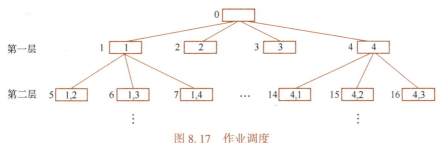

图 8.17　作业调度

思路 8.6　为什么不同的排列会造成不同的流水线作业时间？因为不同的排列造成作业在各个机器间的等待时间不同。所以，下界的计算可先不考虑等待时间，其次，那些可能最快完成的作业是需要关注的对象。

设 $t_{i,j}$ 为作业 j 在机器 i 上的执行时间，则根节点的下界由两部分组成。

1）所有作业在机器 1 上的执行时间（对于任一排列，所有作业都必须在机器 1 上依次执行，其执行时间是一样的），即 $\sum\limits_{j} t_{1,j}$。

2）所有作业在剩余机器执行的最短时间，即 $\min_j \sum_{n=2}^{m} t_{i,j}$。可得根节点的下界：$lb = \sum_j t_{1,j} + \min_j \sum_{i=2}^{m} t_{i,j}$。因为非根节点代表了部分作业已经排列好，所以其界的计算包含两部分，一是已经排列好作业的执行时间，二是还未排列好作业的执行时间。通过下面的例子来说明。

例 8.6 在某流水车间中，有 3 个机器 $\{m_1, m_2, m_3\}$，现有 4 个作业 $\{j_1, j_2, j_3, j_4\}$ 需要在这 3 个机器上执行，每个作业在每个机器上的执行时间如下。

$$[t_{ij}] = \begin{matrix} & j_1 & j_2 & j_3 & j_4 \\ m_1 & \begin{pmatrix} 15 & 9 & 10 & 3 \\ m_2 & 2 & 5 & 8 & 16 \\ m_3 & 7 & 16 & 6 & 11 \end{pmatrix} \end{matrix}$$

解：

1）根节点的下界

$$lb_0 = \sum_j t_{1,j} + \min_j \sum_{i=2}^{m} t_{i,j} = (15 + 9 + 10 + 3) + \min\{2+7, 5+16, 8+6, 16+11\} = 46$$

2）根节点生成 4 个子节点，分别代表 4 个作业 $\{j_1, j_2, j_3, j_4\}$ 为排列的第一个作业。以节点 1 为例，其代表第一个作业为 j_1。我们用 J 表示已经排列的作业集合，用 $\bar{J}$ 表示还没有排列的作业，此时，$J = \{j_1\}$，$\bar{J} = \{j_2, j_3, j_4\}$。

- 以 m_1 作为当前机器，$T_{1,J}$ 表示 J 中作业在 m_1 上执行完成时间；在 m_1 上执行未排列作业所需时间为 $\sum_{j \in \bar{J}} t_{1,j}$；未排列作业在剩余机器上的最少时间为 $\min_{j \in \bar{J}} \sum_{i=2}^{m} t_{i,j}$，所以得

$$\begin{aligned} lb_1^{(1)} &= T_{1,J} + \sum_{j \in \bar{J}} t_{1,j} + \min_{j \in \bar{J}} \sum_{i=2}^{3} t_{i,j} \\ &= 15 + (9 + 10 + 3) + \min\{5+16, 8+6, 16+11\} \\ &= 51 \end{aligned}$$

这个结果是可以作为节点 1 的下界的，但是下界的确定应该越靠近最优解越好，为此，我们也考查以 m_2、m_3 作为当前机器。

- 以 m_2 作为当前机器，$T_{2,J}$ 表示 J 中作业在 m_2 上执行完成时间；在 m_2 上执行未排列作业所需时间为 $\sum_{j \in \bar{J}} t_{2,j}$；未排列作业在剩余机器上的最少时间为 $\min_{j \in \bar{J}} \sum_{i=3}^{3} t_{i,j}$，所以得

$$\begin{aligned} lb_1^{(2)} &= T_{2,J} + \sum_{j \in \bar{J}} t_{2,j} + \min_{j \in \bar{J}} \sum_{i=3}^{3} t_{i,j} \\ &= (15 + 2) + (5 + 8 + 16) + \min\{16, 6, 11\} \\ &= 52 \end{aligned}$$

- 以 m_3 作为当前机器，$T_{3,J}$ 表示 J 中作业在 m_3 上执行完成时间；在 m_3 上执行未排列作业所需时间为 $\sum_{j \in \bar{J}} t_{3,j}$；因为没有剩余机器了，所以未排列作业在剩余机器上的最少时间为 0，所以得

$$\begin{aligned} lb_1^{(3)} &= T_{3,J} + \sum_{j \in \bar{J}} t_{3,j} \\ &= (15 + 2 + 7) + (16 + 6 + 11) \\ &= 57 \end{aligned}$$

选择最大的值作为节点 1 的界,即 $lb_1 = \max\{51, 52, 57\} = 57$。根据以上分析,可得出非根节点的界需要计算以下 3 部分。

1) 已排列作业在机器 k 上的完成时间。
2) 未排列作业在机器 k 上的执行时间。
3) 未排列作业在剩余机器上的最少时间。在得出所有机器的这 3 部分的值后,取其中和最大的作为界,即

$$lb_J = \max_{1 \leqslant k \leqslant m} \left\{ T_{k,J} + \sum_{j \in \bar{J}} t_{k,j} + \min_{j \in \bar{J}} \sum_{i=k+1}^{m} t_{i,j} \right\} \tag{8.9}$$

在上面这个公式中,第一项 $T_{k,J}$ 的计算对节点 1 是简单的,但在有多个作业已经排列好的情况,即 $|J| > 1$ 时,其计算并不那么直观。需要采用一种动态规划的方法,令 $|J| = l$,J 的第 i 个元素为 J_i,其递归式如下。

$$T_{k,J} = T_{k,J_l} = \begin{cases} t_{1,J_1} & k=1, l=1 \\ T_{1,J_{l-1}} + t_{1,J_l} & k=1, l>1 \\ T_{k-1,J_1} + t_{k,J_1} & k>1, l=1 \\ \max\{T_{k,J_{l-1}} + t_{k,J_l}, T_{k-1,J_l} + t_{k,J_l}\} & k>1, l>1 \end{cases} \tag{8.10}$$

$T_{k,J}$ 的时间就是 J 中最后一个作业在机器 k 的完成时间。在式 (8.10) 中,第一个条件指 J 中只有一个作业的情况下,在机器 1 的完成时间;第二个条件是有多个作业的情况下,在机器 1 的完成时间;第三个条件指只有一个作业的情况下,在机器 k 的完成时间;第四个条件指有多个作业的情况下,在机器 k 的完成时间由第 $l-1$ 个作业在机器 k 的完成时间加上第 l 个作业在机器 k 的执行时间,以及第 l 个作业在机器 $k-1$ 的完成时间加上第 l 个作业在机器 k 的执行时间,两者中的较大值决定。

按照以上分析,分支限界法给出的计算如图 8.18 所示,得出最优作业调度为 $\{2,4,1,3\}$,总消耗时间为 54。

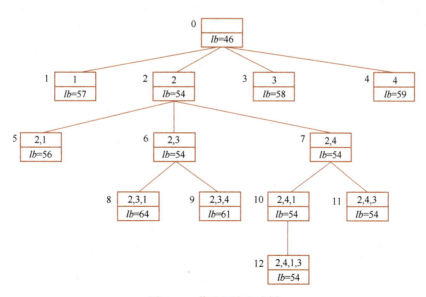

图 8.18 作业调度生成树

8.7 本章小结

对于回溯法，其通常有 3 个步骤：①给出解向量；②构造解空间树；③遍历解空间树。回溯法本质上是穷举，但通过避免不必要的访问（剪枝）来大大降低算法的复杂度。回溯法可应用于寻找可行解问题和最优解问题。本章讨论了两个可行解问题，即着色问题和骑士巡游问题，当回溯法应用于寻找可行解问题时，通过约束条件进行剪枝，如着色问题，一旦节点的着色不满足相邻节点颜色不相同的条件，即进行剪枝。而对于优化问题，通常可实现两种剪枝方案，一种是约束条件剪枝，另一种是边界条件剪枝，也就是即使将当前节点下的所有节点都进行最优赋值，也比目前得到的最优解差，则进行剪枝。

本章同时讨论了分支限界法，和回溯法类似，分支限界法也是对解空间树的遍历，但分支限界法对树的访问是按照界的优先级（先访问最大界或最小界的节点）来遍历树，这也是为什么分支限界法只能用于最优化问题的求解，而不能用于寻找可行解的问题。通常，我们认为分支限界法的性能要比回溯法更好一些，当然这取决于界的定义，正如我们在无向图的旅行商问题中所看到的，定义一个好的界并不是一件很容易的事。但如果问题能够像旅行商问题或任务指派问题一样被描述成矩阵的形式，那么就可以采用基于约化矩阵的分支限界法，这种方法的好处是：一方面，界的定义是给定的，无须想方设法去定义一个界；另一方面，这个给定的界是非常有效的界，比贪心算法给出的界还要好，这一点已经在有向图的旅行商问题和任务指派问题中被证明。最后，编者指出，尽管分支限界法作为本章的一个小节来讨论，但分支限界是一个非常实用的算法，原因有两点，一是效率较高，二是相对简单。

8.8 习题

1. 在骑士巡游问题中，如果骑士的初始位置不是固定的(1,1)格子，而是任意位置，那么照样可以访问所有的格子吗？请描述算法，并给出伪代码。

2. 在 0-1 背包问题中，左子节点代表的是放某个物品（$x_i=1$），右子节点代表的是不放某个物品（$x_i=0$），如果将它们换一下，也就是左子节点代表不放某个物品（$x_i=0$），右子节点代表放某个物品（$x_i=1$），那么算法的复杂度有变化吗？请给出迭代伪代码。

3. 用回溯法求下图的最大团问题，请用通常的回溯算法和 Bron-Kerbosch 算法两种算法来求解，要求画出两种算法的解空间树（不需要画出完整的树，按照算法的计算过程画出树即可，也就是不访问的部分不需要画），比较两种算法的复杂度（访问节点的次数）。

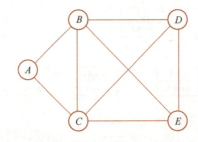

4. 书中算法 76 给出了最大团的算法，在此算法中用 $P=\varnothing$ 判断是否到达叶子节点，请问：

1) 如果判断成功，这个叶子节点代表的团是否就是极大团？为什么？

2）算法对树遍历的过程中，一定会到达叶子节点吗？

5. 用分支限界法解决如下 $n=4$ 的 0-1 背包问题（背包容量 $C=16$），其中物品已经按照"单位重量价值"降序排列。要求：

1）给出限界函数。

2）画出搜索树，并对树中的每个节点给出编号（访问顺序）和上界。

3）给出最优解和最优值。

物品	重量	价值	价值/重量
1	10	100	10
2	7	63	9
3	8	56	7
4	4	12	3

6. 在 $n \times n$ 格的棋盘上放置彼此不受攻击的 n 个皇后。按照国际象棋的规则，皇后可以攻击与之处在同一行、同一列或同一斜线上的棋子。n 皇后问题等价于在 $n \times n$ 格的棋盘上放置 n 个皇后，任何两个皇后能放在同一行、同一列或同一斜线上。请用回溯法求解 4 皇后问题，要求画出搜索树，并按照通用框架写出伪代码（迭代和递归都可以）。

7. 分支限界法是用来求解最优化问题的，但是我们也可以将之应用到求解可行性问题中，显然，此时需要定义一个界，但因为是可行性问题，这个界就无法去设定为上界还是下界，只能人为地规定其为上界或下界（所以这里界的定义不像最优化问题那样具有明显的意义，这也是通常不用分支限界法来解决可行性问题的原因）。这里，我们试着用分支限界求解 n 皇后问题，要求：

1）给出界的定义。

2）画出 4 皇后问题的搜索树。

3）和回溯法进行比较分析。

8. 对一些数字字符串，在适当的位置添加"."，可以得到合法的 IP 地址。IP 地址由 4 个 0~255 的整数组成，且不含前导 0。例如，对"2552501213"可以得到"255.250.12.13"和"255.250.121.3"都是合法的 IP 地址，但"255.25.012.13"是不合法的，因为第 3 个整数 012 存在前导 0。请用回溯法求"112013"的一个合法 IP 地址，要求画出搜索树，并写出伪代码。

9. 上面的求解 IP 地址问题中，只要求得出一个合法的 IP 地址。现要求得出所有合法的 IP 地址，并用伪代码实现，比较这两个伪代码，分析它们在实现上的不同。

10. 子集和问题：给出某个集合 $W = \{w_1, w_2, \cdots, w_{n-1}, w_n\}$ 和 M 值，请找出 W 的最小子集，其和为 M。如 $n=4$，$W = \{11, 13, 24, 7\}$，$M=31$，则子集 $\{11,13,7\}$ 和子集 $\{24,7\}$ 的和都为 M。但显然子集 $\{24,7\}$ 是最小子集。请用回溯法求解子集和问题：

1）描述回溯法的解空间和树结构，并简单画出此树。

2）说明剪枝函数（边界函数和约束函数）。

3）给出找到所有解的非递归伪代码（需要考虑边界函数和约束函数）。

11. 请用分支限界法求如下邻接矩阵所代表有向图的旅行商问题，要求用通常的分支限界法和 Little 算法这两种算法，依照书中的步骤，对每种算法分别给出矩阵和树，并比较这两种算法。

$$\begin{array}{c} \quad v_1 \quad v_2 \quad v_3 \quad v_4 \quad v_5 \\ \begin{array}{c} v_1 \\ v_2 \\ v_3 \\ v_4 \\ v_5 \end{array} \left(\begin{array}{ccccc} \infty & 33 & 13 & 20 & 14 \\ \infty & \infty & 21 & 13 & 20 \\ 14 & 21 & \infty & 19 & 2 \\ 31 & 13 & 14 & \infty & \infty \\ 15 & 5 & 2 & 27 & \infty \end{array} \right) \end{array}$$

12. 书中对于旅行商问题有向图界的计算是对无向图界的计算的一种改进，这种改进可否也用于无向图界的计算，如果可以，给出具体的计算方法，如果不可以，请说明理由。

13. 在分析求解有向图的分支限界的下界时，书中指出可采用无向图的求下界的方法，请说明基于约化矩阵的下界（非 Little 算法），是否一定优于无向图中求下界方法得出的下界。

14. 请将本书中所学的旅行商问题的有向图下界求法，应用到图 8.11 无向图的旅行商问题中，并画出相应的遍历树，比较此方法和无向图旅行商问题原有算法，哪种方法访问节点的次数较少？

15. 请用 Little 算法求解书中任务指派问题。

16. 用分支限界法求解有向图上源节点到目的节点的最短路径。

1) 是否可以通过这个方法定义下界：到此节点的最短路径+此节点（作为出点）的一条最短边。如果不可以，说明理由；如果可以，是否能够得出一个更好的界？

2) 用分支限界法求解下面的有向图中节点 1 到节点 8 的最短路径，要求画出搜索树。

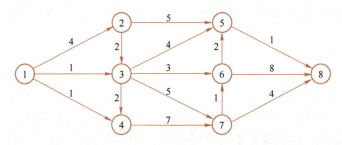

17. 现有一个 3×3 的滑动拼图，有 8 个拼图块和 1 个空格，每一步可以将一个拼图块移入相邻的空格。设目前的拼图的状态为 $\begin{smallmatrix}3&2&1\\4&6&8\\&7&5\end{smallmatrix}$，现需要通过移动拼图块，实现拼图的目标状态为 $\begin{smallmatrix}1&2&3\\4&5&6\\7&8&\end{smallmatrix}$，请用分支限界法实现最少的移动步数到达目标状态：

1) 定义界为"与目标状态位置不同的拼图块个数"，使用分支限界法画出搜索树，求出达到目标状态的最少移动步数。

2) 尝试找出一个更好的界，并画出对应的搜索树，和上面的界进行复杂度的比较。

第 9 章 匹配与指派

本章讨论在实际中应用广泛的匹配算法。无论是文本搜索中的字符串匹配，还是网络爬虫中的信息抓取，抑或是推荐系统中的用户与商品匹配，匹配算法都发挥着不可或缺的作用。匹配算法中最有名也是应用最广泛的是匈牙利算法，人们甚至会将匈牙利算法等同于匹配算法。曾在第 6 章讨论过稳定匹配问题。和稳定匹配不同，本章针对的是最优匹配问题（简称匹配问题）。因为匹配问题可建模成图或矩阵的形式，所以匈牙利算法实际上也有两种形式，分别对应于基于图和基于矩阵的匈牙利算法。本章首先讨论基于图的匈牙利算法。之后在讨论基于矩阵的匈牙利算法时，会结合基于图的匈牙利算法进行比较分析。最后，本章会讨论匈牙利算法在多目标跟踪中的应用，多目标跟踪是匈牙利算法和深度学习算法的结合应用，可用于视频监控中的人、车跟踪，智能交通领域的交通流识别，以及无人驾驶、虚拟现实等。

9.1 基本概念

匹配和指派这两个概念在很多文章中被认为是一致的，而且它们的典型算法都是匈牙利算法。但本书将这两个概念稍作区别。

定义 9.1（匹配问题） 设 $A=\{a_1,a_2,\cdots,a_n\}$ 和 $B=\{b_1,b_2,\cdots,b_m\}$ 分别代表两种元素的集合，如果 a_i 和 b_j 存在某种关系，则认为 a_i 和 b_j 是匹配的，如果 A（或 B）中的任何一个元素和 B（或 A）中的一个元素已经匹配，则不能再和其他元素匹配。匹配问题可以分为以下两类。

- 判定性问题：此时 $m=n$，问是否存在一种匹配使得 A 中的每个元素和 B 中的每个元素匹配。
- 最优化问题：找出最大的匹配数（m 可以不等于 n）。

宿舍安排问题和黑点支配白点问题是典型的匹配问题。

例 9.1（宿舍安排问题） 有 5 个学生 $A=\{1,2,3,4,5\}$，5 个宿舍 $B=\{1,2,3,4,5\}$，一个宿舍只能住一个人，学生 1 希望能够住宿舍$\{1,2,3\}$，学生 2 希望能够住宿舍$\{1\}$，学生 3 希望能够住宿舍$\{2\}$，学生 4 希望能够住宿舍$\{2,3,4\}$，学生 5 希望能够住宿舍$\{5\}$，问是否存在一种安排（匹配）使每个学生都满意。

这是一个判定性的匹配问题。

例 9.2（黑点支配白点问题） 设平面上分布着 n 个白点和 m 个黑点，白点的坐标用 $v_w=(x_w,y_w)(1\leq w\leq n)$ 表示，黑点的坐标用 $v_b=(x_b,y_b)(1\leq b\leq m)$ 表示，一个黑点 v_b 支配白点 v_w，当且仅当 $x_b\geq x_w$ 且 $y_b\geq y_w$。若黑点 v_b 支配白点 v_w，则称黑点 v_b 和白点 v_w 可匹配，即称为一个匹配对。在一个黑点最多只能与一个白点匹配，一个白点最多只能与一个黑点匹配的前提下，求 n 个白点和 m 个黑点的最大匹配对数。

这是一个最优化匹配问题。实际上，判定性问题可以看成是最优化问题的特例，如在宿舍安排问题中，如果得出的最优匹配刚好是5个匹配，那么就可以判定存在一种安排使得每个学生都满意。

定义 9.2（指派问题） 设 $A=\{a_1,a_2,\cdots,a_n\}$ 和 $B=\{b_1,b_2,\cdots,b_n\}$ 分别代表两种元素的集合，需要将 B 中的元素指派给 A 中的元素，不同的指派产生不同的费用，用 $c_{ij}(i=1,2,\cdots,n;j=1,2,\cdots,n)(c_{ij}\geq 0)$ 表示 B 中第 j 个元素指派给 A 中第 i 个元素的费用，c_{ij} 形成的矩阵 $[c_{ij}]$ 称为费用矩阵，指派问题需要求如何分配使得总费用最少。

从以上定义可以看出，指派问题中通常 $m=n$（但在一些情况下，m 可以不等于 n），并且不同的指派产生不同的费用，从这个角度讲，匹配问题可以看作指派问题的一个特例，即所有的指派费用都为1。指派的一个典型例子如下。

例 9.3（任务指派） 举办世界杯需要完成3座足球场的建设，因为期限原因，3座足球场需要同时建设，现有3家建造商，3家建造商对球场的报价依次为$\{1,4,5\}$、$\{5,7,6\}$、$\{5,8,8\}$，问怎样分配球场使得总费用最少。

我们可以用矩阵来表示上面的问题，即

$$C=\begin{pmatrix}1 & 4 & 5\\ 5 & 7 & 6\\ 5 & 8 & 8\end{pmatrix}$$

其中，行代表建造商，列代表足球场，c_{ij} 代表第 i 个建造商建设第 j 个足球场的费用，此指派问题为最小化问题；如果 c_{ij} 代表第 i 个建造商建设第 j 个足球场的效率，则指派问题为最大化问题，最小化问题和最大化问题间可以互相转换。

上述问题也可以用二分图（见定义9.3）的形式来表示，如图9.1所示。其中边 e_{ij} 的权重 w_{ij} 代表第 i 个建造商建设第 j 个足球场的费用。匹配/指派问题的典型算法为匈牙利算法，因匹配/指派可通过矩阵和图的方式进行描述，所以匈牙利算法包含两种模式：基于图的匈牙利算法和基于矩阵的匈牙利算法。

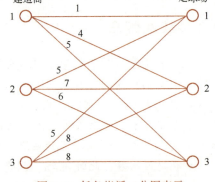

图9.1 任务指派二分图表示

9.2 基于图的匈牙利算法

基于图的匈牙利算法将问题建模成二分图，我们先来了解一下什么是二分图。通俗地讲，二分图就是顶点集 V 可分割为两个互不相交的子集，并且图中每条边的两个顶点都分属于这两个互不相交的子集，两个子集内的任意两个顶点都没有边，正式定义如下。

定义 9.3（二分图） 二分图又叫二部图，是图论中的一种特殊模型。设 $G=(V,E)$ 是一个无向图，如果顶点 V 可分割为两个互不相交的子集 (A,B)，并且图中的每条边 $e_{i,j}$ 所关联的两个顶点 i 和 j 分别属于这两个不同的顶点集，即 $i\in A$，$j\in B$，则称图 G 为一个二分图，用 $G=(A,B,E)$ 表示。如果二分图 A 中的任意一个节点和 B 中的任意一个节点都存在一条边，则称为完全二分图。

图9.2是二分图的一个例子。

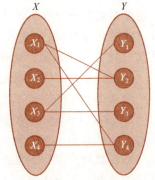

图9.2 二分图例子

9.2.1 匹配问题

在黑点支配白点问题中，假设有 5 个黑点坐标分别为 $b_1=(4,4)$，$b_2=(4,6)$，$b_3=(6,2)$，$b_4=(7,9)$，$b_5=(8,4)$，6 个白点的坐标分别为 $w_1=(1,1)$，$w_2=(2,3)$，$w_3=(3,5)$，$w_4=(5,5)$，$w_5=(5,8)$，$w_6=(6,5)$。依据支配关系，画出相应的二分图如图 9.3a 所示，图中，所有的黑点和白点分别放在二分图的两个互不相交的子集上，如果黑点能够支配白点，则它们之间有边，否则不存在边。之后，需要在建立的二分图中选取最大的匹配对。

按照朴素的思路，进行逐个匹配，我们很容易选择匹配对 (b_1,w_1)、(b_2,w_2)，如图 9.3b 所示，但在选取 b_3 的匹配白点时出现了问题，b_3 的匹配白点只有 w_1，而 w_1 已经被匹配掉了。我们试着让 b_3 和 w_1 匹配，这样 w_1 原来匹配点 b_1 需要重新找一个匹配点，此时只能选择 w_2，这样就需要为 w_2 原来的匹配点 b_2 找一个新的匹配点 w_3。通过以上操作，匹配成功。回顾一下以上的匹配路径：

$$e_{b_3,w_1} \to e_{w_1,b_1} \to e_{b_1,w_2} \to e_{w_2,b_2} \to e_{b_2,w_3}$$

如图 9.3c 所示，观察此路径，得出此路径的特点是"未匹配边"（此边的两个顶点未匹配）和"匹配边"（此边的两个顶点已匹配）交替出现，且第一条边和最后一条边是"未匹配边"。我们把此路径称为**增广路径**，其定义如下。

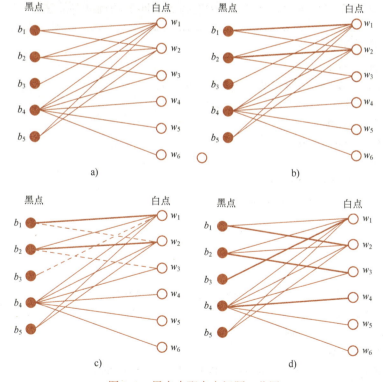

图 9.3 黑点支配白点问题二分图

定义 9.4（增广路径） 设 M 是二分图 $G=(A,B,E)$ 已匹配边的集合，若路径 P 是图 G 中一条连通两个未匹配顶点的路径，且 P 的起点和终端分属于两个不同的顶点集 A 和 B，路

径 P 上属于 M 的边和不属于 M 的边交替出现，称 P 为 G 上的一条增广路径。增广路径具有以下特点。

- "未匹配边"和"匹配边"交替出现。
- 路径上的第一条边和最后一条边是"未匹配边"。
- 路径上边的条数是奇数。

很显然，如果把此路径上的"匹配边"删除，用"未匹配边"作为选取的匹配，那么选取的匹配数量必然会加 1，因为路径上"未匹配边"比"匹配边"多一条。继续执行算法，匹配黑点 b_4，容易得出其匹配点为白点 w_4。在匹配黑点 b_5 时，找不到未匹配的白点，所以试图再次用增广路径来进行重新匹配，但可惜图中已经无法找到一条增广路径，所以上述黑点支配白点的例子，最优匹配是 4 个匹配，分别是 (b_1,w_2)，(b_2,w_3)，(b_3,w_1)，(b_4,w_4)，如图 9.3d 所示。

上述算法即为二分图的匈牙利算法，算法首先遍历二分图左边部分的顶点（也可以遍历右边部分的顶点，通常是遍历数目较少部分的顶点），在访问顶点 i 时，调用增广路径函数，试图找到一条增广路径。

- 如果顶点 i 可以直接找到未被匹配过的邻顶点（属于 B 部分），则算法找到了一个只有一条边的路径，可以将其看成特殊的增广路径。
- 否则，找到一个已经被匹配过的邻顶点（属于 B 部分）的匹配顶点 j（属于 A 部分），从 j 出发继续寻找增广路径，也就是对顶点 j 进行递归调用。

算法 79 给出了在二分图 $G=(A,B,E)$ 中选择最大匹配的匈牙利算法。

算法 79 二分图的匈牙利算法

1: 输入：二分图 $G=(A,B,E)$；
2: 初始化：$A[i].match \leftarrow 0$，$\forall i$，$B[i].match \leftarrow 0$，$\forall i$；
3: **for** $i=1$ to $|A|$ **do**
4:     **for** $j=1$ to $|B|$ **do**
5:         $B[i].visited \leftarrow 0$；
6:     **end for**
7:     **if** augmentedPath($A[i]$) **then**
8:         $matchNumber \leftarrow matchNumber + 1$；
9:     **end if**
10: **end for**

寻找增广路径

1: augmentedPath($A[i]$)
2: $NB \leftarrow A[i].neighbor$；   /* $A[i].neighbor$ 代表 $A[i]$ 的邻节点集合 */
3: **for** $k=1$ to $|NB|$ **do**
4:     **if** $NB[k].visited = 0$ **then**
5:         $NB[k].visited = 1$；
6:         **if** $NB[k].match = 0$ or augmentedPath($NB[k].match$) **then**
7:             $A[i].match \leftarrow NB[k]$；
8:             $NB[k].match \leftarrow A[i]$；
9:             return true；
10:         **end if**

11: **end if**
12: **end for**
13: return false;

在主函数中：
- 语句 2 中的 match 属性表示相应的匹配顶点，初始都为 0。
- 外部的 for 循环遍历 A 部分的所有节点。
- 语句 4~6 将 B 部分所有顶点的 visited 属性设置为 0（表示未访问），这样，每次寻找增广路径时，如果顶点的 visited 属性设置为 1，表示此顶点已经在增广路径上，不能再访问。
- 语句 7~9 对 A 部分的节点寻找增广路径，如果找到，匹配对的数目加 1。

在寻找增广路径的函数中：
- 外面的 for 循环（语句 3~12）试图从顶点 $A[i]$ 的邻节点中找到一条增广路径。
- 在寻找的过程中，需要判断 B 部分顶点 $NB[i]$ 的 visited 属性，如果 visited=1 表示相应的顶点已经在增广路径上（语句 4），显然这些点不能再次被加入到路径上。
- 如果所访问的 $NB[i]$ 没有在路径上，需要判断其是否已有匹配点，如果没有（语句 6），则找到增广路径，需要进行相应的匹配（语句 7~8）；如果此顶点已经有匹配，则对其匹配顶点（注意，此处为非 $NB[i]$）递归调用增广路径函数。

以上算法需要注意以下几点。

1）增广路径函数 augmentedPath 参数统一为 A 部分的顶点。

2）只需要对 B 部分的顶点做 visited 属性判断，这也是为什么在主函数中只对 B 部分顶点的 visited 属性做初始化。

3）找增广路径的本质实际上就是深度优先搜索，区别是搜索路径必须是"匹配边"和"未匹配边"交替进行，以及最后一个节点必须属于 B 部分。

4）因采用了递归调用，在找不到增广路径的情况下，并不会对节点进行匹配操作（语句 7~8）。

因为深度优先搜索的复杂度为 $O(n^2)$（共有 $O(n^2)$ 条边），所以该算法的复杂度为 $O(n^3)$。

9.2.2 指派问题

匹配问题被建模成二分图，图中所有边的权重默认为 1，而指派问题的二分图中边的权重大于或等于 1，本节讨论在此二分图中如何寻找最优指派。设有如下的指派问题。

例 9.4 设 3 个人被分配去做 3 件工作，规定每个人只做一件工作，且每件工作只有一个人去做。已知第 i 个人去做第 j 件工作的效率为 c_{ij}：

$$c_{11}=2, \quad\quad c_{13}=7$$
$$c_{21}=6, \quad c_{22}=4, \quad c_{23}=5$$
$$c_{31}=5, \quad c_{32}=2, \quad c_{33}=6$$

问应如何分配才能使总效率最大？

将所有的人看成二分图中的 A 部分，所有的工作看成二分图中的 B 部分，如图 9.4a 所示。此外，通过给图添加权重为 0 的边，可以构成一个完全二分图，如图 9.4b 所示。

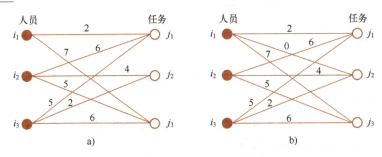

图 9.4 任务分配问题二分图

定义 9.5（完美匹配） 指 A 中的每个顶点都会和 B 中的一个顶点匹配。

显然，最大权重指派是一个完美匹配。为了解决指派问题，需要给每个节点标注，用 $l(a)$ 表示给某一顶点 a 标注，我们定义一个**合法标注**应该满足以下不等式：

$$l(a)+l(b) \geqslant w_{ab} \tag{9.1}$$

其中，$a \in A$，$b \in B$，w_{ab} 为边 e_{ab} 的权重。如果二分图中 A 和 B 上的所有边都使得上式等号成立，则称二分图为**平等图**（Equality Graph），用 $G=(A,B,E_l)$ 表示，其中

$$E_l = \{e_{ab} : l(a)+l(b) = w_{ab}\}$$

图 9.5a 表示一个合法的标注，图 9.5b 是一个平等图，而且是平等图上的一个完美匹配，那这个匹配是不是已经是最优指派了？我们惊奇地发现确实已经是最优指派了，这也是 Kuhn-Munkres 定理（简称 KM 定理）的核心内容。

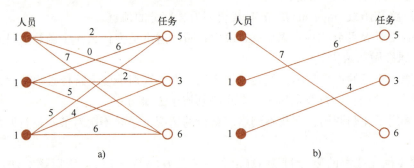

图 9.5 合法标注和平等图

定理 9.1（KM 定理） 如果 $l(x)$，$\forall x \in A \cup B$ 是二分图 $G=(A,B,E)$ 的一个合法标注，$G^e=(A,B,E_l)$ 是标注 l 上的一个平等图，而 M 是这个平等图上的一个完美匹配，则 M 必然是最大权重指派。

证明：

对于图 G 的任意指派 M'，必然有

$$w(M') = \sum_{e \in M'} w(e) \leqslant \sum_{e \in M'}(l(a_e)+l(b_e)) \leqslant \sum_{x \in A \cup B} l(x)$$

其中，a_e 和 b_e 分别为边 e 在 A 和 B 中的两个顶点，又因为 M 是平等图 G^e 上的一个完美匹配，得

$$w(M) = \sum_{e \in M} w(e) = \sum_{x \in A \cup B} l(x)$$

所以，对于任意指派 M'，都有

$$w(M') \leq w(M)$$

即 M 是最大权重指派。

KM 定理告诉我们找最大权重指派，就是找平等图上的完美匹配。有权二分图上的**匈牙利算法流程**如下。

1）对所有的点进行合法标注 l，并得出此标注的一个平等图 $G^e = (A, B, E_l)$。

2）在得出的平等图上寻找一个指派 M，如果 M 是完美匹配，算法结束，否则循环执行步骤 3）和 4）。

3）在平等图上寻找增广路径，如果找到增广路径使得 M 能够匹配所有的顶点，则算法结束，否则执行步骤 4）。

4）对图 G 进行重新标注，得到新的平等图 $\hat{G}^e = (A, B, \hat{E}_l)$，使得 $\hat{G}^e$ 比 G^e 拥有更多的边，也就是 $E_l \subset \hat{E}_l$，回到步骤 3）。

在此算法中，步骤 1）的标注是容易的，可以让 A 中的所有顶点的标注都为 0（$l(a)=0$，$\forall a \in A$），B 中顶点的标注为所连最大边的权重即可，或者，可以让 A 中的所有顶点都标注为 1，B 中顶点标注为所连最大边的权重-1。显然，这是一个合法标注，因为对于任意条边 e_{ab}，都有

$$w_{ab} \leq l(a_e) + l(b_e)$$

标注完后，对 B 中的每个顶点，保留与之相连的最大边（如果有多条，全部保留），从而形成了一个平等图。

步骤 2）中，在得出的平等图上寻找一个指派 M 也是容易的，按照贪心算法选取即可，即对所有的边按照从大到小进行排序，之后依次选取可匹配边，选取的边形成了一个初始指派，如果这个初始指派是个完美匹配，根据 KM 定理，找到最大指派，算法结束；否则，就需要继续寻找完美匹配。

步骤 3）中，在平等图上，试图通过增广路径寻找完美匹配，如果找到则算法结束；否则就需要从原始图中选取更多的边，加入到平等图。因为原来可以加入到平等图的边都已经添加了，现需要添加新的边，就必须对原来的标注进行修改。

步骤 4）中，添加新的边并修改标注，使得新加边后的图依然是平等图。现在的问题是从原图中添加哪条（哪些）边到平等图，以及如何修改标注。

思路 9.1 首先解决应该添加哪条边。思考一下添加边的目的是什么。目的是找到一条增广路径，将一个未匹配的节点进行匹配。所以添加的边应该具有两点性质：①形成增广路径的边；②最大权重的边（如果有多条边能够形成增广路径，显然应该选择最大权重的边）。

所以算法的步骤 4），本质上还是对一个未匹配节点（设为 $v \in B$）寻找增广路径，且因为需要选择一条最大权重的边加入，所以要找出节点 v 所有可能的增广路径。所有的这些增广路径实际上形成了以 v 为根节点的树，称为**交替树**（Alternating Tree）。为了找出节点 v 的所有增广路径，我们需要查看 v 的所有邻节点（用 $N_l(v)$ 表示节点 v 在平等图 G^e 上的邻节点集合）。如果这些邻节点中存在一个还未匹配的节点，就找到了增广路径，节点 v 匹配成功，回到步骤 3）验证是否已经找到完美匹配。否则，就要建立节点 v 的交替树，也就是从 $N_l(v)$ 任意选择一个节点（设节点 w），我们将 w 放到集合 $\mathcal{A}$ 中，**这个集合用于存放交替树中属于 A 部分的节点**。之后，找到 w 的匹配节点（设为 x），将 x 存放到集合 $\mathcal{B}$ 中，**这个集合用于存放交替树中属于 B 部分的节点**，根节点 v 也在这个集合中。因为现在 $\mathcal{B}$ 既有 v 又有

x，这两个节点的所有邻节点都可以用来探索增广路径，其中 v 的邻节点用于探索一条新的路径（从 v 出发的新路径），而 x 的邻节点用于继续增广路径的探索（即继续路径 $v \to w \to x$ 的探索）。必须注意，已经探索过的节点 w 不能再探索，也就是算法需要通过 $N_l(\mathcal{B}) - \mathcal{A}$ 中的节点来探索增广路径，$N_l(\mathcal{B})$ 定义为 $\mathcal{B}$ 集合内所有节点的邻节点集合。这个探索增广路径的流程执行到再也没有可探索的节点为止，也就是 $N_l(\mathcal{B}) - \mathcal{A} = \varnothing$，即 $N_l(\mathcal{B}) = \mathcal{A}$ 为止。

$$N_l(\mathcal{B}) = \bigcup_{v \in \mathcal{B}} N_l(v)$$

在进一步分析算法之前，我们通过一个例子来描述如何得到集合 $\mathcal{A}$ 和 $\mathcal{B}$，以加深理解。

图 9.6a 为一个合法标注图，图 9.6b 是这个标注上的平等图，且粗线是算法找出的指派 M。因为 M 还不是完美匹配，且在这个平等图上也找不出一个新的增广路径，所以算法需要从标注图中选取一条边来加入到平等图。为此，算法从 B 部分选取未匹配节点 b_1（算法都是从 B 部分选取，而不是从 A 部分选取，读者可以思考一下为什么），$\mathcal{B} = \{b_1\}$。此时，$N_l(\mathcal{B}) = \{a_1, a_2\}$，也就是说从根节点 b_1 出发，可以有两个分支 a_1 和 a_2，假设算法先选择 a_1，则 $\mathcal{A} = \{a_1\}$，说明 a_1 已经被探索过了。同时，将 a_1 的匹配节点 b_3 放入 $\mathcal{B} = \{b_1, b_3\}$。此时，$N_l(\mathcal{B}) = \{a_1, a_2\}$，我们需要从 $N_l(\mathcal{B}) - \mathcal{A} = \{a_2\}$ 选取 a_2 进行探索，则 $\mathcal{A} = \{a_1, a_2\}$。同时，将 a_2 的匹配节点 b_2 放入 $\mathcal{B} = \{b_1, b_2, b_3\}$。此时，$N_l(\mathcal{B}) = \{a_1, a_2, a_3\}$，$N_l(\mathcal{B}) - \mathcal{A} = \{a_3\}$，选取 a_3 进行探索，则 $\mathcal{A} = \{a_1, a_2, a_3\}$。同时，将 a_3 的匹配节点 b_4 放入 $\mathcal{B} = \{b_1, b_2, b_3, b_4\}$。此时，$N_l(\mathcal{B}) = \{a_1, a_2, a_3\} = \mathcal{A}$，也就是再也无法从 A 部分中选取节点来形成增广路径了，此部分的流程结束。通过刚才的流程，形成的交替树如图 9.6c 所示，这个树在平等图上如图 9.6d 所示。容易发现，交替树上的路径只是部分路径，需要算法从标注图中选取一条边来形成增广路径。

因为 $\mathcal{A}$ 中的节点都已经被探索过了，不能再选。所以只能从 A 部分的剩余节点来选择，而 B 部分则需要从 $\mathcal{B}$ 来选择，因为其他 B 部分的节点不在交替树上。对于满足上面要求的边，应该选择哪一条？之前分析需要选择最大权重的边，更确切地说，**是所有边中权值和边的两顶点的标注和相差最小的边**，即

$$\delta_l = \min_{b \in \mathcal{B}, a \notin \mathcal{A}} \{l(a) + l(b) - w_{ab}\} \tag{9.2}$$

对照图 9.6a，可形成增广路径的边有两条：边 $e_{a_4 b_3}$ 的 $\delta = l(a_4) + l(b_3) - w_{a_4 b_3} = 2$，边 $e_{a_4 b_4}$ 的 $\delta = l(a_4) + l(b_4) - w_{a_4 b_4} = 1$，依据式（9.2）将边 $e_{a_4 b_4}$ 添加到平等图 G^e 中，形成新的平等图 $\hat{G}^e$，为此，需要修改原平等图的标注，如何修改？

思路 9.2 因为添加了 $e_{a_4 b_4}$，我们需要将 b_4 的标注从 4 减少到 3（标注减 1）。然而，此时边 $e_{a_3 b_4}$ 就不满足等式 $l(a_3) + l(b_4) = w_{a_3 b_4}$，所以需要将 a_3 的标注从 1 增加到 2（标注加 1）同样，依据边 $e_{a_3 b_2}$，需要将节点 b_2 从 3 减少到 2（标注减 1），以此类推，如图 9.6e 所示。

按照以上思路，可以得出结论：**在添加新的边后，只要将 $\mathcal{B}$ 部分的节点的标注减 δ_l，$\mathcal{A}$ 部分的标注加 δ_l，就可以得到新的平等图。**

之后，在这个新的平等图上，找到增广路径 $e_{a_4 b_4} \to e_{b_4 a_3} \to e_{a_3 b_2} \to e_{b_2 a_2} \to e_{a_2 b_1}$，如图 9.6f 所示。最终，得到完美匹配 (a_1, b_3)，(a_2, b_1)，(a_3, b_2)，(a_4, b_4)。我们按照以上分析，给出实现标注修改的详细步骤。

1）从 B 部分选择一个还未被匹配的顶点（例子中的顶点 b_1），将其加入到集合 $\mathcal{B} = \{b_1\}$，并初始化集合 $\mathcal{A} = \varnothing$，集合 $\mathcal{B}$ 的邻节点集合为 $N_l(\mathcal{B})$。

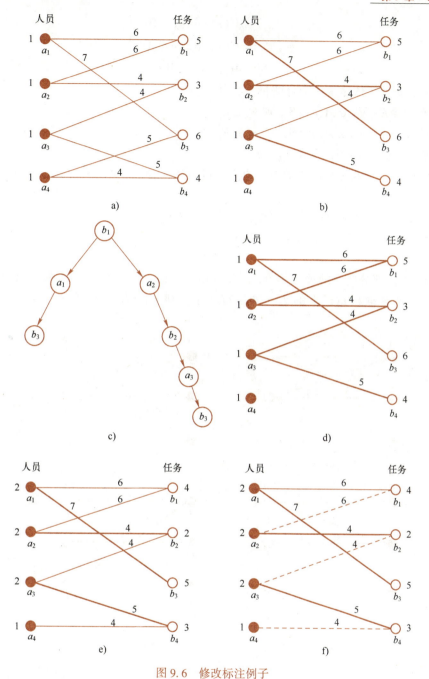

图 9.6 修改标注例子

2）当 $N_l(\mathcal{B}) \neq \mathcal{A}$ 时，在 $N_l(\mathcal{B}) - \mathcal{A}$ 中选取一个顶点（例子中选取顶点 a_1），如果选取的顶点未匹配，则找到增广路径，也就是得到了新的匹配，回到主流程的步骤 3）；如果选取的顶点已经匹配（例子中的 a_1 已经匹配），则将 $\mathcal{A} = \mathcal{A} \cup \{a_1\} = \{a_1\}$，同时将 a_1 的匹配顶点加入到 $\mathcal{B}$。

3）当 $N_l(\mathcal{B}) = \mathcal{A}$ 时，就需要增加平等图中的边（以便找到增广路径）。按照式（9.2）计算最小的 δ_l。之后，将增广路径上 $\mathcal{B}$ 部分的节点的标注减 δ_l，$\mathcal{A}$ 部分的标注加 δ_l，即

$$l'(v) = \begin{cases} l(v) - \delta_l & v \in \mathcal{B} \\ l(v) + \delta_l & v \in \mathcal{A} \\ l(v) & 其他 \end{cases} \quad (9.3)$$

很显然，标注 l' 依然是一个合法标注，其中：
- 如果 $e_{ab} \in E_l$，$\forall a \in \mathcal{A}, b \in \mathcal{B}$，则 $e_{ab} \in E_{l'}$。
- 如果 $e_{ab} \in E_l$，$\forall a \notin \mathcal{A}, b \notin \mathcal{B}$，则 $e_{ab} \in E_{l'}$。
- 对某些 $a \notin \mathcal{A}, b \in \mathcal{B}$，存在 $e_{ab} \in E_{l'}$。

上面的最后一点就是平等图增加的边。经过上述操作后，$N_l(\mathcal{B}) \neq \mathcal{A}$，回到本流程的步骤2)。

最后，结合主流程和标注修改流程，完成下述例子。

例9.5 通过匈牙利算法找到图9.7a的最大权重匹配。

解：

1) 标注，$\mathcal{A}$ 部分所有的顶点为0，$\mathcal{B}$ 部分顶点为最大边的权重，如图9.7b所示。对 $\mathcal{B}$ 部分的每个顶点选取权重最大的边（如果有多条，则全部选取），形成平等图，如图9.7c所示。

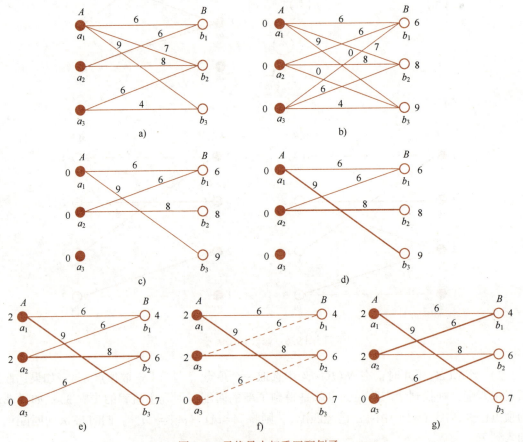

图9.7 寻找最大权重匹配例子

2) 按照贪心算法选取可匹配的边 $e_{a_1b_3}$ 和 $e_{a_2b_2}$，形成初始指派，即指派 (a_1, b_3)、(a_2, b_2)、总权重为 $8+9=17$，如图9.7d所示。

3）显然，这个指派不是完美匹配，也不存在一条增广路径使得匹配数增加，因此需要修改标注，进入标注步骤。

4）在 B 部分选取一个还未被匹配的顶点 b_1 加入到 $\mathcal{B}$，$\mathcal{B}=\{b_1\}$，初始化 $\mathcal{A}=\varnothing$。因为 $N_l(\mathcal{B})=\{a_1,a_2\}$，所以 $N_l(\mathcal{B})\neq \mathcal{A}$，在 $N_l(\mathcal{B})-\mathcal{A}$ 中选项顶点 a_1，之后，将 a_1 加入到 $\mathcal{A}$ 中，$\mathcal{A}=\{a_1\}$，同时，a_1 的匹配顶点 b_3 加入到 $\mathcal{B}$ 中，$\mathcal{B}=\{b_1,b_3\}$。

5）此时，依然 $N_l(\mathcal{B})\neq \mathcal{A}$，继续执行标注步骤2），在 $N_l(\mathcal{B})-\mathcal{A}$ 中选取顶点 a_2，将 a_2 加入到 $\mathcal{A}$ 中，$\mathcal{A}=\{a_1,a_2\}$，同时，a_2 的匹配顶点 b_2 加入到 $\mathcal{B}$ 中，$\mathcal{B}=\{b_1,b_2,b_3\}$。

6）此时，$N_l(\mathcal{B})=\mathcal{A}$（见图9.7d）。计算 δ_l（依据图9.7b），有

$$\delta_l = \min_{b\in\mathcal{B},a\notin\mathcal{A}}\{l(a)+l(b)-w_{e_{ab}}\}$$

$$= \min\begin{cases}6+0-0, & (b_1,a_3) \quad /* \text{权重为 0 的边 }*/ \\ 8+0-6, & (b_2,a_3) \\ 9+0-4, & (b_3,a_3)\end{cases}$$

$$= 2$$

$\mathcal{B}$ 中所有的顶点标注减 2，$\mathcal{A}$ 中所有顶点的标注加 2，形成新的平等图如图9.7e所示。

7）在此平等图中找到一条增广路径 $e_{b_1 a_2} \to e_{a_2 b_2} \to e_{b_2 a_3}$，如图9.7f所示。最终，找到的指派为 (a_1,b_3)，(a_2,b_1)，(a_3,b_2)，如图9.7g所示。

这个指派是平等图上的完美匹配，也就是最大指派，总权重为21，其恰好也是所有顶点的权重之和。按照 KM 定理，这个指派是最大权重指派。

定理 9.2 匈牙利算法总能在二分图中找到最大指派。

为了证明此定理，讨论以下不同的情形。

- 若 $N_l(\mathcal{B})\neq \mathcal{A}$，按照算法，要么会找到一条增广路径（增加匹配对），要么会使得 $N_l(\mathcal{B})=\mathcal{A}$。

- 若 $N_l(\mathcal{B})=\mathcal{A}\neq A$，总是可以通过对标注的修改，在平等图上添加边，这是因为依据算法，二分图总是可以通过添加权重为 0 的边，成为完全二分图，即所有的顶点对之间都存在边，所以总是可以通过找到 δ_l 将 $\mathcal{B}$ 和 $A-\mathcal{A}$ 进行连接，这条边是所有边中权值和边的两顶点的标注和相差最小的边，将此边添加到平等图中（通过修改标注）。

- 算法不会执行 $N_l(\mathcal{B})=\mathcal{A}=A$ 的情况，这是因为第一个加入到 $\mathcal{B}$ 中的顶点必然是未匹配的顶点（否则就没有必要执行流程），而 $\mathcal{A}$ 中的顶点都是匹配过的顶点（如果有未匹配的话，顶点 b 找到了增广路径）。若 $\mathcal{A}=A$，表示 A 部分的顶点都已经匹配了，已经是一个完美匹配了。

- 所以，当 B 中还存在一个未匹配的顶点时（设为 b），A 中至少还有一个顶点未匹配（否则已经找到完美匹配），而上述分析也证明了 b 必然会在平等图中的 A 部分找到一个匹配的顶点，所以 B 中所有的顶点都会找到匹配，即找到完美匹配。

按照以上分析，算法一定会在平等图上找到一个完美匹配，而平等图上的完美匹配一定是最大匹配，定理得证。

最后，我们给出 Kuhn-Munkres 算法的伪代码，如算法 80 所示。设 $|A|=|B|=n$，完全二分图共 n^2 条边。算法首先对所有顶点进行标注，并形成平等图，复杂度为 $O(n^2)$。之后，初始指派为空，每次从 B 中选取一个未匹配的顶点进行匹配，所以总共需要进行 $O(n)$ 次循环。在每次循环中，需要寻找增广路径（在 n^2 条边中寻找），复杂度为 $O(n^2)$。如果找不到

增广路径,则需要重新标注,在重新标注的过程中,计算 δ_l(式(9.2))的复杂度为 $O(n^2)$(语句 8),重新标注(式(9.3))并形成新的平等图,其复杂度也为 $O(n^2)$,所以总复杂度为 $O(n^3)$ⓧ。

总结与讨论:算法在试图添加 B 部分的某个未匹配顶点的匹配对时,实际上是在以此顶点为根节点的交替树中寻找一条最优的增广路径。假设将图 9.7a 中边 $e_{a_3b_3}$ 的权重改为 8,则上述流程得出的 b_1 的最优增广路径是 $e_{b_1a_1} \to e_{a_1b_3} \to e_{b_3a_3}$,而不是上面得出的 $e_{b_1a_2} \to e_{a_2b_2} \to e_{b_2a_3}$,所以最优指派会是 (a_1,b_1),(a_2,b_2),(a_3,b_3),总权重为 6+8+8=22。

算法 80 Kuhn-Munkres 算法

1: 输入:二分图 $G=(A,B,E)$(设 $|A|=|B|$);
2: 初始化:$A[i].match \leftarrow 0, \forall i, B[i].match \leftarrow 0, \forall i$;
3: 给 A 和 B 所有节点进行标注,并形成平等图 G^e;
4: **for** $i=1$ to $|B|$ **do**
5:     **if** $B[i].match=0$ **then**
6:         $A[i].visited \leftarrow 0, \forall i$;
7:         **if** augmentedPath($B[i]$) **then** continue; /* 在平等图 G^e 做增广路径 */
8:         依据式(9.2)计算 δ_l;
9:         依据式(9.3)更新节点标注,并在 G^e 上添加新边;
10:        go to 语句 6;
11:     **end if**
12: **end for**

寻找增广路径

1: augmentedPath($B[i]$)
2: $\mathcal{B} \leftarrow \mathcal{B} \cup B[i]$;
3: $NA \leftarrow A[i].neighbor$; /* $A[i].neighbor$ 这里是平等图 G^e 上的邻节点集合 */
4: **for** $k=1$ to $|NA|$ **do**
5:     **if** $NA[k].visited = 0$ **then**
6:         $NA[k].visited = 1, \mathcal{A} \leftarrow \mathcal{A} \cup NA[k]$;
7:         **if** $NA[k].match = 0$ or augmentedPath($NA[k].match$) **then**
8:             $B[i].match \leftarrow NA[k], NA[k].match \leftarrow B[i]$;
9:             return true;
10:         **end if**
11:     **end if**
12: **end for**
13: return false;

在标注修改流程的步骤 3),需要得出一个最小的 δ_l 来对标注进行修改,从而获得 l',但对一个非完全二分图(不添加权重为 0 的边使之成为完全图),按照本算法,则某些节点(设为 v)的标注 $l'(v)$ 有可能会变成负数。这就是对于非完全二分图必须添加权重为 0 的边

ⓧ 此处,有人认为语句 10 跳转到语句 6 后,还是找不到增广路径,需要重新标注(所以这部分人认为 Kuhn-Munkres 算法未优化的复杂度为 $O(n^4)$),但作者认为是完全二分图,所以一定可以找到增广路径。

使之成为完全图的原因，也是在计算 δ_l 时必须计算权重为 0 的边的原因。所以，在最终的指派中，如果存在权重为 0 的边，表示这条边对应的顶点并不在最终的最大指派中。

基于二分图的匈牙利算法可以用来解决最小化问题吗？答案是可以，且方法很简单，先找到图中所有边的最大权重，设为 $w^{\max}$，并将 $w^* = w^{\max} + 1$，之后用 w^* 减去图中每条边的权重，每条边形成新的权重，从而形成新的二分图，在此图中求最大指派后，再恢复所有边原来的权重即可。这里之所以先对最大权重加 1 再去减边的权重，是因为如果不加 1 的话，那么原权重最大的边，减去后其权重为 0，这样就无法和那些额外添加使二分图成为完全二分图的边区别开来（额外添加的边的权重为 0）。我们会在下一节证明这一点。

9.3 基于矩阵的匈牙利算法

在本章的开始指出过，匹配和指派问题可用二分图表示，也可以用矩阵表示。本节讨论基于矩阵的匈牙利算法。再具体讨论算法之前，先对指派问题进行数学建模，指派问题是将 n 个任务指派给 n 个人，用 $c_{ij}(i=1,2,\cdots,n;j=1,2,\cdots,n)$ 表示指派费用，设决策变量：

$$x_{ij} = \begin{cases} 1 & \text{任务 } j \text{ 指派给人员 } i \\ 0 & \text{任务 } j \text{ 没有指派给人员 } i \end{cases}$$

指派问题的数学模型为

$$\min f = \sum_{i=1}^{n} \sum_{j=1}^{n} c_{ij} x_{ij}$$

s.t.

$$\sum_{j=1}^{n} x_{ij} = 1 \quad i = 1, 2, \cdots, n$$

$$\sum_{i=1}^{n} x_{ij} = 1 \quad j = 1, 2, \cdots, n$$

$$x_{ij} = 0 \text{ or } 1$$

其中，目标函数为最小化总费用，第一个约束条件指出了每个人只能分配到一个任务，第二个约束条件指出了每个任务只能分配给一个人。接着讨论克尼格定理。

定理 9.3 克尼格定理：从指派问题费用矩阵 $[c_{ij}]$ 的每一行元素分别减去（或加上）一个常数 a_i，从每一列分别减去（或加上）一个常数 b_j，得到一个新的费用矩阵 $[c'_{ij}]$，则以 $[c'_{ij}]$ 为费用矩阵的指派问题与以 $[c_{ij}]$ 为费用矩阵的指派问题具有相同的最优解。

我们应该对这个定理不陌生，在旅行商回路的分支限界法中，提到了对图的邻接矩阵每行和每列都减去一个最小值，并不会改变旅行商回路，其实这里是相同的道理。但之前我们并没有做过严谨的证明。

证明：

以 $[c_{ij}]$ 为费用矩阵的目标函数值 $f = \sum_{i=1}^{n} \sum_{j=1}^{n} c_{ij} x_{ij}$ 以 $[c'_{ij}]$ 为费用矩阵的目标函数值 $f' = \sum_{i=1}^{n} \sum_{j=1}^{n} c'_{ij} x_{ij}$

因为

$$c'_{ij} = c_{ij} - a_i - b_j$$

所以
$$f' = \sum_{i=1}^{n}\sum_{j=1}^{n}(c_{ij} - a_i - b_j)x_{ij}$$
$$= \sum_{i=1}^{n}\sum_{j=1}^{n}c_{ij}x_{ij} - \sum_{i=1}^{n}\sum_{j=1}^{n}a_i x_{ij} - \sum_{i=1}^{n}\sum_{j=1}^{n}b_j x_{ij}$$
$$= f - \sum_{i=1}^{n}a_i \sum_{j=1}^{n}x_{ij} - \sum_{j=1}^{n}b_j \sum_{i=1}^{n}x_{ij}$$
$$= f - \sum_{i=1}^{n}a_i - \sum_{j=1}^{n}b_j$$
$$= f - 常数$$

所以原费用矩阵$[c_{ij}]$和变化后的费用矩阵$[c'_{ij}]$对于任意解,它们都是相差一个常数,所以这两个矩阵对应的分配问题具有相同的最优解$[x_{ij}]$。依据克尼格定理,基于矩阵的匈牙利算法寻找最优解的总体思路如下。

思路9.3(匈牙利算法) 通过对费用矩阵的行或列减去常数,使得矩阵出现多个0(矩阵的所有元素始终保持大于或等于0),当矩阵的每列(或每行)都有独立的0时,即每一列(每一行)都可以找出一个0和其他列的0不同行(不同列)。之后,依据独立的0对矩阵进行指派,因总费用是0,而矩阵所有元素都大于或等于0,显然这个指派是最优指派。

下面,结合上一节的基于二分图的匈牙利算法,分析基于矩阵的匈牙利算法流程。

9.3.1 算法流程

扫码看视频

1)找出每行的最小值,每行都减去相应的最小值。

通过这一步骤,来获取初始的0。显然,依据克尼格定理,此操作并不会改变问题的指派。在二分图中,算法会给节点标注,并将和节点标注相同的边保留在平等图中,这里0元素所对应的边实际就是保留在平等图中的边[⊖]。

2)对矩阵的每一行,找到一个0,如果这个0所在的行和列没有0^*,则给这个0打星号0^*。

注:0^*表示独立的0,也代表对应的匹配,这一步就是找出初始匹配。

3)矩阵的每一列,如果包含0^*,则对此列画线;如果刚好有n条画线,则找到最优解,否则,执行步骤4)。

说明:此步骤有两个作用,一是通过画线来统计0^*的个数,也就是已经匹配的个数(等同于二分图中用粗线来表示已经匹配的点,见图9.7);二是用画线来覆盖0元素(算法需要将0元素都覆盖掉)。

4)寻找未被画线覆盖的0,如果有,则直接执行步骤5);如果没有,则找到所有没有被画线覆盖的元素中的最小元素,将最小元素加到所有画了线的行中,并将所有未画线的列减去此元素。

将最小元素加到所有画线的行中,并将所有的未画线的列减去此元素,实际上就是在满足克尼格定理的前提下对未画线的元素都减去一个最小值,从而找到更多的0。其作用和二分图中的平等图添加边的作用是一致的。有了更多的0后,也就是在平等图中有更多的边

⊖ 理解这个句子的时候要注意二分图是最大化,矩阵是最小化。

5) 将一个未被画线覆盖的 0 转换为 0′，此时，必然有两种情况，要么这个 0′ 的相同行存在一个 0^*，要么相同行没有 0^*。如果相同行没有 0^*，则 0′ 的列存在一个 0^*（否则经过步骤 2) 这个 0′ 一定是 0^*）。依据这两种情况，算法又分为两个子步骤。

① 相同行不存在一个 0^*：寻找 0^* 所在行的 0′（必然有），再找 0′ 所在列的 0^*，重复此步骤直到 0′ 所在列再也没有 0^*，对所有找到的 0^* 去掉 *，并将所有 0′ 转变为 0^*，回到步骤 3)。

前面已经分析了，0 元素所对应的边就是平等图上的边，但因为这个 0（已经是 0′）的行没有 0^*，也就是 0′ 所对应的人还没有匹配，如同在二分图中一样，需要给这个人找匹配，而这个子步骤就是二分图中寻找增广路径的步骤（0′代表未匹配边，0^* 代表匹配边）。

② 相同行存在一个 0^*：对这一行画线，并取消 0^* 所在列的画线，重复此步骤，直到找不出未被划分覆盖的 0，回到步骤 4)。

相同行存在一个 0^* 说明此人已经匹配了，但因为还没有找到 n 个独立的 0，需要寻找更多的 0，为此，需要用最少的画线覆盖已经产生的所有 0（以便对未覆盖的 0 寻找最小元素）。所以将列的线转换为行的线，这样可用相同数目的线覆盖更多的 0。

例 9.6 设一个指派问题的费用矩阵为

$$C = \begin{pmatrix} 12 & 14 & 7 \\ 8 & 10 & 11 \\ 9 & 12 & 8 \end{pmatrix}$$

其中，第 i 行表示第 i 个人被指派各个任务的费用，而第 j 列表示第 j 个任务被分配到各个人的费用。用基于矩阵的匈牙利算法求解最优指派。

解：

1) 执行步骤 1)，每行减去最小值得到如图 9.8b 所示的矩阵。

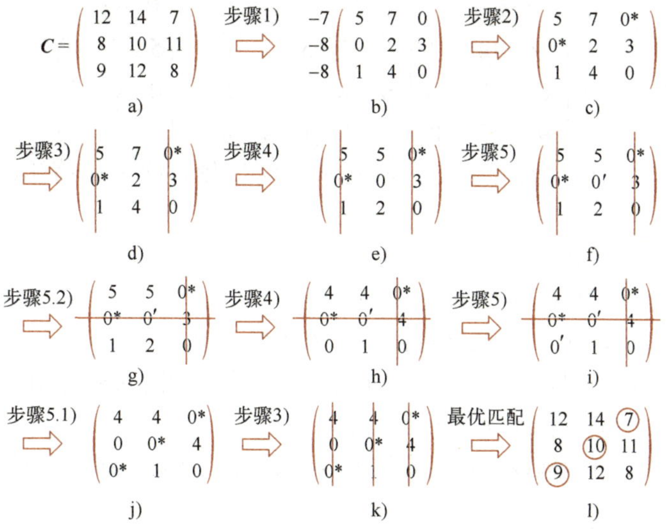

图 9.8 基于矩阵的匈牙利算法例子

2) 执行步骤 2)，找到独立的 0，并标上 *，得到如图 9.8c 所示的矩阵。

3) 执行步骤 3)，对 0^* 的列画线，如图 9.8d 所示。

4) 执行步骤 4），找到未被画线覆盖的最小元素 2，所有画线的行加 2，所有未画线的列减 2，如图 9.8e 所示。

5) 执行步骤 5），将找到的 0 转化为 0'，如图 9.8f 所示。

6) 执行步骤 5.2），第 2 行画线，第 1 列的画线取消，如图 9.8g 所示。

7) 执行步骤 4），找到未被画线覆盖的最小元素 1，所有画线的行加 1，所有未画线的列减 1，如图 9.8h 所示。

8) 执行步骤 5），将找到的 0 转化为 0'，如图 9.8i 所示。

9) 执行步骤 5.1），找到独立的 0*，如图 9.8j 所示。

10) 执行步骤 3），共有 3 条画线，因 $n=3$，算法结束，如图 9.8k 所示。

上面算法找到的独立 0（0*）分别为 c_{13}、c_{22}、c_{31}，所以原始费用矩阵也是选这 3 个元素，可得到最优指派，最优指派 = 7+10+9 = 26。

我们再观察一下图 9.8 的整个过程，算法开始只对每行减去最小值，并没有对每列减去最小值，如果开始直接对每行、每列都减去最小值，则可以直接得到图 9.8e 所示的矩阵。此时，还没有得到 n 个独立的 0，需要画最少的线，将所有的 0 覆盖（见图 9.8g），以便从未覆盖的元素中寻找最小的元素，来得到更多的 0。按照以上分析，匈牙利算法的流程简化如下。

1) 找出每行的最小值，每行都减去相应的最小值，再找出每列的最小值，每列都减去最小值。

2) 用最少的画线覆盖所有的 0，如果画线的条数为 n，则算法结束，否则执行下一步。

3) 找到未覆盖元素的最小值，所有未覆盖元素减去最小值，而两条画线交叉元素加上最小值，重复步骤 2)。

例 9.7 用上述简化的匈牙利算法求解例 9.6。

解：

第一步：每行减去最小值，每列减去最小值。

$$C = \begin{pmatrix} 12 & 14 & 7 \\ 8 & 10 & 11 \\ 9 & 12 & 8 \end{pmatrix} \begin{matrix} -7 \\ -8 \\ -8 \end{matrix} \Rightarrow \begin{pmatrix} 5 & 7 & 0 \\ 0 & 2 & 3 \\ 1 & 4 & 0 \end{pmatrix} \overset{-0\ -2\ -0}{\Rightarrow} \begin{pmatrix} 5 & 5 & 0 \\ 0 & 0 & 3 \\ 1 & 2 & 0 \end{pmatrix}$$

第二步：用最少的画线覆盖所有的 0 元素。此步骤等同于未简化的匈牙利算法的步骤 5.2）。

1) 找出所有的独立 0*，如图 9.9a 所示。

2) 对没有独立 0* 的行打钩，如图 9.9b 所示。

3) 对已打钩行中含 0* 元素的列打钩，如图 9.9c 所示。

4) 再对所有打钩的列中包含独立 0* 元素的行打钩，如图 9.9d 所示。

5) 重复步骤 2)~3)，直到无法再打钩。

6) 对没有打钩的行画横线，对有打钩的列画纵线，这就得到覆盖所有 0 元素的最少画线，如图 9.9e 所示。

第三步：对所有未覆盖元素减去最小值 1，而画线交叉元素加上最小值 1。减 1 操作实际上是同时对第一行和第三行执行的，所以 $c_{1,3}$ 和 $c_{3,3}$ 也应该减去 1，但是因设定的最小值为 0，需要对第 3 列进行加 1 操作用于抵消减 1 操作，从而使 $c_{1,3}$ 和 $c_{3,3}$ 保持 0 不变，这就是两条直线的交叉元素 $c_{2,3}$ 加 1 的原因。结果如图 9.9f 所示。显然新的矩阵已经有足够的 0，所以可得出最优解。最优解的指派流程如下。

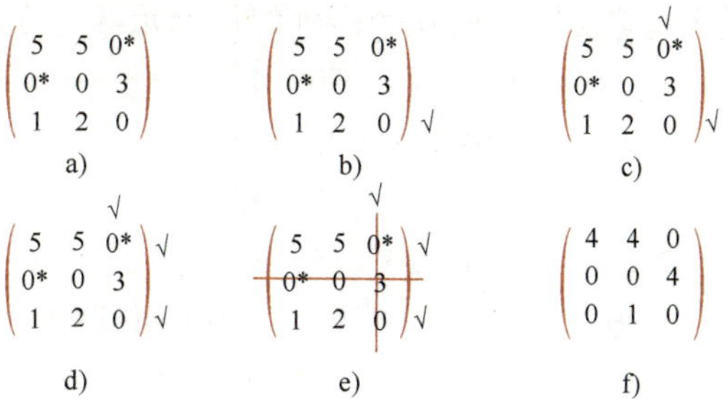

$$\begin{pmatrix} 5 & 5 & 0^* \\ 0^* & 0 & 3 \\ 1 & 2 & 0 \end{pmatrix} \quad \begin{pmatrix} 5 & 5 & 0^* \\ 0^* & 0 & 3 \\ 1 & 2 & 0 \end{pmatrix} \sqrt{} \quad \begin{pmatrix} 5 & 5 & 0^* \\ 0^* & 0 & 3 \\ 1 & 2 & 0 \end{pmatrix} \sqrt{}$$
$$\text{a)} \qquad\qquad \text{b)} \qquad\qquad \text{c)}$$

$$\begin{pmatrix} 5 & 5 & 0^* \\ 0^* & 0 & 3 \\ 1 & 2 & 0 \end{pmatrix} \sqrt{} \quad \begin{pmatrix} 5 & 5 & 0^* \\ 0^* & 0 & 3 \\ 1 & 2 & 0 \end{pmatrix} \sqrt{} \quad \begin{pmatrix} 4 & 4 & 0 \\ 0 & 0 & 4 \\ 0 & 1 & 0 \end{pmatrix}$$
$$\text{d)} \qquad\qquad \text{e)} \qquad\qquad \text{f)}$$

图 9.9　基于矩阵的匈牙利算法例子（简化）

- 找出只有一个 0 元素的行（或列），并根据 0 元素进行相应的指派。
- 将已经指派的 0 元素对应的行和列进行删除。
- 重复以上步骤，完成所有指派。

根据以上流程，则上述矩阵对应的指派过程如下。

1) 找出只有一个 0 元素的行，即第一行，对应的指派为任务 3 指派给人员 1。
2) 将第 1 行和第 3 列删除后，只包含一个 0 元素的行为第 3 行，对应的指派为任务 1 指派给人员 3。
3) 将第 3 行和第 1 列删除后，只包含一个 0 元素的行为第 2 行，对应的指派为任务 2 指派给人员 2。

此指派的问题的最小总费用为 7+10+9=26。

9.3.2　最大化指派

基于二分图的匈牙利算法是针对最大化指派设计的，如果需要求最小化问题，则需要将其转化为最大化问题（参考上一章），而基于矩阵的匈牙利算法是针对最小化指派设计的，将矩阵的匈牙利算法应用于最大化问题，也需要进行相应的转换。求最大化指派，只要对矩阵进行一个简单的变化即可：**将矩阵的最大元素减去矩阵所有的元素**。

最大指派问题为

$$\max f = \sum_{i=1}^{n}\sum_{j=1}^{n} c_{ij}x_{ij}$$

取负，目标函数转化为

$$\min f = -\sum_{i=1}^{n}\sum_{j=1}^{n} c_{ij}x_{ij} = \sum_{i=1}^{n}\sum_{j=1}^{n} -c_{ij}x_{ij}$$

根据克尼格定理，可得以上问题等同于：

$$\min f = \sum_{i=1}^{n}\sum_{j=1}^{n} (c_{\max} - c_{ij})x_{ij}$$

所以最大指派问题等同于以 $[c_{\max}-c_{ij}]$ 为元素的费用矩阵的最小化问题。

例 9.8　某效率矩阵为

$$\begin{pmatrix} 20 & 60 & 50 & 55 \\ 60 & 30 & 80 & 75 \\ 80 & 100 & 90 & 80 \\ 65 & 80 & 75 & 70 \end{pmatrix}$$

求最大效率指派。

用这个效率矩阵的最大元素 100 减去这个矩阵的每个元素，得到新的矩阵为

$$\begin{pmatrix} 80 & 40 & 50 & 45 \\ 40 & 70 & 20 & 25 \\ 20 & 0 & 10 & 20 \\ 35 & 20 & 25 & 30 \end{pmatrix}$$

针对这个矩阵求最小化指派。将每行每列减去最小值得到：

$$\begin{matrix} & & & & & & & -15 & -0 & -0 & -15 \\ -40 & \begin{pmatrix} 40 & 0 & 10 & 5 \\ -20 & 20 & 50 & 0 & 5 \\ -0 & 20 & 0 & 10 & 20 \\ -20 & 15 & 0 & 5 & 10 \end{pmatrix} & & \Rightarrow & & \begin{pmatrix} 25 & 0 & 10 & 0 \\ 5 & 50 & 0 & 0 \\ 5 & 0 & 10 & 15 \\ 0 & 0 & 5 & 5 \end{pmatrix} \end{matrix}$$

此矩阵已经可以得出最优指派如下。

1) 根据第 3 行，任务 2 分配给人员 3，删除第 3 行和第 2 列。
2) 根据第 1 行，任务 4 分配给人员 1，删除第 1 行和第 4 列。
3) 根据第 2 行，任务 3 分配给人员 2，删除第 2 行和第 3 列。
4) 根据第 4 行，任务 1 分配给人员 4。

结合原始的效率矩阵，最大效率指派为 55+80+100+65=300。

9.4　匹配算法在多目标跟踪中的应用*

多目标跟踪在实际中应用非常广泛，包括视频监控中的人、车跟踪，智能交通领域的交通流识别，以及无人驾驶、虚拟现实等。多目标跟踪通常是指在视频流中对不同的目标进行识别，并标出其运动轨迹。有人也许会问，如果能在视频流中识别出不同的车（以下都以车辆为例），那么将这些车的轨迹标出，不是很容易吗？是的，人眼能够在视频流的不同帧中识别出不同的车，将相同的车进行关联就能实现多目标跟踪。但是，计算机对车的识别是提取车的外形（轮廓）或特征[一]，车辆行驶过程中会造成拍摄视角的改变，从而造成外形和特征的改变，进而造成目标跟踪错误。

本节将讨论一种在实际中应用非常广泛的多目标跟踪技术 DeepSORT。DeepSORT 采用了两个非常重要的技术，一个是匈牙利算法，另一个是卡尔曼滤波，本节专注于匈牙利算法，但卡尔曼滤波也是一个非常有用的技术，有兴趣的读者可以先找相关文档或视频了解一下。卡尔曼滤波在 DeepSORT 中的作用就是基于车辆的当前轨迹，对车辆的下一个位置进行预测；而匈牙利算法就是对预测的车辆和检测到的车辆进行匹配，从而得出所有车辆的轨迹。

现在的问题是 DeepSORT 到底用什么来表示车辆？这里可以简单地理解为外形，也就是一个刚好框住车辆的长方形框。DeepSORT 用 (u,v,γ,h) 来表示这个长方形框，其中 (u,v) 代表框的中心点坐标，γ 是框的高宽比，h 为框高。对于每帧的数据，都需要测量所有车辆的这个 4 参数的向量[二]。假设，算法已经对第 $k-1$ 帧所有车辆进行了匹配，也就是得出了每辆

○ 特征提取是一个重要的研究方向，这里可以认为特征就是一个向量，用于代表某个图片。

○ 现有很多工具用于这些参数的提取，如 YoLo。

车的$(u_{k-1},v_{k-1},\gamma_{k-1},h_{k-1})$向量,现需要对第$k$帧中的目标进行匹配。首先,基于$(u_{k-1},v_{k-1},\gamma_{k-1},h_{k-1})$,通过卡尔曼滤波,可以得到每辆车在第$k$帧中预测的位置$y=(\hat{u}_k,\hat{v}_k,\hat{\gamma}_k,\hat{h}_k)$,并测量出第$k$帧中所有车辆的位置$d=(u_k,v_k,\gamma_k,h_k)$。之后,需要构造匈牙利算法的开销矩阵$\boldsymbol{c}^{(1)}$,DeepSORT用第$i$个预测位置和第$j$个测量位置的马氏距离(Mahalanobis Distance)来表示开销矩阵第i行和第j列的开销。

$$\boldsymbol{c}^{(1)}(i,j)=(d_j-y_i)^{\mathrm{T}}S_i^{-1}(d_j-y_i) \tag{9.4}$$

其中,S_i是测量值的协方差矩阵。此外,为了消除那些明显过大的开销(明显不匹配),算法设定了一个阈值$th^{(1)}$来构建指示矩阵$\boldsymbol{b}^{(1)}$。

$$\boldsymbol{b}^{(1)}(i,j)=\mathbf{1}(\boldsymbol{c}^{(1)}(i,j)\leqslant th^{(1)}) \tag{9.5}$$

当$\boldsymbol{c}^{(1)}(i,j)\leqslant th^{(1)}$时,$\boldsymbol{b}^{(1)}(i,j)=1$,否则$\boldsymbol{b}^{(1)}(i,j)=0$。

为了进一步提高跟踪的准确性,特别是针对车辆受物体遮挡而造成在部分帧中消失的情况,DeepSORT融合了另外一种匹配:特征匹配。在特征匹配中,先对第k帧中所有车辆提取特征r,则第j辆车特征r_j和第i个轨迹t_i(轨迹t_i包含了之前已经确定的若干个特征)中特征的最小余弦距离(Cosine Distance),作为特征匹配的开销矩阵$\boldsymbol{c}^{(2)}$第i行和第j列的开销,即

$$\boldsymbol{c}^{(2)}(i,j)=\min\{1-r_j^{\mathrm{T}}t_i\mid t_i\in\boldsymbol{t}_i\} \tag{9.6}$$

注意:特征提取后,需要对特征做归一化,也就是特征向量$|r|=1$。假设在轨迹t_i有一个特征,其和r_j是一致的,则可得$\boldsymbol{c}^{(2)}(i,j)=0$。同样,定义阈值$th^{(2)}$,设置指示矩阵$\boldsymbol{b}^{(2)}$。

$$\boldsymbol{b}^{(2)}(i,j)=\mathbf{1}(\boldsymbol{c}^{(2)}(i,j)\leqslant th^{(2)}) \tag{9.7}$$

最后,需要将这两个匹配矩阵进行融合,DeepSORT采用了一种简单的权重融合方式如下。

$$c_{i,j}=\lambda\boldsymbol{c}^{(1)}(i,j)+(1-\lambda)\boldsymbol{c}^{(2)}(i,j) \tag{9.8}$$

针对融合后矩阵的指示矩阵为

$$b_{i,j}=\prod_{m=1}^{2}\boldsymbol{b}^{(m)}(i,j) \tag{9.9}$$

在实际的匹配过程中,会存在匹配失败的情况,而那些一直匹配成功的轨迹显然有更大的可能在当前帧中找到相应的匹配,为此,DeepSORT提出了一种称之为级联匹配(MatchingCascade)的方法。在此方法中,算法先匹配那些一直匹配成功的轨迹,再匹配有1次、2次直到max次(max是一个预先设定的值)失败的轨迹。如果超出max次,这认为此轨迹已经丢失。

按照上面的分析,给出DeepSORT的主算法如算法81所示。在此算法中,语句2和语句3按照上面的公式计算开销矩阵和指示矩阵。设置变量$\mathcal{M}$和$\mathcal{U}$分别用于存储已经获得的匹配和未匹配车辆,并对这两个变量进行初始化(语句4和5)。之后,算法进行级联匹配,也就是从未匹配次数$k=1$(考虑到当前帧,$k=1$表示之前的匹配全部成功)开始匹配,依次增加k值。语句8调用$minCostMatching$函数进行匹配,该匹配基于开销矩阵$\mathcal{M}$,对需要匹配的轨迹集合$\mathcal{T}$对未匹配的车辆集合$\mathcal{U}$进行匹配,也就是用到了本章讨论的基于矩阵的匈牙利算法,但稍有不同的是,这里的矩阵并不一定是方阵(行数和列数并不相同),但算法的流程是一样的,$minCostMatching$函数返回所有成功匹配的开销。之后,算法仅仅保存了那些对应的开销小于阈值的匹配,即通过指示值来选取(语句9和语句10)。

算法 81　DeepSORT

1: 输入：n 个预测值 $\{y_1,\cdots,y_n\}$ 和轨迹 $\{t_1,\cdots,t_n\}$，m 个车辆的测量值 $\{d_1,\cdots,d_m\}$ 和特征值 $\{r_1,\cdots,r_m\}$；
2: 按照式(9.4)、式(9.6)、式(9.8)计算开销矩阵 $\boldsymbol{C}=[c_{i,j}]$；
3: 按照式(9.5)、式(9.7)、式(9.9)计算指示矩阵 $\boldsymbol{B}=[b_{i,j}]$；
4: $\mathcal{M} \leftarrow \varnothing$；　　　/* $\mathcal{M}$ 存放已经得出的匹配 */
5: $\mathcal{U} \leftarrow \{1,\cdots,m\}$；　/* $\mathcal{U}$ 存放未匹配的车辆 */
6: **for** $k=1$ to max **do**
7:　　$\mathcal{T} \leftarrow$ 从轨迹中选取未匹配次数 $=k$ 的轨迹；
8:　　$[x_{i,j}] \leftarrow minCostMatching(\boldsymbol{C},\mathcal{T},\mathcal{U})$；
9:　　$\mathcal{M} \leftarrow \mathcal{M} \cup \{(i,j) \mid b_{i,j} \cdot x_{i,j} > 0\}$；
10:　$\mathcal{U} \leftarrow \mathcal{U} - \{j \mid \sum_i b_{i,j} \cdot x_{i,j} > 0\}$；
11: **end for**
12: **return** $\mathcal{M},\mathcal{U}$；

为了最大限度地找出匹配，DeepSORT 对上面的结果中还未匹配的轨迹和车辆会再次用一个称之为 IoU（Intersection over Union）的方法进行匹配。上面讨论的匹配，无论是马氏距离还是余弦距离都是针对向量的匹配，而 IoU 匹配就是针对帧中预测的车辆外形（一个刚好框住车辆的长方形框）和检测的车辆外形进行匹配，其公式如下。

$$\text{IoU} = \frac{Area_{intersection}}{Area_{unio}} \quad (9.10)$$

其中，$Area_{intersection}$ 表示两外形相交的部分，而 $Area_{unio}$ 表示两外形合并的部分。不同于上面的匹配，IoU 匹配是最大匹配。同样，算法也会设置一个阈值，当匹配小于此阈值时，丢弃。

9.5　本章小结

本章讨论的匈牙利算法，是匹配和指派问题的最经典算法，因为匹配和指派问题可以用二分图或矩阵来表示，所以匈牙利算法分成了基于二分图的匈牙利算法和基于矩阵的匈牙利算法，尽管这两种算法的流程和表现形式差异很大，但本质上，它们是同一种算法。本章在分析基于矩阵的匈牙利算法时，将其流程和基于二分图的匈牙利算法进行类比，让读者明白它们间的内在联系。

有兴趣的读者可以继续学习一下广义指派问题，本章学习的指派是一人一任务的问题，广义指派可扩展到一人多任务或一任务多人的问题。但对于一般的指派问题，我们利用匈牙利算法可以在多项式时间内（复杂度为 $O(n^3)$）解决，但广义指派问题是很难的问题，在问题规模较大时，通常只能求一个近似解。此外，指派问题也是运输问题（Tansportation Problem）的一个特例，所以运输问题的相关算法，如表上作业法、Vogel 法（近似算法），可用于指派问题的求解，但匈牙利算法是针对指派问题应用最广泛的算法。

9.6　习题

1. 如下图，已找到的匹配用红线已经画出，此时需要给节点 C 寻找一个匹配，请画出

以节点 C 为起点的增广路径。

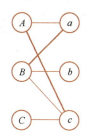

2. 通过基于二分图的匈牙利算法找到下图的最大权重匹配,要求:
1) 给图标注,形成平等图。
2) 按照贪心算法,形成初始匹配。
3) 修改标注,并通过寻找增广路径形成完美匹配。

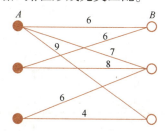

3. 在有权完全二分图中,求边权之积最大的匹配,也就是所求匹配各边的权重相乘是最大的。

4. KM 算法在修改标注的流程中,即建立交替树的过程中,为什么总是从 B 部分选取一个未匹配点,而不是从 A 部分选取未匹配点?

5. 网约车调度中心收到 4 位客户 $\{c_1, c_2, c_3, c_4\}$ 的请求,而附件刚好有 4 辆网约车 $\{t_1, t_2, t_3, t_4\}$,网约车离客户的距离见下表。请确定一个调度方案,使得 4 辆网约车的总接客路程最短。

	c_1	c_2	c_3	c_4
t_1	10	8	4	6
t_2	6	4	12	8
t_3	14	10	8	2
t_4	4	14	10	8

6. 一个仓储中心希望在武汉、上海、广州、重庆 4 个城市建立 4 个仓库,分别为服装仓库、玩具仓库、日用品仓库和生鲜仓库,下表给出了不同仓库在不同城市的预期收益。请确定一个建设方案,使得总预期收益最大化。

	武汉	上海	广州	重庆
服装仓库	20	16	22	18
玩具仓库	25	28	15	21
日用品仓库	27	20	23	26
生鲜仓库	24	22	23	22

7. 在任务指派问题中，有时会出现人员和任务数不相同的情况，如下面的费用矩阵，人员数只有 3 个：$\{p_1,p_2,p_3\}$，但是任务数有 4 个：$\{j_1,j_2,j_3,j_4\}$，那么该如何给每个人员分配任务（每个人只分配一个任务）？

	j_1	j_2	j_3	j_4
p_1	20	25	22	28
p_2	15	18	23	17
p_3	19	17	21	24

8. 如果上面的问题，允许 $\{p_1,p_2,p_3\}$ 3 人中任意一人可以承担两项任务，那么该如何指派？

9. 最少路径覆盖问题：在一个有向无环图中，请找出数目最少的路径，使得所有图中节点都能够被路径覆盖一次且仅一次（注意：单独的节点也可以是一条路径），请将此问题转化为匹配问题，并从下图中找出最短的路径覆盖所有的节点。

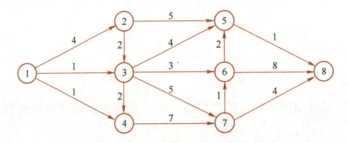

10. 在算法问题中，还有一个重要的问题称为运输问题：设某种物品有 m 个产地 $\{A_1,A_2,\cdots,A_m\}$，各产地的产量分别是 $\{a_1,a_2,\cdots,a_m\}$；有 n 个销地 $\{B_1,B_2,\cdots,B_n\}$，各个销地的销量分别为 $\{b_1,b_2,\cdots,b_n\}$。假定从产地 $A_i(i=1,2,\cdots,m)$ 向销地 $B_j(j=1,2,\cdots,n)$ 运输单位物品的运价为 c_{ij}，问怎么调运这些物品才能使总运费最小？运输问题有专门的算法来解决，但是有没有可能将运输问题转化为指派问题，再通过匈牙利算法进行求解？如果可以的话，请将下面的运输问题转化为指派问题，该运输问题有两个产地，产能分别是 2 和 3，有两个销地，销量分别为 1 和 4，运输成本见下表。

	$b_1=1$	$b_2=4$
$a_1=2$	3	1
$a_2=3$	2	3

11. 讨论：标注可否为负？如标注可为负，将很大程度简化修改标注流程。如在例 9.5 中，在修改标注流程中，需要添加边 $e_{a_3b_2}$，此时，可将 $l(a_3)$ 的标注改为 -2，其他节点的标注都不做修改，依然是一个平等图。

参 考 文 献

[1] CORMEN T H, LEISERSON C E, RIVEST R L, et al. 算法导论：第3版［M］. 殷建平，徐云，王刚，等译. 北京：机械工业出版社，2013.

[2] ALSUWAIYEL M H. 算法设计技巧与分析［M］. 曹霑懋，译. 北京：电子工业出版社，2023.

[3] JON L B. Programming Pearls［M］. 2nd ed. San Francisco：Addison Wesley，2000：147-162.

[4] DONALD K. Art of Computer Programming, Volume 3［M］. 2nd ed. San Francisco：Addison Wesley，1998：252-255.

[5] BEKELE A. Cooley-tukey FFT algorithms［J］. Advanced algorithms，2016.

[6] SINGHAL A, PANDEY P. Travelling salesman problems by dynamic programming algorithm［J］International Journal of Scientific Engineering and Applied Science，2016，2：263-267.

[7] DAVENDRA D. Traveling Salesman Problem, Theory and Applications［M］. Rijeka：InTech，2010.

[8] 谭阳. 求解广义旅行商问题的若干进化算法研究［D］. 广州：华南理工大学，2013.

[9] DREYFUS S E, WAGNER R A. The steiner problem in graphs［J］. Networks，1971，1（3）：195-207.

[10] FUCHS B, KERN W, MOELLE D, et al. Dynamic Programming for Minimum Steiner Trees［J］. Theory of Computing Systems，2007，41（3）：493-500.

[11] BELLMAN R. The theory of dynamic programming［J］. Bulletin of the American Mathe-matical Society，1954，60（6）：503-515.

[12] VAZIRANI U V. Chapter 5：Greedy algorithms［OL］.［2024-3-10］. https：//people. eecs. berkeley. edu/~vazirani/algorithms/chap5. pdf.

[13] ERICKSON J. Chapter 4：Greedy algorithms［OL］.［2024-3-10］. https：//jeffe. cs. illinois. edu/teaching/algorithms/book/04-greedy. pdf.

[14] BRON C, KERBOSCH J. Algorithm 457：finding all cliques of an undirected graph［J］. Com-munications of the ACM，1973，16（9）：575-577.

[15] MONNOT J, TOULOUSE S. The traveling salesman problem and its variations［J］. Paradigms of combinatorial optimization，2014：173-214.

[16] IGNALL E, SCHRAGE L. Application of the branch and bound technique to some flow-shop scheduling problems［J］. Operations research，1965，13（3）：400-412.

[17] GOLIN M. Bipartite Matching & the Hungarian Method［OL］.［2024-3-10］. http：//www. cse. ust. hk/~golin/COMP572/Notes/Matching. pdf.

[18] WOJKE N, BEWLEY A, PAULUS D. Simple online and realtime tracking with a deep association metric［C］//2017 IEEE international conference on image processing (ICIP). IEEE，2017：3645-3649.

[19] KUHN H W. The Hungarian method for the assignment problem［J］. Naval Res Logist Quart，1955：12（2）：23-26.